自相似序列的因子谱性质及相关分形结构

黄煜可 著

北京邮电大学出版社
www.buptpress.com

内 容 简 介

序列是按照一定顺序排列起来的无限多个符号。很多序列都具有一定的自相似性，本书的研究对象正是自相似序列，特别是自相似序列的诱导序列、因子谱性质及相关的分形结构。本书共6章，包括：自相似序列；研究内容综述；诱导序列与核词；诱导序列与包络词；因子谱；因子位置的分形结构与计数问题。

本书内容新颖，特别是其中的因子谱、核词、包络词等概念具有首创性。为了提高可读性，除了严谨的数学证明之外，本书尽量采用轻松的表述方式、配合足量的实例演示，以帮助读者理解本书的研究对象和主要研究成果。本书可以作为自相似序列的因子谱性质及相关分形结构的入门书。

图书在版编目(CIP) 数据

自相似序列的因子谱性质及相关分形结构 / 黄煜可著. -- 北京 ：北京邮电大学出版社，2022.5

ISBN 978-7-5635-6633-4

Ⅰ. ①自… Ⅱ. ①黄… Ⅲ. ①序列-研究 Ⅳ. ①O17

中国版本图书馆 CIP 数据核字(2022)第 064109 号

策 划 编 辑：彭 楠		**责 任 编 辑**：刘 颖		**封 面 设 计**：七星博纳		

出 版 发 行：北京邮电大学出版社
社　　　址：北京市海淀区西土城路 10 号
邮 政 编 码：100876
发 行 部：电话：010-62282185　传真：010-62283578
E-mail: publish@bupt.edu.cn
经　　　销：各地新华书店
印　　　刷：唐山玺诚印务有限公司
开　　　本：720 mm×1 000 mm　1/16
印　　　张：11.5
字　　　数：235 千字
版　　　次：2022 年 5 月第 1 版
印　　　次：2022 年 5 月第 1 次印刷

ISBN 978-7-5635-6633-4　　　　　　　　　　　　　　　　定价：52.00 元
· 如有印装质量问题，请与北京邮电大学出版社发行部联系 ·

前　言

序列是按照一定顺序排列起来的无限多个符号。很多序列都具有一定的自相似性,本书的研究对象正是**自相似序列**(self-similar sequences),特别是自相似序列的诱导序列、因子谱性质及相关的分形结构。自 20 世纪 70 年代以来,自相似序列被广泛地应用于数学、计算机科学、物理学和生物学等领域,如分形几何、数论、组合学、图论、符号动力学、形式语言、准晶理论、DNA 结构等。许多重要的结果被陆续发现,使得自相似序列的研究工作发展为交叉性很强的学科。本书展示的研究成果主要涉及 Fibonacci 序列、Tribonacci 序列、Thue-Morse 序列、Period-doubling序列等十分经典的自相似序列。它们也属于**代换序列**(substitution sequences)和**自动机序列**(automatic sequences)的范畴。所以本书在撰写过程中不特别区分这三类序列的概念。因子结构等**词上的组合**(combinatorics on words)性质是代换序列研究的重点,具有重要的研究价值。例如,代换序列中逐级代换、分形嵌入的过程就是由因子体现的,序列的复杂性(熵)也是由因子体现的。

本书**第 1 章**介绍了主要研究对象、若干基本概念和记号。从第 3 章开始,我们将逐步展示本书的主要研究工具和研究成果。这些内容包含大量全新的概念和较为烦琐的数学记号。直接开始讲解这些研究细节,难免让部分读者觉得晦涩难懂、难以把握本质。因此,我们特意增加了**第 2 章**,旨在用直观的实例,展示研究中发现并证明的有趣现象。以便给本书涉及的研究工具和研究成果一个直观且宏观的概述。

本书书名为《自相似序列的因子谱性质及相关分形结构》,其中**因子谱**(the factor spectrum)是具有首创性的概念。什么是因子谱?我们为什么要研究因子谱呢?以因子 $\omega = ab$ 在 Period-doubling 序列 $\mathbb{D}$ 中前 5 次出现的位置为例:

$$\mathbb{D} = \underbrace{ab}_{[1]} aa \underbrace{ab}_{[2]} \underbrace{ab}_{[3]} \underbrace{ab}_{[4]} aa \underbrace{ab}_{[5]} aa \cdots$$

容易看出,平方词 $\omega\omega = abab$ 是序列 $\mathbb{D}$ 的因子,而且出现 $\omega\omega = abab$ 的位置一定会出现它的前缀 $\omega = ab$。然而,序列 $\mathbb{D}$ 中第 1、4、5 次出现的因子 $\omega = ab$后续没有接着另一个 $\omega = ab$,这意味着平方词 $\omega\omega = abab$ 不出现在这 3 个位置;

序列 $\mathbb{D}$ 中第 2、3 次出现的因子 $\omega = ab$ 后续是另一个 $\omega = ab$，这意味着平方词 $\omega\omega = abab$ 出现在这 2 个位置。

可见，仅仅研究因子并不够，有必要引入另一个变量用于表述因子出现的位置。我们将同时考虑因子变量和位置变量联合影响的词上组合性质称为因子谱性质，它是一个二元函数。尽管已经取得了不少成果，但因子谱的研究还远未成体系。本书**第 5 章**介绍了两类因子谱，它们在研究中各有利弊。

诱导序列（derived sequence）是研究因子谱性质的重要工具。事实上，在研究之初，因子谱性质是作为诱导序列的应用被研究的。对于一致常返的自相似序列，任意因子 ω 在序列中出现无穷多次，将其第 p 次出现记为 ω_p。从 ω_p 的第一个字符起到 ω_{p+1} 的前一个字符止形成的因子称为 ω 的第 p 个**回归词**（return word），记为 $R_p(\omega)$。显然这些回归词对序列进行了分块，形成了新的序列 $\{R_p(\omega)\}_{p\geqslant 1}$，称为 ω 的诱导序列。

在很多常见的自相似序列中，诱导序列的结论十分优美简洁。例如：

(1) Fibonacci 序列中任意因子的诱导序列都是 Fibonacci 序列本身；

(2) Tribonacci 序列中任意因子的诱导序列都是 Tribonacci 序列本身；

(3) Thue-Morse 序列的所有因子分别对应 4 种不同的诱导序列；

(4) Period-doubling 序列的所有因子分别对应 2 种不同的诱导序列。

前两个结论的证明需要引入新的研究工具：**核词**（kernel word）。直观地讲，核词是序列中的一类特殊的因子，满足序列中的任意因子 ω 都存在唯一的核词 $\mathrm{Ker}(\omega)$，使得因子和核词**相对静止**。这里我们借用了物理学中"相对静止"的概念。粗略地讲：因子 ω 及其核词 $\mathrm{Ker}(\omega)$ 在序列中每次出现的位置的局部结构是不变的。本书**第 3 章**介绍了运用核词得到的若干诱导序列性质。后两个结论的证明需要引入新的研究工具：**包络词**（envelope word）。与核词类似，包络词也是序列中的一类特殊的因子，满足序列中的任意因子 ω 都存在唯一的包络词 $\mathrm{Env}(\omega)$，使得因子和包络词相对静止。本书**第 4 章**介绍了运用包络词得到的若干诱导序列性质。运用核词和包络词的工具，我们还研究了斜率为 $\theta = [0; \dot{j}]$ 的二维切序列 $\mathcal{S}_{2,j}$、(n, j)-bonacci 序列等自相似序列的诱导序列。事实上，包络词比核词更加普遍，前述 Fibonacci 序列、Tribonacci 序列和斜率为 $\theta = [0; \dot{j}]$ 的二维切序列的诱导序列也可以定义满足"相对静止"性质的包络词。我们**猜想**：所有的自相似序列都可以构造出合适的包络词，用于研究诱导序列。

自相似序列与**分形几何**（fractal geometry）有着紧密的联系。本书**第 6 章**中讨论的分形问题则主要是自相似序列中因子出现位置形成的分形结构。我们希望通过建立因子位置与分形的联系，利用分形几何的工具来研究自相似序列的因子性质。例如，我们利用因子位置的**树结构**（trees structure）、**柱结构**（cylinder structure）和**链结构**（chain structure）等三种常见的分形结构，可以解决一类非常重要而有趣的问题——因子的计数问题。具体而言，我们可以计算某类特殊的因子在序列的某一片段中出现的次数（重复或不重复计数）。

本书作者 2003 年考入清华大学数学科学系，并于 2015 年获得理学博士学位，导师是文志英教授；2015 年进入北京航空航天大学数学与系统科学学院开始博士后研究工作，合作导师是郑志明教授；2018 年入职北京邮电大学理学院。本书的主要研究成果来源于作者从博士阶段至今的研究工作，这些工作中的绝大部分是在恩师文志英教授的指导、帮助和鼓励下完成的。在开展这项首创性研究工作的过程中，作者遇到了很多困难，期间得到了导师、同窗和家人的大力支持。谨向他们表示衷心的感谢。作者主持的国家自然科学基金青年科学基金项目《自相似序列的因子谱性质及相关分形结构》（No. 11701024）为本书的出版提供了资助。同时感谢北京邮电大学出版社编辑的帮助。

由于作者水平有限，加上时间仓促，书中难免会有一些错误和不妥之处，衷心希望读者批评指正。

黄煜可

2021 年 12 月

常 用 记 号

记号	含义
$\mathcal{A}$	字符集的通用记号
ω	因子（词）的通用记号
$|\omega|$	ω 的长度，ω 中包含字符的个数
$|\omega|_\alpha$	因子 ω 中包含字符 $\alpha \in \mathcal{A}^*$ 的个数
ε	空词
$*$	拼接，词的一种基本运算
ω^n	有限词 ω 的 n 次拼接，高次方词
$\nu \prec \omega$	ν 是 ω 的一个因子（子词）
$\nu \triangleleft \omega$	ν 是 ω 的前缀
$\nu \triangleright \omega$	ν 是 ω 的后缀
$\Omega(\tau)$	序列的语言，即序列 τ 中所有的因子
$\Omega_n(\tau)$	序列 τ 中所有长度为 n 的因子
$\omega[i,j]$	对于 $i \leqslant j$，定义 $\omega[i,j] := x_i x_{i+1} \cdots x_{j-1} x_j$
ω^{-1}	ω 的逆词
$\overleftarrow{\omega}$	ω 的镜像，ω 为回文当且仅当 $\omega = \overleftarrow{\omega}$
$C_i(\omega)$	ω 的第 i 阶共轭词：$C_i(\omega) := x_{i+1} \cdots x_n x_1 \cdots x_i$
σ	代换的通用记号
$\bar{a}$	当 $\mathcal{A} = \{a, b\}$ 时，记 $\bar{a} = b$，$\bar{b} = a$
$\mathcal{S}, \rho$	序列的通用记号
$\mathbb{F}$	Fibonacci 序列
F_m	Fibonacci 序列的第 m 阶标准词
f_m	第 m 阶的 Fibonacci 数，$f_m = |F_m|$
$\mathbb{T}$	Tribonacci 序列
T_m	Tribonacci 序列的第 m 阶标准词
t_m	第 m 阶的 Tribonacci 数，$t_m = |T_m|$

续表

记号	含义
$\mathbb{M}$	Thue-Morse 序列
$\mathbb{D}$	Period-doubling 序列
A_m	序列第 m 阶标准词的通用记号，$A_m = \sigma^m(a)$
B_m	字符 b 迭代 m 次生成因子的通用记号，$B_m = \sigma^m(b)$
ω_p	ω 在序列中的第 p 次出现
$\mathrm{occ}(\omega, p)$	ω_p 的位置，即 ω 在序列中第 p 次出现时的首字符的位置
$P(\omega, p)$	ω 在序列中第 p 次出现时的末字符的位置
$R_p(\omega)$	ω 在序列中的第 p 个回归词
$\{R_p(\omega)\}_{p \geqslant 1}$	ω 的诱导序列
$\mathcal{P}_0$	词上的组合性质：出现
$\mathcal{P}_1$	词上的组合性质：正分离
$\mathcal{P}_2$	词上的组合性质：相邻
$\mathcal{P}_3$	词上的组合性质：重叠
$\mathcal{P}_4$	词上的组合性质：立方词

目 录

第 1 章　自相似序列

序列是按照一定顺序排列起来的无限多个符号。很多序列都具有一定的自相似性,本书的研究对象正是**自相似序列**(self-similar sequences),特别是自相似序列的诱导序列、因子谱性质及相关的分形结构。本章旨在介绍自相似序列及相关基本概念。本书展示的研究成果主要涉及 Fibonacci 序列、Tribonacci 序列、Thue-Morse 序列、Period-doubling 序列等十分经典的自相似序列。

自 20 世纪 70 年代以来,自相似序列被广泛地应用于数学、计算机科学、物理学和生物学等领域,如分形几何、数论、组合学、图论、符号动力学、形式语言、准晶理论、DNA 结构等。许多重要的结果被陆续发现,使得自相似序列的研究工作发展为交叉性很强的学科。在本章中,我们尽量采用轻松的表述方式、配合足量的实例演示,以便让缺少相关知识背景的读者了解本书的研究对象。已经具备相关知识背景的读者可以跳过本章,直接进入后续章节的阅读。

1.1　基本概念

本书主要研究的对象之一是词,词是由字符组成的。在通常的研究中,"字符"这个概念的范围很广,最常见的形式有两种:数字和字母。

设 $\mathcal{A}$ 是一个由有限个字符组成的非空集合,一般我们称之为**字符集**。元素为数字的字符集,例如,

$$\mathcal{A} = \{0, 1, \cdots, d-1\}; \tag{1.1}$$

元素为字母的字符集,例如,

$$\mathcal{A} = \{a_1, a_2, \cdots, a_d\} \text{ 或者} \mathcal{A} = \{a, b, \cdots, n\}。 \tag{1.2}$$

1.1.1　有限词和无限词

根据词中包含字符的个数是否有限,可以将词分为**有限词**和**无限词**。

有限词是由有限个字符构成的字符串,如果有限词中的字符都在 $\mathcal{A}$ 中,我们称它为 $\mathcal{A}$ 上的有限词。我们将字符集 $\mathcal{A}$ 上的有限词全体记为 $\mathcal{A}^*$。一个有限词中

包含的字符的个数称为它的**长度**，我们用记号 $|\cdot|$ 表示。如果有限词的长度为 0，我们称该有限词为**空词**，记为 ε。定义 $|\omega|_\alpha$ 表示 ω 中包含的字符 $\alpha \in \mathcal{A}^*$ 的个数，例如，$|abacb|_b = 2$。

有限词的一个基本运算是**拼接**，我们用记号 $*$ 表示。假设 $\omega = x_1 x_2 \cdots x_n$ 和 $\nu = y_1 y_2 \cdots y_m$ 是两个有限词，则它们的拼接也是一个有限词，记为

$$\omega * \nu = x_1 x_2 \cdots x_n * y_1 y_2 \cdots y_m, \tag{1.3}$$

在不会引发混淆的情况下，可以简记为 $\omega\nu$。

拼接运算不满足交换律，即 $\omega * \nu \neq \nu * \omega$；但它满足结合律，即对于任意的有限词 ω、ν、θ，我们有 $(\omega * \nu) * \theta = \omega * (\nu * \theta)$。容易看出集合 $\mathcal{A}^*$ 和拼接运算 $*$ 构成了一个代数结构 $(\mathcal{A}^*, *)$，称为幺模，其单位元为空词 ε。

我们用 ω^n 表示有限词 ω 的 n 次拼接，即

$$\omega^n = \underbrace{\omega\omega\cdots\omega}_{n\text{个}\omega}。 \tag{1.4}$$

拼接的次数可以从自然数 n 推广到有理数 $\frac{p}{q}$，其中整数 $p, q \geqslant 0$，p 和 q 互素。不妨设 $\frac{p}{q} = m + \frac{i}{q}$，其中 $m \geqslant 0$，$0 \leqslant i \leqslant q-1$。若有限词 ω 的长度为 L，记为 $\omega = x_1 x_2 \cdots x_L$，且 q 是 L 的因子，则可以将 ω 的 $\frac{p}{q}$ 次拼接定义为

$$\omega^{\frac{p}{q}} = \omega^{m+\frac{i}{q}} = \omega^m x_1 x_2 \cdots x_i。 \tag{1.5}$$

例如，$(\text{Fibonacci})^{\frac{14}{9}} = \text{FibonacciFibon}$，$(\text{Fibonacci})^{\frac{4}{3}} = \text{FibonacciFib}$。

无限词是由无穷多个字符构成的字符串，它的长度是无限长的。在通常的研究中，无限词更加常用的称呼是"序列"或"无穷序列"。

根据序列"无穷"的方向，我们可以将序列分为两类：单边无穷序列（右无穷序列）和双边无穷序列。

一个单边无穷序列 τ 就是一个从自然数集 $\mathbb{N}$ 到字符集 $\mathcal{A}$ 的映射。例如，

$$\tau = t_1 t_2 t_3 \cdots t_n \cdots。 \tag{1.6}$$

有的研究者喜欢从 0 开始指定序列下标，即 $\tau = t_0 t_1 t_2 \cdots t_n \cdots$。显然，这两种记法没有本质的区别。

类似地，一个双边无穷序列 π 是一个从整数集 $\mathbb{Z}$ 到字符集 $\mathcal{A}$ 的映射。例如：

$$\pi = \cdots t_{-n} \cdots t_{-2} t_{-1} t_0 t_1 t_2 t_3 \cdots t_n \cdots 。 \tag{1.7}$$

特别地，本书讨论的序列主要是单边无穷序列，因此，在不引起混淆的情况下，将其简称为序列或无穷序列。如果所有字符都在 $\mathcal{A}$ 中，我们称之为 $\mathcal{A}$ 上的无穷序列。$\mathcal{A}$ 上的单边无穷序列全体构成的集合记为 $\mathcal{A}^{\mathbb{N}}$。

1.1.2　因子、前缀、后缀

对于有限词 ω 和 ν，如果存在两个有限词 μ_1 和 μ_2，使得 $\omega = \mu_1 \nu \mu_2$，我们就说 ν 是 ω 的一个**子词**或者一个**因子**，记为 $\nu \prec \omega$，其中 μ_1 和 μ_2 都可能取空词。如果 μ_1 是空词，即 $\omega = \nu \mu_2$，那么称 ν 是 ω 的**前缀**，记为 $\nu \lhd \omega$；如果 μ_2 是空词，即 $\omega = \mu_1 \nu$，那么称 ν 是 ω 的**后缀**，记为 $\nu \rhd \omega$。

假设 $\omega = x_1 x_2 \cdots x_n$ 和 $\nu = y_1 y_2 \cdots y_m$ 是两个有限词，如果存在 p 使得

$$x_p = y_1, \ x_{p+1} = y_2, \ \cdots, \ x_{p+m-1} = y_m, \tag{1.8}$$

则称 ν 出现在 ω 的第 p 个位置上。本质上讲，此时 ν 是 ω 的因子，且 ν 的第一个字母落在 ω 的第 p 个位置上。

我们还经常用另一种更加细节的记号来表示因子。对于无限词 $\tau = x_1 x_2 \cdots x_m \cdots$，对于 $i \leqslant j$，可以定义**因子** $\tau[i, j] := x_i x_{i+1} \cdots x_{j-1} x_j$。其中，因子 τ 的长度为 $j - i + 1$，它在序列中的初始位置是第 i 个字符 x_i，结束位置是第 j 个字符 x_j。当 $j = i$ 时，定义 $\tau[i] := \tau[i, i] = x_i$；当 $j = i - 1$ 时，定义 $\tau[i, i-1] := \varepsilon$；当 $j < i - 1$ 时，$\tau[i, j]$ 没有定义。因子的另一个等价的记号是 $\tau[i; n] := x_i x_{i+1} \cdots x_{i+n-2} x_{i+n-1}$。这两个记号的区别在于逗号和分号，前者的第二个参数是因子最后一个字符的位置，后者的第二个参数是因子的长度。

有限词与无限词之间也可以定义拼接、子词（因子）、位置、前缀等概念。

1.1.3　语言、复杂性函数

我们将序列 τ 中所有的因子称为它的**语言**，记为 $\Omega(\tau)$。特别的，所有长度为 n 的因子记为 $\Omega_n(\tau)$。显然 $\Omega(\tau)$ 和 $\Omega_n(\tau)$ 都是 $\mathcal{A}^*$ 的子集。例如，

$$\tau = abababababababab \cdots , \tag{1.9}$$

序列 τ 中所有长度为 4 的因子记为 $\Omega_4(\tau) = \{abab, baba\}$。

我们将序列 τ 中长度为 n 的因子的个数称为该序列的**复杂性函数**，记为 $p_\tau(n)$。在序列非常明确的时候，我们也可以把复杂性函数简记为 $p(n)$。

1.1.4 逆词、回文、共轭词

对于有限词 $\nu = \nu_1\nu_2\cdots\nu_n \in \mathcal{A}^*$，可以给出 ν 的**逆词**，它是自由群中的元素，定义为

$$\nu^{-1} := \nu_n^{-1}\cdots\nu_2^{-1}\nu_1^{-1}。 \tag{1.10}$$

根据逆词的定义可以知道，若 $\omega = u\nu$，则 $\omega^{-1} = (u\nu)^{-1} = \nu^{-1}u^{-1}$。进一步地，

$$\omega\nu^{-1} = u\nu\nu^{-1} = u, \ u^{-1}\omega = u^{-1}u\nu = \nu。 \tag{1.11}$$

回文是一种非常有趣的有限词，它正读反读是完全一样的。"回文"是古今中外都有的一种文字游戏，如"我为人人，人人为我"等。对于有限词 $\omega = x_1x_2\cdots x_n$，记

$$\overleftarrow{\omega} = x_nx_{n-1}\cdots x_2x_1, \tag{1.12}$$

称为 ω 的**镜像**。显然，一个词是回文当且仅当 $\omega = \overleftarrow{\omega}$。

对于有限词 $\omega = x_1x_2\cdots x_n$，取 $0 \leqslant i \leqslant n-1$，有限词 $C_i(\omega) := x_{i+1}\cdots x_nx_1\cdots x_i$ 称为 ω 的第 i 阶**共轭词**。若 $j \geqslant n$，我们定义 $C_j(\omega) := C_i(\omega)$，其中，$0 \leqslant i \leqslant n-1$，$i \equiv j\pmod{n}$。

当字符集 $\mathcal{A} = \{a,b\}$ 仅包含两个元素时，定义记号 $\bar{\ } : \mathcal{A} \to \mathcal{A}$，使得 $\bar{a} = b$ 和 $\bar{b} = a$。

1.1.5 序列、代换序列

任何一个**代换** σ 在拼接运算 $*$ 下都是同态。具体而言，设 $\mathcal{A}$ 和 $\mathcal{B}$ 是两个有限字母表，代换 σ 是一个从 $\mathcal{A}$ 到 $\mathcal{B}$ 的映射，并且对任意的 $x, y \in \mathcal{A}$ 满足：

$$\sigma(xy) = \sigma(x)\sigma(y) \ \text{且} \ \sigma(\varepsilon) = \varepsilon。 \tag{1.13}$$

任何一个从 $\mathcal{A}$ 到 $\mathcal{B}$ 的代换 σ，都可以自然地延拓为从 $\mathcal{A}^*$ 到 $\mathcal{B}^*$ 的代换，以及从 $\mathcal{A}^{\mathbb{N}}$ 到 $\mathcal{B}^{\mathbb{N}}$ 的代换。例如，对于序列 $\tau = t_1t_2t_3\cdots t_m\cdots$，

$$\sigma(\tau) := \sigma(t_1)\sigma(t_2)\sigma(t_3)\cdots\sigma(t_m)\cdots。 \tag{1.14}$$

如果 $\mathcal{A} = \mathcal{B}$，则代换可以进行迭代作用。因此，满足 $\mathcal{A} = \mathcal{B}$ 的代换又称为**迭代**。对于任意字符 $x \in \mathcal{A}$，我们定义 $\sigma^0(x) = x$，$\sigma^n(x) = \sigma(\sigma^{n-1}(x))$，$n \geqslant 1$。如果一个代换的所有像的长度相同并且都为 k，则我们称该代换为 k-**一致的**，有时候我们也称其为**常长代换**。1-常长代换也常被称为是一个**编码**。如果一个代换的所有像的长度都大于或等于 2，则称该代换是**扩张的**。如果一个代换的所有像

的长度都严格大于 0，则称该代换是**非消亡的**。对于一个代换 $\sigma : \mathcal{A}^* \mapsto \mathcal{A}^*$，如果存在一个正整数 n，使得任意字符 $x, y \in \mathcal{A}^*$，字符 x 都是 $\sigma^n(y)$ 的因子，则我们称该代换为**本原的**。

如果一个序列的任意因子都无穷次出现在该序列中，我们称这个序列为**常返的**。如果序列中的任意因子在该序列中无穷次出现且出现的位置间隔小于一个正常数，我们称这个序列为**一致常返的**，有时候也称为极小的。

设 $\sigma : \mathcal{A}^* \mapsto \mathcal{A}^*$ 是一个代换。如果一个词 ω 满足 $\sigma(\omega) = \omega$，则称 ω 为代换 σ 的**不动点**。如果一个无穷词满足 $\tau = \sigma^\infty(a)$，则称该无穷词为**纯代换序列**；如果存在一个编码 $\varphi : \mathcal{A} \mapsto \mathcal{B}$ 使得 $\tau = \varphi(\sigma^\infty(a))$，则称该无穷词为**代换序列**（substitution sequences）。同时，我们称字符集 $\mathcal{A}$ 为代换序列 $\tau = \varphi(\sigma^\infty(a))$ 的**内字符集**。

代换序列是一类重要的自相似序列，也是本书研究的重点。本书中经常提及的几种序列（Fibonacci 序列、Tribonacci 序列、Thue-Morse 序列、Period-doubling 序列等）都可以由代换生成，当然它们还有其他生成方式。我们将在后续的几个小节中逐一介绍这些序列的定义和生成方式，更多内容参见文献 [1,2] 等经典文献。

1.2　Fibonacci 序列

提到 Fibonacci 序列（Fibonacci sequence），大多数读者会首先想到著名的 Fibonacci **数列**，又称黄金分割数列：

$$1, \; 1, \; 2, \; 3, \; 5, \; 8, \; 13, \; 21, \; 34, \; \cdots。 \tag{1.15}$$

1202 年，数学家莱昂纳多·斐波那契（Leonardo Fibonacci, 1170—1250）在《算经》中以兔子繁殖为例子引入 Fibonacci 数列，故 Fibonacci 数列又称为"兔子数列"。

Fibonacci 数列可以用如下递推公式生成：

$$f_{-1} = f_0 = 1, \; f_m = f_{m-1} + f_{m-2}, \; m \geqslant 1。 \tag{1.16}$$

与 Fibonacci 数列不同，本书的主要研究对象之一：Fibonacci **序列**，则是定义在字符集 $\mathcal{A} = \{a, b\}$ 上的右无穷序列。

1.2.1 Fibonacci 序列的定义

定义 1.1（Fibonacci 序列）

设 $\mathcal{A} = \{a, b\}$，Fibonacci 代换 $\sigma : \mathcal{A}^* \mapsto \mathcal{A}^*$ 定义为 $\sigma(a) = ab$，$\sigma(b) = a$。则 Fibonacci 序列 $\mathbb{F}$ 是 Fibonacci 代换下以 a 为初始值的不动点：

$$\mathbb{F} = \sigma^{\infty}(a) = abaababaabaababaababa \cdots \text{。} \tag{1.17}$$

它是一个纯代换序列。

进一步地，定义 Fibonacci 序列的第 m 阶标准词为 $F_{-1} = b$，$F_m = \sigma^m(a)$，$m \geqslant 0$。

Fibonacci 序列和 Fibonacci 数列有着非常密切的联系。事实上，Fibonacci 序列的第 m 阶标准词 F_m 的长度 $|F_m|$ 正好是第 m 阶的 Fibonacci 数 f_m。

实例 1.2（Fibonacci 序列的前若干阶标准词）

$F_{-1} = b$,

$F_0 = a$,

$F_1 = ab$,

$F_2 = aba$,

$F_3 = abaab$,

$F_4 = abaababa$,

$F_5 = abaababaabaab$。

1.2.2 Fibonacci 序列的生成方式

Fibonacci 序列的定义给出了它的**代换生成方式**。事实上，它还有非常多其他的生成方式，这里介绍其中两种。

Fibonacci 序列具有与 Fibonacci 数列的递推公式非常类似的递推性质：

$$F_{-1} = b, \ F_0 = a, \ F_m = F_{m-1}F_{m-2}, \ m \geqslant 1 \text{。} \tag{1.18}$$

由此，我们得到了 Fibonacci 序列的**递推生成方式**。

Fibonacci 序列还可以使用切割网格的方式生成。可以由切割网格生成的序列称为**切序列**（cutting sequences）。下面首先给出切序列的一般生成方式。

令 $\theta > 0$ 是一个无理数，考虑一条从原点出发、斜率为 θ 的射线

$$L_{\theta} : y = \theta x, \ x > 0 \text{。} \tag{1.19}$$

射线 L_θ 向右上角延伸，切割单位网格，形成一系列的交点。我们定义：

$$u_p = \begin{cases} a, & \text{若}L_\theta\text{与网格的第}p\text{个交点在竖线上；} \\ b, & \text{若}L_\theta\text{与网格的第}p\text{个交点在横线上。} \end{cases} \qquad (1.20)$$

我们将这样形成的序列 $u_\theta = \{u_p\}_{p \geqslant 1}$ 称为斜率为 θ 的切序列。

容易验证，斜率为 $\theta = \dfrac{\sqrt{5}-1}{2}$ 的切序列就是 Fibonacci 序列，如图 1.1 所示。

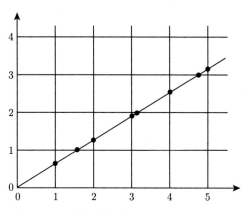

图 1.1　通过切割网格生成 Fibonacci 序列

图 1.1 通过切割网格的方式给出了 Fibonacci 序列的前 8 项：$\mathbb{F} = abaababa\cdots$，读者可以很容易地验证这一结果。

1.3　Tribonacci 序列

Fibonacci 序列是最经典的两字符序列，其在三字符集 $\mathcal{A} = \{a, b, c\}$ 上的一种自然推广称为 Tribonacci 序列。后者也是自相似序列。

1.3.1　Tribonacci 序列的定义

定义 1.3（Tribonacci 序列）

设 $\mathcal{A} = \{a, b, c\}$，Tribonacci 代换 $\sigma : \mathcal{A}^* \mapsto \mathcal{A}^*$ 定义为 $\sigma(a) = ab$，$\sigma(b) = ac$，$\sigma(c) = a$。则 Tribonacci 序列 $\mathbb{T}$ 是 Tribonacci 代换下以 a 为初始值的不动点：

$$\mathbb{T} = \sigma^\infty(a) = abacabaabacababacabaabac\cdots 。 \qquad (1.21)$$

它是一个纯代换序列，是 Fibonacci 序列的一种推广。

进一步地，定义 Tribonacci 序列的第 m 阶标准词为 $T_m = \sigma^m(a)$，$m \geqslant 0$。

实例 1.4（Tribonacci 序列的前若干阶标准词）

$T_0 = a,$

$T_1 = ab,$

$T_2 = abac,$

$T_3 = abacaba,$

$T_4 = abacabaabacab,$

$T_5 = abacabaabacababacabaabac。$

与 Fibonacci 序列类似，我们将 Tribonacci 序列第 m 阶标准词 T_m 的长度 $|T_m|$ 称为第 m 阶的 Tribonacci 数 t_m。

实例 1.5（Tribonacci 数列的前若干阶标准词）

$t_0 = 1,$

$t_1 = 2,$

$t_2 = 4,$

$t_3 = 7,$

$t_4 = 13,$

$t_5 = 24。$

1.3.2 Tribonacci 序列的生成方式

Tribonacci 序列的定义给出了它的**代换生成方式**。事实上，它还有非常多其他的生成方式，这里介绍其中两种。

Tribonacci 序列具有与 Fibonacci 序列非常类似的递推性质：

$$T_0 = a, \ T_1 = ab, \ T_2 = abac, \ T_m = T_{m-1}T_{m-2}T_{m-3}, \ m \geqslant 3。 \tag{1.22}$$

由此，我们得到了 Tribonacci 序列的**递推生成方式**。

根据 Tribonacci 序列的递推生成方式，Tribonacci 数列可以用如下递推公式生成：

$$t_0 = 1, \ t_2 = 2, \ t_3 = 4, \ t_m = t_{m-1} + t_{m-2} + t_{m-3}, \ m \geqslant 3。 \tag{1.23}$$

关于 Tribonacci 数列 $\{t_m\}_{m \geqslant 0}$，我们还可以得到以下性质。

性质 1.6

对于任意 $m \geqslant 3$，标准词 $T_m = \sigma^m(a)$ 中字符 a、b、c 的个数分别是

$$|T_m|_a = t_{m-1}, \ |T_m|_b = t_{m-2}, \ |T_m|_c = t_{m-3}。 \tag{1.24}$$

性质 1.7

Tribonacci 数列的增长率为

$$\frac{t_{m+1}}{t_m} = \alpha + O(0.41^n), \tag{1.25}$$

其中，α 是多项式 $x^3 - x^2 - x - 1 = 0$ 中唯一的实根，$\alpha = 1.839\ 286\ 755\ 2\cdots$

如前所述，通过切割网格生成 Fibonacci 序列时，射线斜率为 $\theta = \dfrac{\sqrt{5}-1}{2}$。类似地，Tribonacci 序列也可以通过**切割三维空间中的单位网格**的方式来生成，参见文献 [3,4]。下面我们来确定 Tribonacci 序列对应的射线斜率。

如下定义序列编码方式：

$$u_p = \begin{cases} a, & \text{若} L_\theta \text{与网格的第} p \text{个交点与} x \text{轴平行的网格线上；} \\ b, & \text{若} L_\theta \text{与网格的第} p \text{个交点与} y \text{轴平行的网格线上；} \\ c, & \text{若} L_\theta \text{与网格的第} p \text{个交点与} z \text{轴平行的网格线上。} \end{cases} \tag{1.26}$$

为了确定对应射线的斜率，将射线分别投影到 xy、xz、yz 平面上。

(1) 将射线投影到 xy 平面上，射线的斜率为

$$\theta_{xy} = \frac{|T_m|_a}{|T_m|_b} = \frac{t_{m-1}}{t_{m-2}} \longrightarrow \alpha; \tag{1.27}$$

(2) 将射线投影到 xz 平面上，射线的斜率为

$$\theta_{xz} = \frac{|T_m|_a}{|T_m|_c} = \frac{t_{m-1}}{t_{m-3}} \longrightarrow \alpha^2; \tag{1.28}$$

(3) 将射线投影到 yz 平面上，射线的斜率为

$$\theta_{yz} = \frac{|T_m|_b}{|T_m|_c} = \frac{t_{m-2}}{t_{m-3}} \longrightarrow \alpha。 \tag{1.29}$$

1.4　(n, j)-bonacci 序列

我们还可以将 Tribonacci 序列做进一步推广，得到 n-bonacci 序列、斜率为 $\theta = [0; \dot{j}]$ 的二维切序列、(n, j)-bonacci 序列。

注记：前两类序列都是 (n, j)-bonacci 序列的特例。

1.4.1 n-bonacci 序列

如前所述，从 Fibonacci 序列推广到 Tribonacci 序列的关键是将字符集 $\mathcal{A} = \{a, b\}$ 推广为 $\mathcal{A} = \{a, b, c\}$。一种很自然的想法是：进一步增加字符集中元素的个数。由此推广得到的一类序列通常被称为 n-bonacci 序列。

注记：对照后文 (n, j)-bonacci 序列的定义可知，n-bonacci 可以视为 (n, j)-bonacci 序列在 $j = 1$ 时的特例。为了和后续的记号一致，本部分的记号会比仅研究 n-bonacci 序列的文章使用的记号要烦琐一些。

定义 1.8（n-bonacci 序列）

设 $\mathcal{A} = \{a_1, a_2, \cdots, a_n\}$，$n$-bonacci 代换 $\sigma_{n,1} : \mathcal{A}^* \mapsto \mathcal{A}^*$ 定义为

$$\begin{cases} \sigma_{n,1}(a_d) = a_1 a_{d+1}, \ 1 \leqslant d \leqslant n-1; \\ \sigma_{n,1}(a_n) = a_1。 \end{cases} \tag{1.30}$$

则 n-bonacci 序列 $\mathcal{S}_{n,1}$ 是 n-bonacci 代换下以 a_1 为初始值的不动点：$\mathcal{S}_{n,1} = \sigma_{n,1}^\infty(a_1)$。

进一步地，定义 n-bonacci 序列的第 m 阶标准词为 $S_{n,1,m} = \sigma_{n,1}^m(a_1)$，$m \geqslant 0$。

n-bonacci 序列的定义给出了它的**代换生成方式**。它也拥有和 Fibonacci 序列、Tribonacci 序列类似的递推性质：

$$S_{n,1,m} = S_{n,1,m-1} S_{n,1,m-2} \cdots S_{n,1,m-n}, \ m \geqslant n。 \tag{1.31}$$

由此，我们得到了 n-bonacci 序列的**递推生成方式**。

1.4.2 斜率为 $\theta = [0; \dot{j}]$ 的二维切序列

如前所述，Fibonacci 序列是斜率为 $\theta = \dfrac{\sqrt{5}-1}{2}$ 的切序列。斜率 $\dfrac{\sqrt{5}-1}{2}$ 的**连分数展式**为

$$\theta = \cfrac{1}{1 + \cfrac{1}{1 + \cfrac{1}{1 + \cfrac{1}{\cdots}}}}, \tag{1.32}$$

简记为 $\theta = [0; 1, 1, 1, \cdots] = [0; \dot{1}]$。

从斜率的连分数展式入手，我们可以得到 Fibonacci 序列的另一种推广。

假设切割网格的斜线的斜率 $\theta(\theta > 0)$ 是一个无理数，它的连分数展式为

$$\theta = \cfrac{1}{j_1 + \cfrac{1}{j_2 + \cfrac{1}{j_3 + \cfrac{1}{\cdots}}}}, \tag{1.33}$$

简记为 $\theta = [0; j_1, j_2, j_3, \cdots]$。

对于不加约束的无理数 $\theta > 0$，通过切割网格可以得到 Sturmian 序列。对于一般的 Sturmian 序列，我们尚未得到它们的诱导序列、因子谱性质及相关的分形结构等结论。但对于斜率为 $\theta = [0; \dot{j}]$ 的特殊切序列，我们已经得到了一些有趣的结果。事实上，我们进一步将其推广为了 (n, j)-bonacci 序列。我们将在本书的后面介绍相关内容。

上述给出了斜率为 $\theta = [0; \dot{j}]$ 的二维切序列的一种生成方式。事实上，它也可以由**代换方式生成**，详见下面的等价关系。

性质 1.9（等价关系）

字符集 $\mathcal{A} = \{a, b\}$ 上斜率为 $\theta = [0; \dot{j}]$ 的切序列是代换 $\sigma_{2,j}$ 的不动点，其中，

$$\sigma_{2,j}(a) = a^j b, \quad \sigma_{2,j}(b) = a。 \tag{1.34}$$

即 $L_\theta = \sigma_{2,j}^\infty(a)$。

进一步地，定义 L_θ 序列的第 m 阶标准词为 $S_{2,j,m} = \sigma_{2,j}^m(a)$，$m \geqslant 0$。

可见 L_θ 也是一种代换序列。我们可以写出它的递推性质：

$$S_{2,j,0} = a, \quad S_{2,j,1} = a^j b, \quad S_{2,j,m} = S_{2,j,m-1}^j S_{2,j,m-2}, \quad m \geqslant 2。 \tag{1.35}$$

由此，我们得到了 L_θ 序列的**递推生成方式**。

注记：对照后文 (n, j)-bonacci 序列的定义和前述等价关系可知，斜率为 $\theta = [0; \dot{j}]$ 的二维切序列 L_θ 可以视为 (n, j)-bonacci 序列在 $n = 2$ 时的特例。所以，我们这里也使用了相对比较烦琐、但和后文兼容的记号。

1.4.3　(n, j)-bonacci 序列

如前面两个小节所述，我们分别推广了 Fibonacci 序列的字符集元素个数和切割射线的斜率（代换函数的表达式），下面我们同时推广这两个方面，得到 (n, j)-bonacci 序列。

定义 1.10（(n,j)-bonacci 序列）

设 $\mathcal{A} = \{a_1, a_2, \cdots, a_n\}$，$(n,j)$-bonacci 代换 $\sigma_{n,j} : \mathcal{A}^* \mapsto \mathcal{A}^*$ 定义为

$$\begin{cases} \sigma_{n,j}(a_d) = a_1^j a_{d+1}, & 1 \leqslant d \leqslant n-1; \\ \sigma_{n,j}(a_n) = a_1 \text{。} \end{cases} \tag{1.36}$$

则 (n,j)-bonacci 序列 $\mathcal{S}_{n,j}$ 是 (n,j)-bonacci 代换下以 a_1 为初始值的不动点：$\mathcal{S}_{n,1} = \sigma_{n,1}^{\infty}(a_1)$。

进一步地，定义 (n,j)-bonacci 序列的第 m 阶标准词为 $S_{n,j,m} = \sigma_{n,j}^m(a_1)$，$m \geqslant 0$。

1.5 Thue-Morse 序列

Thue-Morse 序列最先由 Thue[5,6] 和 Morse[7] 引入，是最早出现的自相似序列之一。1906 年，Thue 引入该序列，并研究了它的组合性质，给出了若干非重复序列的例子，这一工作成为代换序列研究历史的起点。其后，Mahler[8] 通过它给出了奇异谱测度的实例。迄今为止，人们已经从不同领域出发，发掘出这一序列的很多重要而有趣的性质，还引入了若干不同的广义 Morse 序列 [9–12]。

1.5.1 Thue-Morse 序列的定义

定义 1.11（Thue-Morse 序列）

设 $\mathcal{A} = \{a, b\}$，Thue-Morse 代换 $\sigma : \mathcal{A}^* \mapsto \mathcal{A}^*$ 定义为 $\sigma(a) = ab$，$\sigma(b) = ba$，则 Thue-Morse 序列 $\mathbb{M}$ 是 Thue-Morse 代换下以 a 为初始值的不动点：

$$\mathbb{M} = \sigma^{\infty}(a) = abbabaabbaababbabaababba\cdots \text{。} \tag{1.37}$$

它是一个纯代换序列。

进一步地，定义 Thue-Morse 序列的第 m 阶标准词为 $A_m = \sigma^m(a)$，$m \geqslant 0$。此外，记 $B_m = \sigma^m(b)$，$m \geqslant 0$。

实例 1.12（Thue-Morse 序列的前若干阶标准词）

$A_0 = a$，

$A_1 = ab$，

$A_2 = abba$，

$A_3 = abbabaab$，

$A_4 = abbabaabbaababba$，

$A_5 = abbabaabbaababbabaababbaabbabaab$。

注记：正如我们始终使用 σ 表示代换函数，此处 Thue-Morse 序列和下文 Period-doubling 序列中的记号 $A_m = \sigma^m(a)$ 和 $B_m = \sigma^m(b)$ 也是混用的。这是因为它们在各自序列中扮演的角色几乎相同。请读者结合上下文区别。

我们将 Thue-Morse 序列第 m 阶标准词 A_m 的长度 $|A_m|$ 称为第 m 阶的 Thue-Morse 数。容易验证，$|A_m| = |B_m| = 2^m$，$m \geqslant 0$。

1.5.2 Thue-Morse 序列的生成方式

Thue-Morse 序列的定义给出了它的**代换生成方式**。事实上，它还有非常多其他的生成方式，这里只介绍其中两种。

Thue-Morse 序列也具有的递推性质：

$$
\begin{cases}
A_0 = a, \ B_0 = b; \\
A_m = A_{m-1}B_{m-1}, \ B_m = B_{m-1}A_{m-1}, \quad m \geqslant 1。
\end{cases} \tag{1.38}
$$

由此，我们得到了 Thue-Morse 序列的**递推生成方式**。

Thue-Morse 序列是最经典、最重要的**自动机序列**（automatic sequences）之一。不严格地讲，一个序列被称为自动机序列，是指该序列能够被一个有限状态的机器生成。在给出自动机序列的精确定义之前，我们首先给出带有输出的确定有限状态自动机的定义。

由于 Thue-Morse 序列构造十分简单，人们常常将它作为自动机序列的"试金石"。实际上，自动机序列的许多重要性质都是从 Thue-Morse 序列开始研究的。

定义 1.13（自动机）

带有输出函数的确定的有限状态自动机，简称 k-DFAO，是一个六元组

$$
M = (Q, \mathcal{A}, \delta, q_0, \tau, \mathcal{B}), \tag{1.39}
$$

其中：

- Q 是一个有限状态集；
- $\mathcal{A}$ 是一个有限输入字符集；
- δ 是一个从 $Q \times \mathcal{A}$ 到状态集 Q 的映射，称为转移函数；
- q_0 是初始状态；
- τ 是从 Q 到 $\mathcal{B}$ 的映射，称为输出函数；
- $\mathcal{B}$ 是一个有限输出字符集。

我们可以很自然地将转移函数 δ 延拓到 $Q \times \mathcal{A}^*$ 上，因为对任意的 $a, b \in \mathcal{A}$，$q \in Q$，我们有 $\delta(q, ab) = \delta(\delta(q, a), b)$。因此，当我们往机器里面输入某个有限词

$\omega \in \mathcal{A}^*$ 之后，状态将会从初始状态 q_0 开始，在 ω 的每个字符的指令之下，从一个状态转移到另外一个状态，最终由输出函数 τ 输出字符集 $\mathcal{B}$ 中的反馈值。

特别地，我们给出一个比较重要的字符集：设 $k \geqslant 2$ 是一个整数，则我们定义

$$\Sigma_k := \{0, 1, \cdots, k-1\}。 \tag{1.40}$$

当 $\mathcal{A} = \Sigma_k$ 时，我们就可以定义一个无穷序列 $\{u(n)\}_{n \geqslant 0}$。这个序列中的每一项 $u(n)$，都是由机器（有限状态自动机）在输入以 n 的 k-进展式作为指令后输出的反馈值。由此，我们可以给出自动机序列的精确定义。

定义 1.14（k-自动机序列）

如果存在一个带有输出函数的确定的有限自动机

$$M = (Q, \Sigma_k, \delta, q_0, \tau, \mathcal{B}), \tag{1.41}$$

使得对于任意自然数 $n \geqslant 0$ 都有 $u(n) = \tau(\delta(q_0, (n)_k))$，其中 $(n)_k$ 表示 n 的 k-进展式。则我们称无穷序列 $\{u(n)\}_{n \geqslant 0}$ 是一个定义在有限字符集 $\mathcal{B}$ 上的一个 k-自动机序列。

定义中，我们一般要求 $(n)_k$ 的最左边表示 k-进展式中非零的最高位，最右边表示最低位。转移函数 δ 也要求从左往右读取 $(n)_k$，并且 $\delta(q_0, 0) = q_0$。当然，我们也可以采取完全对称的假定，这些假定不会改变序列的自动机性质，本质上是无差别的，详细参见文献 [1]。

可以看出 k-自动机序列 $\{u_n\}_{n \geqslant 0}$ 就是指 n 的 k-进展式满足某种规律的序列。由此，可以得到 k-自动机序列的几个有趣的性质：

- 去掉有限项得到的序列仍然是 k-自动机序列；
- 任意最终周期序列都是 k-自动机序列；
- 对于任意 k 都存在最终周期序列是 k-自动机序列；
- 在常长代换作用下仍然是 k-自动机序列；
- 两个 k-自动机序列的笛卡儿积仍然是 k-自动机序列。

性质 1.15（Thue-Morse 序列的状态图）

Thue-Morse 序列是 2-自动机序列，序列生成过程（状态图）如图 1.2 所示。

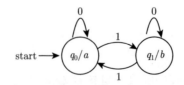

图 1.2　生成 Thue-Morse 序列的自动机

容易看出，Thue-Morse 序列

$$\mathbb{M} = x_0 x_1 x_2 \cdots x_n \cdots = abbabaabbaababbabaababba \cdots \qquad (1.42)$$

是计算 n 的 2-进展式中字符 "1" 的个数。如果个数为偶数，则输出 "a"，反之输出 "b"。

注记：由自动机状态图生成的 Thue-Morse 序列的首字符的脚标必须为 "0"，也就是与自然数 $n = 0$ 对应。

实例 1.16（由自动机状态图生成 Thue-Morse 序列的前若干个字符）

自然数 $n = 0$ 的 2-进展式为 "0"，其中字符 "1" 的个数为偶数，故 $x_0 = a$。

自然数 $n = 1$ 的 2-进展式为 "1"，其中字符 "1" 的个数为奇数，故 $x_1 = b$。

自然数 $n = 2$ 的 2-进展式为 "10"，其中字符 "1" 的个数为奇数，故 $x_2 = b$。

自然数 $n = 3$ 的 2-进展式为 "11"，其中字符 "1" 的个数为偶数，故 $x_3 = a$。

自然数 $n = 4$ 的 2-进展式为 "100"，其中字符 "1" 的个数为奇数，故 $x_4 = b$。

自然数 $n = 5$ 的 2-进展式为 "101"，其中字符 "1" 的个数为偶数，故 $x_5 = a$。

自然数 $n = 6$ 的 2-进展式为 "110"，其中字符 "1" 的个数为偶数，故 $x_6 = a$。

自然数 $n = 7$ 的 2-进展式为 "111"，其中字符 "1" 的个数为奇数，故 $x_7 = b$。

1.6 Period-doubling 序列

一个与 Thue-Morse 序列密切相关的序列是 Period-doubling 序列，又称为倍周期序列。Period-doubling 序列也可以由代换来定义，并且具有递推生成方式。此外，我们将在 1.6.2 小节说明 Period-doubling 序列是 Thue-Morse 序列的一阶差分序列。

1.6.1 Period-doubling 序列的定义

定义 1.17（Period-doubling 序列）

设 $\mathcal{A} = \{a, b\}$，Period-doubling 代换 $\sigma : \mathcal{A}^* \mapsto \mathcal{A}^*$ 定义为 $\sigma(a) = ab$，$\sigma(b) = aa$，则 Period-doubling 序列 $\mathbb{D}$ 是 Period-doubling 代换下以 a 为初始值的不动点：

$$\mathbb{D} = \sigma^\infty(a) = abaaababababaaabaaabaaababababaaabab \cdots 。 \qquad (1.43)$$

它是一个纯代换序列。

进一步地，定义 Period-doubling 序列的第 m 阶标准词为 $A_m = \sigma^m(a)$，$m \geqslant 0$。此外，记 $B_m = \sigma^m(b)$，$m \geqslant 0$。

实例 1.18（Period-doubling 序列的前若干阶标准词）

$A_0 = a$,

$A_1 = ab$,

$A_2 = abaa$,

$A_3 = abaaabab$,

$A_4 = abaaabababaaabaa$,

$A_5 = abaaabababaaabaaabaaabababaaabab$。

注记：如前所述，本书中混用 Thue-Morse 序列和 Period-doubling 序列中的记号 $A_m = \sigma^m(a)$ 和 $B_m = \sigma^m(b)$。请读者结合上下文区别。

我们将 Period-doubling 序列第 m 阶标准词 A_m 的长度 $|A_m|$ 称为第 m 阶的 Period-doubling 数。容易验证，$|A_m| = |B_m| = 2^m$，$m \geqslant 0$。

1.6.2 Period-doubling 序列的生成方式

Period-doubling 序列的定义给出了它的**代换生成方式**。事实上，它还有非常多其他的生成方式，这里介绍其中两种。

Period-doubling 序列也具有的递推性质：

$$\begin{cases} A_0 = a, \ B_0 = b; \\ A_m = A_{m-1}B_{m-1}, \ B_m = A_{m-1}A_{m-1}, \quad m \geqslant 1。 \end{cases} \tag{1.44}$$

由此，我们得到了 Period-doubling 序列的**递推生成方式**。

如前所述，Period-doubling 序列是 Thue-Morse 序列的一阶差分序列。为了严格地说明这个性质，我们首先介绍**差分序列**的定义。

定义 1.19（差分序列）

对于字母集 $\mathcal{A} = \{0, 1\}$ 上的序列 $\tau = t_1 t_2 t_3 \cdots t_n \cdots$，我们将 τ 的一阶差分定义为

$$\Delta^1(\tau) = \{\Delta^1(\tau)(n) := (t_{n+1} - t_n)(\text{模 } 2)\}_{n \geqslant 1}。 \tag{1.45}$$

进一步地，我们可以归纳的定义序列 τ 的 k 阶差分序列，如下：

$$\Delta^k(\tau) = \Delta^1(\Delta^{k-1}(\tau)) = \{(\Delta^{k-1}(\tau)_{n+1} - \Delta^{k-1}(\tau)_n)(\text{模 } 2)\}_{n \geqslant 1}。 \tag{1.46}$$

例如，字母集 $\mathcal{A} = \{0, 1\}$ 上的 Thue-Morse 序列为

$$\mathbb{M} = 0110100110010110100010110 \cdots, \tag{1.47}$$

则字母集 $\mathcal{A} = \{0,1\}$ 上的 Period-doubling 序列为

$$\mathbb{D} = \Delta^1(\mathbb{M}) = 10111010101110111011101 \cdots 。 \tag{1.48}$$

易见，由 Thue-Morse 序列的一阶差分生成的 Period-doubling 序列和由迭代生成的 Period-doubling 序列没有本质区别。

注记：我们可以尝试将研究对象推广为其他自相似序列的一阶甚至高阶差分序列。

第 2 章 研究内容综述

在第 1 章中，我们介绍了本书的主要研究对象、若干基本概念和记号。从第 3 章开始，我们将逐步展示本书的主要研究工具和研究成果。这些内容包含大量全新的概念和较为烦琐的数学记号。直接开始讲解这些研究细节，难免让部分读者觉得晦涩难懂、难以把握本质。因此，我们特意增加了本章，旨在用直观的实例，展示我们在研究中发现并证明的有趣现象。以便给本书涉及的研究工具和研究成果一个直观且宏观的概述。

注记：本章对涉及的新概念仅给出直观的解释，严谨的数学定义参见后文相应章节。

2.1 诱导序列

对于一致常返的自相似序列，任意因子 ω 在序列中出现无穷多次，将其第 p 次出现记为 ω_p。从 ω_p 的第一个字符起到 ω_{p+1} 的前一个字符止形成的因子称为 ω 的第 p 个**回归词**（return word），记为 $R_p(\omega)$。显然这些回归词对序列进行了分块，形成了新的序列 $\{R_p(\omega)\}_{p \geqslant 1}$，称为 ω 的**诱导序列**（derived sequence）。

2.1.1 回归词

很显然，即使是同一个序列上，不同因子对应的回归词集合都是不同的。

下面我们通过一个实例展示序列中的同一个因子前后两次出现的位置关系：**正分离、相邻、重叠**。由此介绍回归词的定义，以及回归词和因子本身的关系。

实例 2.1（同一个因子前后两次出现的位置关系、回归词）

(1) Fibonacci 序列中 $\omega = aa$ 的回归词

$$\mathbb{F} = ab \underbrace{aabab}_{R_1(\omega)} \underbrace{aab}_{R_2(\omega)} \underbrace{aabab}_{R_3(\omega)} \underbrace{aabab}_{R_4(\omega)} \underbrace{aab}_{R_5(\omega)} \cdots \tag{2.1}$$

显然，Fibonacci 序列中的因子 $\omega = aa$，前后两次出现的位置关系一定是正分离。此时，因子是回归词的前缀。但这些正分离的程度可能并不相同。例如：第

1 次出现和第 2 次出现的间隔为 bab；但第 2 次出现和第 3 次出现的间隔为 b。由此形成两种不同的回归词：$R_1(\omega) = aabab$ 和 $R_2(\omega) = aab$。

(2) Fibonacci 序列中 $\omega = abaab$ 的回归词

$$\mathbb{F} = \underbrace{abaab}_{R_1(\omega)}\ \underbrace{aba}_{R_2(\omega)}\ \underbrace{abaab}_{R_3(\omega)}\ \underbrace{abaab}_{R_4(\omega)}\ \underbrace{aba}_{R_5(\omega)} \cdots \tag{2.2}$$

与上例不同，Fibonacci 序列中的因子 $\omega = abaab$，前后两次出现的位置关系有两种可能：相邻和重叠。例如：第 1 次出现和第 2 次出现相邻，此时回归词与因子相同；但第 2 次出现和第 3 次出现重叠，此时回归词是因子的前缀。由此形成两种不同的回归词：$R_1(\omega) = abaab$ 和 $R_2(\omega) = aba$。

在上面的实例中，我们看到了同一个序列中、同一个因子前后两次出现的位置关系也可能是不同的，由此形成不同的回归词。那么很自然的想到下面两个问题。

- 问题 1：序列中是否还存在这个因子的其他回归词？
- 问题 2：这些回归词排成的诱导序列 $\{R_p(\omega)\}_{p \geqslant 1}$ 是什么序列？

我们可以使用"诱导序列"的性质来回答上述两个问题。

注记：按照回归词和诱导序列的定义，序列在因子第一次出现前的前缀部分，不是因子的回归词。例如，上面实例中 $\omega = aa$ 第一次出现前的 $\mathbb{F}$ 的前两个字符 ab，不是因子 $\omega = aa$ 的回归词，也不参与诱导序列结构的讨论。为了统一符号，我们通常将其记为 $R_0(\omega)$。

注记：Durand[13] 最初提出回归词和诱导序列概念时，仅针对于序列的前缀因子。因此，不会出现前面注记中提到的"$R_0(\omega)$"的问题。不过，在进一步的研究中，我们发现：回归词和诱导序列的概念可以很自然地推广到序列中的其他因子，只需要如上补充"$R_0(\omega)$"的概念即可。

2.1.2 诱导序列与核词

上面的实例展示了 Fibonacci 序列中因子 $\omega = aa$ 和 $\omega = abaab$ 的回归词，下面的实例则展示它们的诱导序列。有趣的是：尽管它们前后两次出现的位置关系上存在较大差异，但它们的诱导序列都是字符集 $\{R_1(\omega), R_2(\omega)\}$ 上的 Fibonacci 序列本身。

实例 2.2（Fibonacci 序列的诱导序列）

(1) Fibonacci 序列中 $\omega = aa$ 的诱导序列

$$\mathbb{F} = ab\underbrace{aabab}_{\alpha}\underbrace{aab}_{\beta}\underbrace{aabab}_{\alpha}\underbrace{aabab}_{\alpha}\underbrace{aab}_{\beta}\underbrace{aabab}_{\alpha}\underbrace{aab}_{\beta}\underbrace{aabab}_{\alpha}$$

$$\underbrace{aabab}_{\alpha}\underbrace{aab}_{\beta}\underbrace{aabab}_{\alpha}\underbrace{aabab}_{\alpha}\underbrace{aab}_{\beta}\cdots。 \tag{2.3}$$

容易看出，Fibonacci 序列中 $\omega = aa$ 的诱导序列 $\{R_p(\omega)\}_{p\geqslant 1}$ 是字符集

$$\{R_1(\omega), R_2(\omega)\} = \{aabab, aab\} := \{\alpha, \beta\} \tag{2.4}$$

上的 Fibonacci 序列。如前所述，在诱导序列中，我们忽略了 $R_0(\omega) = ab$，它不被视为因子 $\omega = aa$ 的回归词。

(2) Fibonacci 序列中 $\omega = abaab$ 的诱导序列

$$\mathbb{F} = \underbrace{abaab}_{\alpha}\underbrace{aba}_{\beta}\underbrace{abaab}_{\alpha}\underbrace{abaab}_{\alpha}\underbrace{aba}_{\beta}\underbrace{abaab}_{\alpha}\underbrace{aba}_{\beta}\underbrace{abaab}_{\alpha}$$

$$\underbrace{abaab}_{\alpha}\underbrace{aba}_{\beta}\underbrace{abaab}_{\alpha}\underbrace{abaab}_{\alpha}\underbrace{aba}_{\beta}\cdots。 \tag{2.5}$$

容易看出，Fibonacci 序列中 $\omega = abaab$ 的诱导序列 $\{R_p(\omega)\}_{p\geqslant 1}$ 是字符集

$$\{R_1(\omega), R_2(\omega)\} = \{abaab, aba\} := \{\alpha, \beta\} \tag{2.6}$$

上的 Fibonacci 序列。

Wen-Wen[14] 证明了一个简洁优美的性质：Fibonacci 序列中任意奇异词（核词）的诱导序列都是 Fibonacci 序列本身。这个性质可以推广到 Fibonacci 序列中任意因子、甚至 Tribonacci 序列中任意因子，当然在推广时需要引入新的研究工具：**核词**（kernel word）。

直观地讲，核词是序列中的一类特殊的因子，满足以下条件：序列中的任意因子 ω 都存在唯一的核词 $\mathrm{Ker}(\omega)$，使得因子和核词**相对静止**。这里我们借用了物理学中"相对静止"的概念。粗略地讲：因子 ω 及其核词 $\mathrm{Ker}(\omega)$ 在序列中每次出现的位置的局部结构是不变的，如图 2.1 所示。

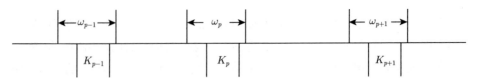

图 2.1　第 p 次出现的因子 ω 和它的核词 $\mathrm{Ker}(\omega) := K$ 之间的位置关系

根据"相对静止"的概念，因子 ω 和它的核词 $\mathrm{Ker}(\omega)$ 具有相同的诱导序列（仅字符集对应的具体回归词不同）。因此，如果一个序列存在核词集合，我们只需要做以下两件事，就能得到序列中任意因子的诱导序列了。

(1) 研究每个核词对应哪些因子；

(2) 研究核词的诱导序列。

注记：参考文献 [14] 将研究 Fibonacci 序列中任意因子的诱导序列的重要工具称为：**奇异词**（singular word）。Fibonacci 序列中的奇异词完全满足前述"相对静止"的要求。可见，在 Fibonacci 序列中，核词集合就是奇异词集合。然而，Tribonacci 序列中的奇异词并不满足"相对静止"的性质，不能用于研究因子的诱导序列。我们需要原创性地去构造一个新的因子集合，称为"核词"。

实例 2.3（Tribonacci 序列的诱导序列）

Tribonacci 序列中 $\omega = aba$ 的诱导序列

$$\mathbb{T} = \underbrace{abac}_{\alpha}\ \underbrace{aba}_{\beta}\ \underbrace{abac}_{\alpha}\ \underbrace{ab}_{\gamma}\ \underbrace{abac}_{\alpha}\ \underbrace{aba}_{\beta}\ \underbrace{abac}_{\alpha}$$
$$\underbrace{abac}_{\alpha}\ \underbrace{aba}_{\beta}\ \underbrace{abac}_{\alpha}\ \underbrace{ab}_{\gamma}\ \underbrace{abac}_{\alpha}\ \underbrace{aba}_{\beta}\cdots。 \tag{2.7}$$

容易看出，Tribonacci 序列中 $\omega = aba$ 的诱导序列 $\{R_p(\omega)\}_{p\geqslant 1}$ 是字符集

$$\{R_1(\omega), R_2(\omega), R_4(\omega)\} = \{abac, aba, ac\} := \{\alpha, \beta, \gamma\} \tag{2.8}$$

上的 Tribonacci 序列。

不幸的是，上述性质（序列中任意因子的诱导序列都相同、且都是该序列本身）并不适用于：斜率为 $\theta = [0; \dot{j}]$ 的二维切序列、Thue-Morse 序列、Period-doubling 序列等其他自相似序列。在这些序列中，不同的因子可能生成不同的诱导序列。

下面以斜率为 $\theta = [0; \dot{3}]$ 的二维切序列 $\mathcal{S}_{2,3}$ 为例，展示诱导序列的不唯一性。根据第 1 章的性质 1.9，序列 $\mathcal{S}_{2,3}$ 是代换 $\sigma_{2,j}(a) = a^j b$，$\sigma_{2,j}(b) = a$ 的不动点。

实例 2.4（$\mathcal{S}_{2,3}$ 序列的前若干阶标准词）

$\mathcal{S}_{2,3,0} = a$,

$\mathcal{S}_{2,3,1} = aaab$,

$\mathcal{S}_{2,3,2} = \mathcal{S}_{2,3,1}^3 \mathcal{S}_{2,3,0} = aaabaaabaaaba$,

$\mathcal{S}_{2,3,3} = \mathcal{S}_{2,3,2}^3 \mathcal{S}_{2,3,1} = aaabaaabaaabaaaabaaabaaabaaaabaaabaaabaaaab$。

实例 2.5（$\mathcal{S}_{2,3}$ 序列的三种诱导序列）

(1) $\mathcal{S}_{2,3}$ 序列中 $\omega = a$ 的诱导序列

$$\mathcal{S}_{2,3} = \underbrace{a}_{\alpha}\ \underbrace{a}_{\alpha}\ \underbrace{ab}_{\beta}\ *\ \underbrace{a}_{\alpha}\ \underbrace{a}_{\alpha}\ \underbrace{ab}_{\beta}\ *\ \underbrace{a}_{\alpha}\ \underbrace{a}_{\alpha}\ \underbrace{ab}_{\beta}\ *\ \underbrace{a}_{\alpha}\ *$$

$$\underbrace{a}_{\alpha}\ \underbrace{a}_{\alpha}\ \underbrace{ab}_{\beta}\ *\ \underbrace{a}_{\alpha}\ \underbrace{a}_{\alpha}\ \underbrace{ab}_{\beta}\ *\ \underbrace{a}_{\alpha}\ \underbrace{a}_{\alpha}\ \underbrace{ab}_{\beta}\ *\ \underbrace{a}_{\alpha}\ *$$

$$\underbrace{a}_{\alpha}\ \underbrace{a}_{\alpha}\ \underbrace{ab}_{\beta}\ *\ \underbrace{a}_{\alpha}\ \underbrace{a}_{\alpha}\ \underbrace{ab}_{\beta}\ *\ \underbrace{a}_{\alpha}\ \underbrace{a}_{\alpha}\ \underbrace{ab}_{\beta}\ *\ \underbrace{a}_{\alpha}\ *$$

$$\underbrace{a}_{\alpha}\ \underbrace{a}_{\alpha}\ \underbrace{ab}_{\beta}\ *\ \underbrace{a}_{\alpha}\ \underbrace{a}_{\alpha}\ \underbrace{ab}_{\beta}\ *\ \underbrace{a}_{\alpha}\ \underbrace{a}_{\alpha}\ \underbrace{ab}_{\beta}\ *$$

$$\underbrace{a}_{\alpha}\ \underbrace{a}_{\alpha}\ \underbrace{ab}_{\beta}\ *\ \underbrace{a}_{\alpha}\ \underbrace{a}_{\alpha}\ \underbrace{a}_{\alpha}\ \underbrace{ab}_{\beta}\ \cdots 。 \tag{2.9}$$

容易看出，$\mathcal{S}_{2,3}$ 序列中 $\omega = a$ 的诱导序列 $\{R_p(\omega)\}_{p \geqslant 1}$ 是字符集

$$\{R_1(\omega), R_2(\omega)\} = \{a, ab\} := \{\alpha, \beta\} \tag{2.10}$$

上的 θ_1 序列：

$$\theta_1 = \underbrace{\alpha\alpha\beta\ \alpha\alpha\beta\ \alpha\alpha\beta}_{A\quad A\quad A}\ \underbrace{\alpha}_{B}\ *\ \underbrace{\alpha\alpha\beta\ \alpha\alpha\beta\ \alpha\alpha\beta}_{A\quad A\quad A}\ \underbrace{\alpha}_{B}\ *$$

$$\underbrace{\alpha\alpha\beta\ \alpha\alpha\beta\ \alpha\alpha\beta}_{A\quad A\quad A}\ \underbrace{\alpha}_{B}\ *\ \underbrace{\alpha\alpha\beta\ \alpha\alpha\beta\ \alpha\alpha\beta\ \alpha\alpha\beta}_{A\quad A\quad A\quad A}\ \underbrace{\alpha}_{B}\ \cdots 。 \tag{2.11}$$

根据式 (2.11) 的进一步整理我们发现：序列 θ_1 是字符集

$$\{\alpha\alpha\beta, \alpha\} := \{A, B\} \tag{2.12}$$

上的 $\mathcal{S}_{2,3}$ 序列。这样我们就建立了诱导序列 θ_1 和原序列 $\mathcal{S}_{2,3}$ 的联系。

(2) $\mathcal{S}_{2,3}$ 序列中 $\omega = aa$ 的诱导序列

$$\mathcal{S}_{2,3} = \underbrace{a}_{\alpha}\ \underbrace{aab}_{\beta}\ *\ \underbrace{a}_{\alpha}\ \underbrace{aab}_{\beta}\ *\ \underbrace{a}_{\alpha}\ \underbrace{aab}_{\beta}\ *\ \underbrace{a}_{\alpha}\ *$$

$$\underbrace{a}_{\alpha}\ \underbrace{aab}_{\beta}\ *\ \underbrace{a}_{\alpha}\ \underbrace{aab}_{\beta}\ *\ \underbrace{a}_{\alpha}\ \underbrace{aab}_{\beta}\ *\ \underbrace{a}_{\alpha}\ *$$

$$\underbrace{a}_{\alpha}\ \underbrace{aab}_{\beta}\ *\ \underbrace{a}_{\alpha}\ \underbrace{aab}_{\beta}\ *\ \underbrace{a}_{\alpha}\ \underbrace{aab}_{\beta}\ *\ \underbrace{a}_{\alpha}\ *$$

$$\underbrace{a}_{\alpha}\ \underbrace{aab}_{\beta}\ *\ \underbrace{a}_{\alpha}\ \underbrace{aab}_{\beta}\ *\ \underbrace{a}_{\alpha}\ \underbrace{aab}_{\beta}\ *\ \underbrace{a}_{\alpha}\ \underbrace{aab}_{\beta}\ *\ \underbrace{a}_{\alpha}\ \cdots 。 \tag{2.13}$$

容易看出，$\mathcal{S}_{2,3}$ 序列中 $\omega = aa$ 的诱导序列 $\{R_p(\omega)\}_{p \geqslant 1}$ 是字符集

$$\{R_1(\omega), R_2(\omega)\} = \{a, aab\} := \{\alpha, \beta\} \tag{2.14}$$

上的 θ_2 序列：

$$\theta_2 = \underbrace{\alpha\beta}_{A}\ \underbrace{\alpha\beta}_{A}\ \underbrace{\alpha\beta}_{A}\ \underbrace{\alpha}_{B}\ *\ \underbrace{\alpha\beta}_{A}\ \underbrace{\alpha\beta}_{A}\ \underbrace{\alpha\beta}_{A}\ \underbrace{\alpha}_{B}\ *$$

$$\underbrace{\alpha\beta}_{A}\ \underbrace{\alpha\beta}_{A}\ \underbrace{\alpha\beta}_{A}\ \underbrace{\alpha}_{B}\ *\ \underbrace{\alpha\beta}_{A}\ \underbrace{\alpha\beta}_{A}\ \underbrace{\alpha\beta}_{A}\ \underbrace{\alpha\beta}_{A}\ \underbrace{\alpha}_{B}\ \cdots 。 \tag{2.15}$$

根据式 (2.15) 的进一步整理我们发现：序列 θ_2 是字符集

$$\{\alpha\beta, \alpha\} := \{A, B\} \tag{2.16}$$

上的 $\mathcal{S}_{2,3}$ 序列。

(3) $\mathcal{S}_{2,3}$ 序列中 $\omega = aaa$ 的诱导序列

$$\mathcal{S}_{2,3} = \underbrace{aaab}_{\alpha}\underbrace{aaab}_{\alpha}\underbrace{aaab}_{\alpha}\underbrace{a}_{\beta}\underbrace{aaab}_{\alpha}\underbrace{aaab}_{\alpha}\underbrace{aaab}_{\alpha}\underbrace{a}_{\beta}$$

$$\underbrace{aaab}_{\alpha}\underbrace{aaab}_{\alpha}\underbrace{aaab}_{\alpha}\underbrace{a}_{\beta}\underbrace{aaab}_{\alpha}\underbrace{aaab}_{\alpha}\underbrace{aaab}_{\alpha}\underbrace{aaab}_{\alpha}\underbrace{a}_{\beta}\cdots 。 \tag{2.17}$$

容易看出，$\mathcal{S}_{2,3}$ 序列中 $\omega = aaa$ 的诱导序列 $\{R_p(\omega)\}_{p\geqslant 1}$ 是字符集

$$\{R_1(\omega), R_2(\omega)\} = \{aaab, a\} := \{\alpha, \beta\} \tag{2.18}$$

上的 $\mathcal{S}_{2,3}$ 序列。

2.1.3　核词与包络词

运用核词这一重要的研究工具，我们可以成功地给出 Fibonacci 序列、Tribonacci 序列和斜率为 $\theta = [0; j]$ 的二维切序列的诱导序列。然而不幸的是，并不是所有的序列都可以构造出满足"相对静止"条件的核词集合（具体而言，要求序列中的任意因子 ω 都存在唯一的核词 $\mathrm{Ker}(\omega)$，使得因子和核词相对静止）。例如，Thue-Morse 序列、Period-doubling 序列等其他自相似序列。

通过不懈地努力，我们引入了一类新的特殊的因子：**包络词**（envelope word）。

直观地讲，包络词是序列中的一类特殊的因子，满足以下条件：序列中的任意因子 ω 都存在唯一的包络词 $\mathrm{Env}(\omega)$，使得因子和包络词**相对静止**。这里我们依然借用了物理学中"相对静止"的概念。粗略地讲，因子 ω 及其包络词 $\mathrm{Env}(\omega)$ 在序列中每次出现的位置的局部结构是不变的，如图 2.2 所示。

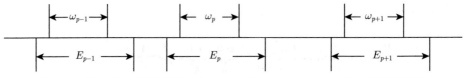

图 2.2　第 p 次出现的因子 ω 和它的包络词 $\text{Env}(\omega) := E$ 之间的位置关系

注记：事实上，包络词比核词更加普遍，前述 Fibonacci 序列、Tribonacci 序列和斜率为 $\theta = [0; \dot{j}]$ 的二维切序列也可以定义满足"相对静止"性质的包络词。我们猜想：**所有的自相似序列都可以构造出合适的包络词，用于研究诱导序列。**

如前所述，包络词和核词的"相对静止"性质非常相似。当一个序列同时具有核词和包络词时，因子 ω、它的核词 $\text{Ker}(\omega)$ 和包络词 $\text{Env}(\omega)$ 在序列中每次出现的位置的局部结构是不变的，如图 2.3 所示。

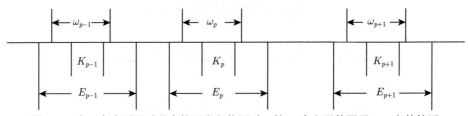

图 2.3　当一个序列同时具有核词和包络词时，第 p 次出现的因子 ω、它的核词 $\text{Ker}(\omega) := K$、它的包络词 $\text{Env}(\omega) := E$ 之间的关系

由图 2.3 可见，核词 $\text{Ker}(\omega)$ 和包络词 $\text{Env}(\omega)$ 最明显的区别在于：

$$\text{Ker}(\omega) \prec \omega \text{ 而 } \omega \prec \text{Env}(\omega)。 \tag{2.19}$$

2.1.4　诱导序列与包络词

下面，我们展示两个需要用包络词来研究的经典自相似序列的诱导序列。它们是 Thue-Morse 序列和 Period-doubling 序列。

具体而言，Thue-Morse 序列中因子 a 和 b 的诱导序列是三字符的自相似序列；其他任意因子的诱导序列是三个四字符的自相似序列之一，而且它们都和 Thue-Morse 序列具有密切的联系。下面仅给出几个典型的实例。

实例 2.6（Thue-Morse 序列的中因子 a 和 b 的诱导序列）

(1) Thue-Morse 序列中 $\omega = a$ 的诱导序列

$$\mathbb{M} = \underbrace{abb}_{\alpha}\,\underbrace{ab}_{\beta}\,\underbrace{a}_{\gamma}\,\underbrace{abb}_{\alpha}\,\underbrace{a}_{\gamma}\,\underbrace{ab}_{\beta}\,\underbrace{abb}_{\alpha}\,\underbrace{ab}_{\beta}\,\underbrace{a}_{\gamma}\,\underbrace{ab}_{\beta}$$

$$\underbrace{abb}_{\alpha}\,\underbrace{a}_{\gamma}\,\underbrace{abb}_{\alpha}\,\underbrace{ab}_{\beta}\,\underbrace{a}_{\gamma}\,\underbrace{abb}_{\alpha}\,\underbrace{a}_{\gamma}\,\underbrace{ab}_{\beta}\,\underbrace{abb}_{\alpha}\,\underbrace{a}_{\gamma}$$

$$\underbrace{abb}_{\alpha}\,\underbrace{ab}_{\beta}\,\underbrace{a}_{\gamma}\,\underbrace{ab}_{\beta}\,\underbrace{abb}_{\alpha}\,\underbrace{ab}_{\beta}\,\underbrace{a}_{\gamma}\,\underbrace{abb}_{\alpha}\,\underbrace{a}_{\gamma}\,\underbrace{ab}_{\beta}\,\underbrace{abb}_{\alpha}\cdots。 \tag{2.20}$$

可见，Thue-Morse 序列中 $\omega = a$ 的诱导序列 $\{R_p(\omega)\}_{p \geqslant 1}$ 是字符集

$$\{R_1(\omega), R_2(\omega), R_3(\omega)\} = \{abb, ab, a\} := \{\alpha, \beta, \gamma\} \tag{2.21}$$

上的 θ_1 序列：

$$\theta_1 = \alpha\beta\gamma\alpha\gamma\beta\alpha\beta\gamma\beta\alpha\gamma\alpha\beta\gamma\alpha\gamma\beta\alpha\beta\gamma\alpha\gamma\beta\alpha\cdots。 \tag{2.22}$$

(2) Thue-Morse 序列中 $\omega = b$ 的诱导序列

$$\mathbb{M} = a\,\underbrace{b}_{\alpha}\,\underbrace{ba}_{\beta}\,\underbrace{baa}_{\gamma}\,\underbrace{b}_{\alpha}\,\underbrace{baa}_{\gamma}\,\underbrace{ba}_{\beta}\,\underbrace{b}_{\alpha}\,\underbrace{ba}_{\beta}\,\underbrace{baa}_{\gamma}\,\underbrace{ba}_{\beta}$$

$$\underbrace{b}_{\alpha}\,\underbrace{baa}_{\gamma}\,\underbrace{b}_{\alpha}\,\underbrace{ba}_{\beta}\,\underbrace{baa}_{\gamma}\,\underbrace{b}_{\alpha}\,\underbrace{baa}_{\gamma}\,\underbrace{ba}_{\beta}\,\underbrace{b}_{\alpha}\,\underbrace{baa}_{\gamma}$$

$$\underbrace{b}_{\alpha}\,\underbrace{ba}_{\beta}\,\underbrace{baa}_{\gamma}\,\underbrace{ba}_{\beta}\,\underbrace{b}_{\alpha}\,\underbrace{ba}_{\beta}\,\underbrace{baa}_{\gamma}\,\underbrace{b}_{\alpha}\,\underbrace{baa}_{\gamma}\,\underbrace{ba}_{\beta}\,\underbrace{b}_{\alpha}\cdots。 \tag{2.23}$$

可见，Thue-Morse 序列中 $\omega = b$ 的诱导序列 $\{R_p(\omega)\}_{p \geqslant 1}$ 是字符集

$$\{R_1(\omega), R_2(\omega), R_3(\omega)\} = \{b, ba, baa\} := \{\alpha, \beta, \gamma\} \tag{2.24}$$

上的 θ_1 序列。

我们自然想知道，代换序列 Thue-Morse 序列的诱导序列 θ_1 序列可否由代换生成呢？非常幸运的是，我们发现 θ_1 序列确实是代换序列。

性质 2.7（θ_1 序列）

设 $\mathcal{A} = \{a, b, c\}$，代换 $\sigma : \mathcal{A}^* \mapsto \mathcal{A}^*$ 定义为 $\sigma(a) = abc$，$\sigma(b) = ac$，$\sigma(c) = b$。则 θ_1 序列是代换 σ 下以 a 为初始值的不动点：

$$\theta_1 = \sigma^\infty(a) = abcacbabcbacabcacbacabcbabcacba\cdots。 \tag{2.25}$$

它是一个纯代换序列。

实例 2.8（Thue-Morse 序列的其他三种诱导序列）

(1) Thue-Morse 序列中 $\omega = ab$ 的诱导序列

$$\mathbb{M} = \underbrace{abb}_{\alpha}\ \underbrace{aba}_{\beta}\ \underbrace{abba}_{\gamma}\ \underbrace{ab}_{\delta}\ \underbrace{abb}_{\alpha}\ \underbrace{aba}_{\beta}\ \underbrace{ab}_{\delta}\ \underbrace{abba}_{\gamma}$$

$$\underbrace{abb}_{\alpha}\ \underbrace{aba}_{\beta}\ \underbrace{abba}_{\gamma}\ \underbrace{ab}_{\delta}\ \underbrace{abba}_{\gamma}\ \underbrace{abb}_{\alpha}\ \underbrace{aba}_{\beta}\ \underbrace{ab}_{\delta}$$

$$\underbrace{abb}_{\alpha}\ \underbrace{aba}_{\beta}\ \underbrace{abba}_{\gamma}\ \underbrace{ab}_{\delta}\cdots 。 \tag{2.26}$$

容易看出，Thue-Morse 序列中 $\omega = ab$ 的诱导序列 $\{R_p(\omega)\}_{p \geqslant 1}$ 是字符集

$$\{R_1(\omega), R_2(\omega), R_3(\omega), R_4(\omega)\} = \{abb, aba, abba, ab\} := \{\alpha, \beta, \gamma, \delta\} \tag{2.27}$$

上的 θ_2 序列：

$$\theta_2 = \alpha\beta\gamma\delta\alpha\beta\delta\gamma\alpha\beta\gamma\delta\gamma\alpha\beta\delta\alpha\beta\gamma\delta\cdots 。 \tag{2.28}$$

(2) Thue-Morse 序列中 $\omega = ba$ 的诱导序列

$$\mathbb{M} = ab\ \underbrace{ba}_{\alpha}\ \underbrace{baab}_{\beta}\ \underbrace{baa}_{\gamma}\ \underbrace{bab}_{\delta}\ \underbrace{ba}_{\alpha}\ \underbrace{baa}_{\gamma}\ \underbrace{bab}_{\delta}\ \underbrace{baab}_{\beta}$$

$$\underbrace{ba}_{\alpha}\ \underbrace{baab}_{\beta}\ \underbrace{baa}_{\gamma}\ \underbrace{bab}_{\delta}\ \underbrace{baab}_{\beta}\ \underbrace{ba}_{\alpha}\ \underbrace{baa}_{\gamma}\ \underbrace{bab}_{\delta}$$

$$\underbrace{ba}_{\alpha}\ \underbrace{baab}_{\beta}\ \underbrace{baa}_{\gamma}\ \underbrace{bab}_{\delta}\ ba\cdots 。 \tag{2.29}$$

容易看出，Thue-Morse 序列中 $\omega = ba$ 的诱导序列 $\{R_p(\omega)\}_{p \geqslant 1}$ 是字符集

$$\{R_1(\omega), R_2(\omega), R_3(\omega), R_4(\omega)\} = \{ba, baab, baa, bab\} := \{\alpha, \beta, \gamma, \delta\} \tag{2.30}$$

上的 θ_3 序列：

$$\theta_3 = \alpha\beta\gamma\delta\alpha\gamma\delta\beta\alpha\beta\gamma\delta\beta\alpha\gamma\delta\alpha\beta\gamma\delta\cdots 。 \tag{2.31}$$

(3) Thue-Morse 序列中 $\omega = aba$ 的诱导序列

$$\mathbb{M} = abb\ \underbrace{abaabba}_{\alpha}\ \underbrace{ababb}_{\beta}\ \underbrace{aba}_{\gamma}\ \underbrace{ababbaabb}_{\delta}\ \underbrace{abaabba}_{\alpha}\ \underbrace{ababbaabb}_{\delta}\ \underbrace{aba}_{\gamma}\ \underbrace{ababb}_{\beta}$$

$$\underbrace{abaabba}_{\alpha}\ \underbrace{ababb}_{\beta}\ \underbrace{aba}_{\gamma}\ \underbrace{ababbaabb}_{\delta}\ \underbrace{aba}_{\gamma}\ \underbrace{ababb}_{\beta}\ \underbrace{abaabba}_{\alpha}\ \underbrace{ababbaabb}_{\delta}$$

$$\underbrace{abaabba}_{\alpha}\ \underbrace{ababb}_{\beta}\ \underbrace{aba}_{\gamma}\ \underbrace{ababbaabb}_{\delta}\ abaab\cdots 。 \tag{2.32}$$

可见，Thue-Morse 序列中 $\omega = aba$ 的诱导序列 $\{R_p(\omega)\}_{p\geqslant 1}$ 是字符集

$$\{R_1(\omega), R_2(\omega), R_3(\omega), R_4(\omega)\}$$

$$= \{abaabba, ababb, aba, ababbaabb\} := \{\alpha, \beta, \gamma, \delta\} \tag{2.33}$$

上的 θ_4 序列：

$$\theta_4 = \alpha\beta\gamma\delta\alpha\delta\gamma\beta\alpha\beta\gamma\delta\gamma\beta\alpha\delta\alpha\beta\gamma\delta\cdots \tag{2.34}$$

(4) Thue-Morse 序列中 $\omega = bab$ 的诱导序列

$$\mathbb{M} = ab\underbrace{babaabbaa}_{\alpha}\underbrace{bab}_{\beta}\underbrace{babaa}_{\gamma}\underbrace{babbaab}_{\delta}\underbrace{babaabbaa}_{\alpha}\underbrace{babbaab}_{\delta}\underbrace{babaa}_{\gamma}\underbrace{bab}_{\beta}$$

$$\underbrace{babaabbaa}_{\alpha}\underbrace{bab}_{\beta}\underbrace{babaa}_{\gamma}\underbrace{babbaab}_{\delta}\underbrace{babaa}_{\gamma}\underbrace{bab}_{\beta}\underbrace{babaabbaa}_{\alpha}\underbrace{babbaab}_{\delta}$$

$$\underbrace{babaabbaa}_{\alpha}\underbrace{bab}_{\beta}\underbrace{babaa}_{\gamma}\underbrace{babbaab}_{\delta}babaab\cdots。 \tag{2.35}$$

可见，Thue-Morse 序列中 $\omega = aba$ 的诱导序列 $\{R_p(\omega)\}_{p\geqslant 1}$ 是字符集

$$\{R_1(\omega), R_2(\omega), R_3(\omega), R_4(\omega)\}$$

$$= \{babaabbaa, bab, babaa, babbaab\} := \{\alpha, \beta, \gamma, \delta\} \tag{2.36}$$

上的 θ_4 序列。

性质 2.9（θ_i 序列，$i = 2,3,4$）

(1) θ_2 序列是字符集 $\{ab, c, d\}$ 上的 θ_1 序列。

$$\theta_2 = abcdabdcabcdcabdabcdabdcabdabcdc\cdots。 \tag{2.37}$$

(2) θ_3 序列是字符集 $\{a, b, cd\}$ 上的 θ_1 序列。

$$\theta_3 = abcdacdbabcdbacdabcdacdbacdabcdb\cdots。 \tag{2.38}$$

(3) 设 $\mathcal{A} = \{a, b, c, d\}$，代换 $\sigma : \mathcal{A}^* \mapsto \mathcal{A}^*$ 定义为 $\sigma(a) = abc$，$\sigma(b) = d$，$\sigma(c) = a$，$\sigma(d) = dcb$。则 θ_4 序列是代换 σ 下以 a 为初始值的不动点：

$$\theta_4 = \sigma^\infty(a) = abcdadcbabcdcbadabcdadcbadabcdcbabcdadcbabc\cdots。 \tag{2.39}$$

它是一个纯代换序列。

注记：除了都是代换序列之外，原序列 $\mathbb{M}$ 和诱导序列 θ_i（$i=1,2,3,4$）还有更加重要的联系，称为**自反性**（reflexivity）。粗略地讲，将诱导序列 θ_i（$i=1,2,3,4$）视为新的原序列，再次针对任意因子生成诱导序列，则新的诱导序列也是 θ_i（$i=2,3,4$）之一。

实例 2.10（Period-doubling 序列的两种诱导序列）

(1) Period-doubling 序列中 $\omega=a$ 的诱导序列

$$\mathbb{D}=\underbrace{ab}_{\alpha}*\underbrace{a}_{\beta}\ \underbrace{a}_{\beta}*\underbrace{ab}_{\alpha}*\underbrace{ab}_{\alpha}*$$

$$\underbrace{ab}_{\alpha}*\underbrace{a}_{\beta}\ \underbrace{a}_{\beta}*\underbrace{ab}_{\alpha}*\underbrace{a}_{\beta}\ \underbrace{a}_{\beta}*$$

$$\underbrace{ab}_{\alpha}*\underbrace{a}_{\beta}\ \underbrace{a}_{\beta}*\underbrace{ab}_{\alpha}*\underbrace{ab}_{\alpha}*$$

$$\underbrace{ab}_{\alpha}*\underbrace{a}_{\beta}\ \underbrace{a}_{\beta}*\underbrace{ab}_{\alpha}*\underbrace{ab}_{\alpha}\cdots 。 \tag{2.40}$$

容易看出，Period-doubling 序列中 $\omega=ab$ 的诱导序列 $\{R_p(\omega)\}_{p\geqslant 1}$ 是字符集

$$\{R_1(\omega),R_2(\omega)\}=\{ab,a\}:=\{\alpha,\beta\} \tag{2.41}$$

上的 θ_1 序列：

$$\theta_1=\underbrace{\alpha}_{A}\ \underbrace{\beta\beta}_{B}\ \underbrace{\alpha}_{A}\ \underbrace{\alpha}_{A}*\underbrace{\alpha}_{A}\ \underbrace{\beta\beta}_{B}\ \underbrace{\alpha}_{A}\ \underbrace{\beta\beta}_{B}*$$

$$\underbrace{\alpha}_{A}\ \underbrace{\beta\beta}_{B}\ \underbrace{\alpha}_{A}\ \underbrace{\alpha}_{A}*\underbrace{\alpha}_{A}\ \underbrace{\beta\beta}_{B}\ \underbrace{\alpha}_{A}\ \underbrace{\alpha}_{A}\cdots 。 \tag{2.42}$$

对式 (2.42) 做进一步整理，我们发现：序列 θ_1 是字符集

$$\{\alpha,\beta\beta\}:=\{A,B\} \tag{2.43}$$

上的 Period-doubling 序列。这样我们就建立了诱导序列 θ_1 和原序列 Period-doubling 的联系。

(2) Period-doubling 序列中 $\omega=aa$ 的诱导序列

$$\mathbb{D}=ab*\underbrace{a}_{\alpha}\ \underbrace{aababab}_{\beta}*\underbrace{a}_{\alpha}\ \underbrace{aab}_{\gamma}\ \underbrace{a}_{\alpha}\ \underbrace{aab}_{\gamma}*$$

$$\underbrace{a}_{\alpha}\ \underbrace{aababab}_{\beta}*\underbrace{a}_{\alpha}\ \underbrace{aababab}_{\beta}*$$

$$\underbrace{a}_{\alpha}\ \underbrace{aababab}_{\beta}*\underbrace{a}_{\alpha}\ \underbrace{aab}_{\gamma}\ \underbrace{a}_{\alpha}\ \underbrace{aab}_{\gamma}*$$

$$\underbrace{a}_{\alpha}\ \underbrace{aababab}_{\beta}*\underbrace{a}_{\alpha}\ \underbrace{aab}_{\gamma}\ \underbrace{a}_{\alpha}\ \underbrace{aab}_{\gamma}$$

$$\underbrace{a}_{\alpha}\ \underbrace{aababab}_{\beta}*\underbrace{a}_{\alpha}\ \underbrace{aab}_{\gamma}\ \underbrace{a}_{\alpha}\ \underbrace{aab}_{\gamma}*$$

$$\underbrace{a}_{\alpha}\ \underbrace{aababab}_{\beta}*\underbrace{a}_{\alpha}\ \underbrace{aababab}_{\beta}*$$

$$\underbrace{a}_{\alpha}\ \underbrace{aababab}_{\beta}*\underbrace{a}_{\alpha}\ \underbrace{aab}_{\gamma}\ \underbrace{a}_{\alpha}\ \underbrace{aab}_{\gamma}*$$

$$\underbrace{a}_{\alpha}\ \underbrace{aababab}_{\beta}*\underbrace{a}_{\alpha}\ \underbrace{aababab}_{\beta}\cdots。 \tag{2.44}$$

容易看出，Period-doubling 序列中 $\omega = ab$ 的诱导序列 $\{R_p(\omega)\}_{p\geqslant 1}$ 是字符集

$$\{R_1(\omega), R_2(\omega), R_4(\omega)\} = \{a, aababab, aab\} := \{\alpha, \beta, \gamma\} \tag{2.45}$$

上的 θ_2 序列：

$$\theta_2 = \underbrace{\alpha\beta}_{A}\ \underbrace{\alpha\gamma\alpha\gamma}_{B}\ \underbrace{\alpha\beta}_{A}\ \underbrace{\alpha\beta}_{A}*\underbrace{\alpha\beta}_{A}\ \underbrace{\alpha\gamma\alpha\gamma}_{B}\ \underbrace{\alpha\beta}_{A}\ \underbrace{\alpha\gamma\alpha\gamma}_{B}*$$

$$\underbrace{\alpha\beta}_{A}\ \underbrace{\alpha\gamma\alpha\gamma}_{B}\ \underbrace{\alpha\beta}_{A}\ \underbrace{\alpha\beta}_{A}*\underbrace{\alpha\beta}_{A}\ \underbrace{\alpha\gamma\alpha\gamma}_{B}\ \underbrace{\alpha\beta}_{A}\ \underbrace{\alpha\beta}_{A}\cdots。 \tag{2.46}$$

对式 (2.46) 做进一步整理，我们发现：序列 θ_2 是字符集

$$\{\alpha\beta, \alpha\gamma\alpha\gamma\} := \{A, B\} \tag{2.47}$$

上的 Period-doubling 序列。

2.2　因子谱

因子结构等词上的组合（combinatorics on words）性质是代换序列研究的重点，具有重要的研究价值。例如，代换序列中逐级代换、分形嵌入的过程就是由因子体现的，序列的复杂性（熵）也是由因子体现的。

由于研究工具的缺乏，经典的词上组合性质主要研究：因子 ω 是否具有性质 $\mathcal{P}$，具有性质 $\mathcal{P}$ 的因子有哪些，某类因子出现的频率，等等。例如，"因子 $abab$ 是 Fibonacci 序列中的平方词""Fibonacci 序列没有四次方词""求 Fibonacci 序列的临界指数"，等等。

经典的词上组合性质一般不能回答：因子 ω 在哪些位置具有性质 $\mathcal{P}$，具有性质 $\mathcal{P}$ 的因子 ω 第 p 次出现在序列的什么位置，位置 L 上有哪些因子具有性质 $\mathcal{P}$，在序列的某个片段中有多少 (ω,p) 二元组具有性质 $\mathcal{P}$，第 p 和 $p+1$ 次出现的因子 ω 具有怎样的位置关系，等等。例如，"Fibonacci 序列中的平方词 $abab$ 第 100 次出现在序列的什么位置""在 Fibonacci 序列第 100 至 200 个字符组成的片段中平方词 $abab$ 出现多少次""前述片段中包含多少个平方词"等。

这种同时考虑因子变量 ω 和位置变量 p 的联合影响的词上组合性质称为**因子谱**（the factor spectrum）性质，它是我们在参考文献 [15] 中首先定义并研究的。因子谱性质是经典词上组合性质的序列性质。它是全新的研究视角和有力的研究工具，可以解决很多传统研究方法无法解决的问题，具有重要的研究价值。

2.2.1 因子谱的诞生

在研究之初，因子谱性质是作为诱导序列的应用被研究的。我们发现：根据任意因子 ω 的诱导序列，可以很容易地：

(1) 计算因子 ω 在序列中第 p 次出现的位置 $\mathrm{occ}(\omega,p)$，并得到解析表达式；

(2) 研究第 p 次和第 $p+1$ 次出现在因子 ω 的位置关系。

定义 2.11（记号）

在词上的组合领域，经常考虑以下性质：**正分离**（separated，记为 $\mathcal{P}_1$）、**相邻**（adjacent，记为 $\mathcal{P}_2$）、**重叠**（overlapped，记为 $\mathcal{P}_3$）。进一步地，ω_p 与 ω_{p+1} 相邻，等价于平方词 $\omega\omega$ 出现在相应位置，故在本书中记号 $\mathcal{P}_2$ 也表示**平方词**（squares）；类似的，用记号 $\mathcal{P}_4$ 表示**立方词**（cubes），即 ω_p 与 ω_{p+1} 相邻且 ω_{p+1} 与 ω_{p+2} 也相邻。最后，我们用记号 $\mathcal{P}_0$ 表示因子 ω **出现**。

定义 2.12（记号）

(1) 第 p 次出现在因子 ω 满足性质 $\mathcal{P}$，记为 $\omega_p \in \mathcal{P}$；

(2) 因子 ω 出现在位置 n 且满足性质 $\mathcal{P}$，记为 $(\omega,n) \in \mathcal{P}$；

(3) 若存在 $p \in \mathbb{N}$ 使得 $\omega_p \in \mathcal{P}$，则称 ω 满足性质 $\mathcal{P}$，记为 $\omega \in \mathcal{P}$。

我们将在下面的实例中展示相同的因子 ω 和不同的出现次数 p，可能产生完全不同的局部位置关系。可见，同时考虑因子变量 ω 和位置变量 p（也就是研究因子谱）十分必要。

实例 2.13（研究因子谱的重要性）

式 (2.48) 给出了因子 $\omega = ab$ 在 Period-doubling 序列 $\mathbb{D}$ 中前 5 次出现的位置，

$$\mathbb{D} = \underbrace{ab}_{[1]}\, aa\, \underbrace{ab}_{[2]}\, \underbrace{ab}_{[3]}\, \underbrace{ab}_{[4]}\, aa\, \underbrace{ab}_{[5]}\, aa \cdots。 \tag{2.48}$$

可见，前 5 次出现的位置分别是 $\mathbb{D}[1,2]$、$\mathbb{D}[5,6]$、$\mathbb{D}[7,8]$、$\mathbb{D}[9,10]$ 和 $\mathbb{D}[13,14]$。

$$\begin{cases} 第 1、4、5 次出现的\omega后续没有接着因子\omega = ab， \\ \quad \Longrightarrow \omega_1 \notin \mathcal{P}_2、\omega_4 \notin \mathcal{P}_2、\omega_5 \notin \mathcal{P}_2， \\ \quad \Longrightarrow 平方词\omega\omega = abab不出现在这 3 个位置； \\ 第 2、3 次出现的\omega后续接着因子\omega = ab， \\ \quad \Longrightarrow \omega_2 \in \mathcal{P}_2、\omega_3 \in \mathcal{P}_2， \\ \quad \Longrightarrow 平方词\omega\omega = abab出现在这 3 个位置。 \end{cases} \tag{2.49}$$

可见，经典的词上组合性质"$\omega\omega = abab$ 是序列 $\mathbb{D}$ 的平方词"还不够精确。它仅仅意味着存在一些 ω_p 正好与 ω_{p+1} 相邻，但并不意味着对于所有 $p \in \mathbb{N}$，ω_p 都与 ω_{p+1} 相邻。

2.2.2　困境：两类因子谱的抉择

随着研究的进一步推进，我们逐渐发现：因子谱这个诱导序列的"副产品"具有极大的研究价值，甚至有望摆脱诱导序列的束缚直接用于研究：(a) 因子结构等词上组合性质；(b) 理论计算机领域广泛关注的因子计数问题。

在参考文献 [16] 中**因子谱**正式成为研究的主角，我们提出了基于因子变量 $\omega \in \Omega_\rho$ 和位置变量 $p \in \mathbb{N}$ 的因子谱：

$$\mathrm{Spt}(\rho, \mathcal{P}) := \{\omega_p \mid 第p次出现的因子\omega满足性质\mathcal{P}\}， \tag{2.50}$$

并综述了若干有趣的结论。本书将其称为**第一类因子谱**。

根据具体的研究需要，我们在参考文献 [17] 中定义了另一种形式的因子谱：

$$\widetilde{\mathrm{Spt}}(\rho, \mathcal{P}) := \{(\omega, n) \mid 因子\omega出现在位置n，并且它满足性质\mathcal{P}\}。 \tag{2.51}$$

简单地说，它是基于因子变量 $\omega \in \Omega_\rho$ 和位置变量 $n \in \mathbb{N}$ 的因子谱，称为**第二类因子谱**。

注记：两类因子谱的主要区别在于第二个变量，也就是位置变量的选取。从现有的研究成果看，这两类因子谱在研究中各有优劣，难以取舍。所以本书对两类因子谱都做出了介绍。简单地说，第一类因子谱与诱导序列的联系更加直接，在构建因子位置的分形结构方面更加自然；第二类因子谱与位置 n 的联系更加直接，可以方便地研究在某个位置上有哪些因子满足某个特定的性质，从而更清晰地展示因子谱是二元函数的思想。

2.3　因子位置的分形结构

自相似序列与分形有着紧密的联系。Adamczewski-Bell 提出了自动机分形的概念，并给出了由一类典型的自相似序列——自动机序列构造分形集的方法 [18]。本书讨论的分形问题则主要是自相似序列中因子出现位置形成的分形结构（自相似结构）。我们希望通过建立因子位置与分形的联系，利用分形几何的工具来研究自相似序列的因子性质。

利用因子的诱导序列，我们可以计算序列 τ 中任意因子 ω 第 p 次出现的位置，这种位置有两种表达方式：$\mathrm{occ}(\omega, p)$ 表示因子 ω_p 的首字母的位置；$P(\omega, p)$ 表示因子 ω_p 的末字母的位置。显然

$$P(\omega, p) = \mathrm{occ}(\omega, p) + |\omega| - 1。 \tag{2.52}$$

进一步地，我们可以根据诱导序列给出 $\mathrm{occ}(\omega, p)$ 的表达式：

$$
\begin{aligned}
\mathrm{occ}(\omega, p) &= |R_{\tau,0}(\omega)| + \sum_{i=1}^{p-1} |R_{\tau,i}(\omega)| + 1 \\
&= |R_{\tau,0}(\omega)| + \sum_{\alpha \in \mathcal{A}} (|\mathcal{D}_\omega(\tau)[1, p-1]|_\alpha \times |R_\alpha(\omega)|) + 1。
\end{aligned}
\tag{2.53}
$$

其中：(1)$\mathcal{A}$ 是 ω 的诱导序列的字符集；(2)$|\omega|$ 表示因子 ω 的长度，即包含字符的个数；(3)$R_{\tau,0}(\omega)$ 表示序列 τ 中出现在 ω_1 之前的部分；(4)$|\mathcal{D}_\omega(\tau)[1, p-1]|_\alpha$ 表示诱导序列 $\mathcal{D}_\omega(\tau)$ 的长度为 $p-1$ 的前缀中包含字符 α 的个数；(5)$R_\alpha(\omega)$ 表示因子 ω 在它的诱导序列中对应字符 α 的回归词，特别地，对应字符 α 的回归词一定是 $R_{\tau,1}(\omega)$。

我们以 Fibonacci 序列中的回文为例来展示因子出现位置形成的两种常见的分形结构：链结构和树结构，如图 2.4 ~ 图 2.7 所示。其中，K_m 是 Fibonacci 序列的第 m 阶核词（$m \geqslant -1$）；$\langle K_m, p \rangle$ 表示以 K_m 为核的全体回文第 p 次出现

时末字符的位置，即

$$\langle K_m, p \rangle := \{ P(\omega, p) \mid \mathrm{Ker}(\omega) = K_m \}。 \tag{2.54}$$

例如，以 $K_1 = aa$ 为核的回文是

$$\{ aa, baab, abaaba \}， \tag{2.55}$$

它们第 3 次出现时末字符的位置是集合 $\{12, 13, 14\}$，因此 $\langle K_1, 3 \rangle = \{12, 13, 14\}$。

这些结构是普遍存在的。例如，在 Tribonacci 序列、Thue-Morse 序列、Period-doubling 序列等自相似序列中，针对回文、平方词、立方词等特殊的因子，我们都发现并证明了类似的分形结构。

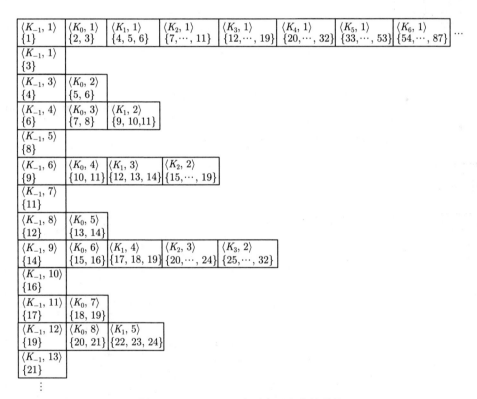

图 2.4　Fibonacci 序列中回文的链结构

容易看出，图 2.4 中的链结构具有如下特征：

(1) 每个节点是一个集合，集合元素是从小到大连续出现的若干正整数；

(2) 每一行包含若干个集合，这些集合中的元素是从小到大连续出现的；

(3) 每一列包含若干个集合，这些集合中的元素是从小到大连续出现的。

进一步的，链结构的第一行包含无穷多个集合，其他行集合数量有限，且和 Fibonacci 数有关。我们把图 2.4 中的每一个集合用一个方块表示，并定义左移算子和提升算子，得到图 2.5。可见，在这两个算子的作用下，链结构具有分形性质。

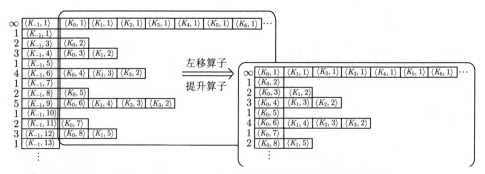

图 2.5　Fibonacci 序列中回文链结构的分形性质

我们还可以把全体 $\langle K_m, p \rangle$ 集合重新排列为以节点 $\langle K_m, 1 \rangle$ 为根的一系列树结构。在图 2.6 和图 2.7 中，我们把以节点 $\langle K_m, 1 \rangle$ 为根的树结构记为 "Tree-$\langle K_m, 1 \rangle$"，以节点 $\langle K_m, p \rangle$ 为根的子树记为 "Subtree-$\langle K_m, p \rangle$"，其中 $p \geqslant 2$。我们证明了，上述以节点 $\langle K_m, 1 \rangle$ 为根的一系列树结构的取值区域是互不相交的，其中 $m \geqslant -1$。

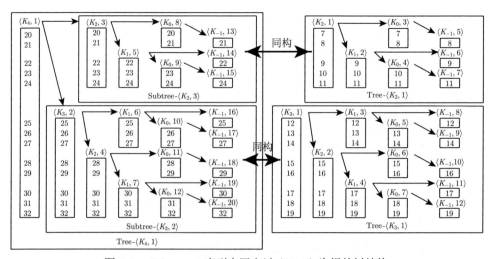

图 2.6　Fibonacci 序列中回文以 $\langle K_4, 1 \rangle$ 为根的树结构

图 2.6 展示了以 $\langle K_4, 1 \rangle$ 为根的树结构及其分形嵌入性质[19]。具体而言，该图左半部分展示了以节点 $\langle K_4, 1 \rangle$ 为根的树结构包含的三个部分：

(1) 节点 $\langle K_4, 1 \rangle$，它是由一系列回文的末位置组成的集合；

(2) 以节点 $\langle K_2, 3 \rangle$ 为根的子树；

(3) 以节点 $\langle K_3, 2 \rangle$ 为根的子树。

图 2.6 右半部分展示了分形嵌入性质：

(1) 以节点 $\langle K_2, 3 \rangle$ 为根的子树与以节点 $\langle K_2, 1 \rangle$ 为根的树结构同构；

(2) 以节点 $\langle K_3, 2 \rangle$ 为根的子树与以节点 $\langle K_3, 1 \rangle$ 为根的树结构同构。

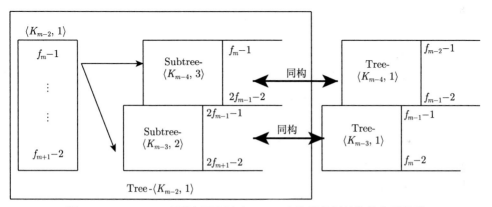

图 2.7 Fibonacci 序列中回文以 $\langle K_{m-2}, 1 \rangle$ 为根的树结构的分形性质

一般地，如图 2.7 所示，以节点 $\langle K_{m-2}, 1 \rangle$ 为根的树结构包含了三个部分：

(1) 节点 $\langle K_{m-2}, 1 \rangle$；

(2) 以节点 $\langle K_{m-4}, 3 \rangle$ 为根的子树，同构于以节点 $\langle K_{m-4}, 1 \rangle$ 为根的树；

(3) 以节点 $\langle K_{m-3}, 2 \rangle$ 为根的子树，同构于以节点 $\langle K_{m-3}, 1 \rangle$ 为根的树。

2.4 因子计数问题

因子的计数问题在词上的组合、理论计算机等领域非常重要，但就我们的研究所知，相关的结果并不丰富。Fraenkel-Simpson 给出了 Fibonacci 序列 $\mathbb{F}$ 长度为 Fibonacci 数 f_m 的前缀（即 F_m）中不同平方词和重复计数平方词个数的表达式[20,21]。Shallit 等人[22] 通过机器证明的方法给出了上述前缀中重复计数的平方词和立方词个数的表达式。他们还在断言 $\mathbb{F}[1, n]$ 中重复计数的平方词个数是关于 n 的 Fibonacci 正则序列的基础上，给出了一种计算 $\mathbb{F}[1, n]$ 中重复计数平方词个数的算法，其中 $\mathbb{F}[1, n]$ 是 Fibonacci 序列长度为 n 的前缀。该算法需要预先计算两个长度为 27 的向量和两个 27×27 的矩阵 [22]。通过机器证明，Mousavi-Shallit[23] 还给出了 Tribonacci 序列 $\mathbb{T}$ 长度为 Tribonacci 数 t_m 的前缀（即 T_m）中重复计数的平方词和立方词个数的表达式。

上述结论中：(1) 参考文献 [20,21] 仅获得了特殊长度前缀中因子的计数表达式。(2) 参考文献 [22] 基于机器证明，因子及序列的结构表现不够直观。这使得其他研究人员较难理解证明原理，无法基于这些工作进一步研究 Thue-Morse 序列等其他自相似序列，也不易于推广到解决序列中任意片段中的因子计数问题。

利用因子位置的分形结构我们可以更加直观地证明上述结论，并且获得很多新的结果。相对于参考文献 [22] 的算法而言，对于序列任意前缀中因子计数的问题，我们的算法是基于递归的，计算复杂性小，不需要预先做出大量的计算，不需要断言计数序列具有某类特殊性质（如计数序列为 Fibonacci 正则序列）。

2.4.1 Fibonacci 序列中的回文计数

下面以 Fibonacci 序列中的回文为例，展示我们的主要计数思路。

首先，回顾前文给出的"回文位置的树结构"。由 $\langle K_m, p \rangle$ 的定义可知，末位置是序列中第 n 个字符的回文个数正好等于上述树结构中整数 n 出现的次数。例如，由图 2.6 可知，整数 30 在树结构中出现了 5 次，说明末位置是序列中第 30 个字符的回文有 5 个。

考虑到每棵树的取值区域互不相交，计算末位置是序列中第 n 个字符的回文的个数，其中 $20 \leqslant n \leqslant 32$，等价于计算以节点 $\langle K_4, 1 \rangle$ 为根的树结构中整数 n 出现的次数。由于以节点 $\langle K_4, 1 \rangle$ 为根的树结构包含三个部分，我们只需要分别考虑节点 $\langle K_4, 1 \rangle$、以节点 $\langle K_2, 3 \rangle$ 和节点 $\langle K_3, 2 \rangle$ 为根的子树中整数 n 出现的次数即可。后两者的计数问题可以通过分形嵌入结构建立递推的关系。

例如，由图 2.7 可知："以节点 $\langle K_2, 3 \rangle$ 或节点 $\langle K_3, 2 \rangle$ 为根的子树中整数 n 出现的次数"等于"以节点 $\langle K_2, 1 \rangle$ 或节点 $\langle K_3, 1 \rangle$ 为根的树结构中整数 $n - f_5 = n - 13$ 出现的次数"。

根据上述回文位置的树结构，我们建立了 Fibonacci 序列中末位置在 n 的回文个数 $a(n)$ 的递归关系 [19] 为

$$
\begin{cases}
a(1) = 1, \ a(2) = 1, \ a(3) = 2, \\
\big[a(f_m - 1), \cdots, a(f_{m+1} - 2) \big] \\
= \big[a(f_{m-2} - 1), \cdots, a(f_{m-1} - 2), a(f_{m-1} - 1), \cdots, a(f_m - 2) \big] \\
\quad + \big[\underbrace{1, \cdots, 1}_{f_{m-1}} \big], \qquad\qquad\qquad\qquad m \geqslant 3。
\end{cases}
\tag{2.56}
$$

进而得到 $\mathbb{F}[1, n]$ 中重复计数的回文个数，计算复杂度为 $O(n \log n)$。其中，$F_m = \mathbb{F}[1, f_m]$ 中重复计数的回文个数的精确表达式为（$m \geqslant 0$）：

$$A(f_m) = \frac{m-3}{5} f_{m+2} + \frac{m-1}{5} f_m + m + 3。 \tag{2.57}$$

从这个例子能够看出，我们可以通过建立因子位置与分形结构的联系，利用分形几何的工具来研究自相似序列的因子性质，其中一个重要的应用是因子的计数问题。

2.4.2 其他因子计数结论

利用因子位置的分形结构我们可以更加直观地证明上述结论，并且获得很多新的结果。例如，利用 Fibonacci 序列的链结构，我们证明了 $\mathbb{F}[1, n]$ 中正好包含 n 个不同的回文，这与 Fibonacci 序列是 rich 词的结论吻合。利用树结构我们给出了 $\mathbb{F}[1, n]$ 中重复回文 [19]、重复平方词和立方词的算法 [24] 等。Tribonacci 序列中的计数结论详见参考文献 [25,26,27,28]。这些都是使用因子位置的分形结构这种新方法获得的新性质。

通过发掘因子位置的更多自相似结构、分形结构，我们已经获得了计算 Fibonacci 序列和 Tribonacci 序列任意片段中回文、平方词、立方词重复出现个数的递归算法。

我们希望通过相关研究的进一步开展，发现并证明自相似序列中因子位置更多的分形结构，并应用这些结构和分形几何的已知结果研究自相似序列的因子性质，特别是研究因子的计数问题。例如，获得自相似序列任意片段中（重复或不重复的）的平方词、立方词、回文等特殊类型因子的个数表达式或快速算法。

第 3 章 诱导序列与核词

在第 2 章中,我们介绍了诱导序列,它被粗略地定义为因子 ω 的回归词形成的序列 $\{R_p(\omega)\}_{p \geq 1}$。细心的读者可能已经注意到了,这样的定义是不严谨的。所以,本章首先给出回归词和诱导序列的严格定义,然后运用**核词**(kernel word)来研究 Fibonacci 序列、Tribonacci 序列、斜率为 $\theta = [0; j]$ 的二维切序列、(n, j)-bonacci 序列的诱导序列。

我们采用以下顺序来逐步研究每个序列:

(1) 构造核词集合;

(2) 研究核词的诱导序列;

(3) 证明任意因子和它的核词相对静止;

(4) 获得任意因子的诱导序列。

诱导序列的大量结论为本书后续的因子谱、因子位置的分形结构、因子计数问题等领域的研究提供了基础性的理论支撑,在本书中具有非常重要的、基础性的地位。

3.1 诱导序列的定义

回归词(return word)和**诱导序列**(derived sequence)都是由 Durand[13] 最早引入和研究的。如第 2 章中的注记所述,Durand 最初提出回归词和诱导序列概念时,仅针对于序列的前缀因子。不过,在进一步的研究中,我们发现:回归词和诱导序列的概念可以很自然地推广到序列中的其他因子。

对于一致常返的自相似序列,任意因子 ω 在序列中出现无穷多次,将其第 p 次出现记为 ω_p。将 ω_p 的**位置**(ω 在序列中第 p 次出现时的首字符的位置)记为 $\mathrm{occ}(\omega, p)$。

对于 $p, q \geq 1$,记号 $\omega_p \prec W_q$ 意味着:

$$\begin{cases} \omega \prec W; \\ \mathrm{occ}(W, q) \leq \mathrm{occ}(\omega, p) < \mathrm{occ}(\omega, p) + |\omega| - 1 \leq \mathrm{occ}(W, q) + |W| - 1. \end{cases} \tag{3.1}$$

3.1.1 回归词

在序列 ρ 中，若 ω_p 的位置为 $\mathrm{occ}(\omega, p) = i$，$\omega_{p+1}$ 的位置为 $\mathrm{occ}(\omega, p+1) = j$，则 ω 的第 p 个回归词定义为

$$R_{\rho,p}(\omega) = \rho[i, j-1]。 \tag{3.2}$$

在本书中，每一个章节讨论的序列通常是确定不变的。因此在不容易引起混淆的情况下，我们将回归词简记为 $R_p(\omega)$。粗略地讲，回归词 $R_p(\omega)$ 是从 ω_p 的第一个字符起到 ω_{p+1} 的前一个字符止形成的因子。

将序列中因子 $\omega \prec \rho$ 的所有回归词集合记为 $\mathcal{H}_{\rho,\omega}$，则序列 ρ 可以被回归词唯一分解为

$$\rho = \rho[1, h-1]R_{\rho,1}(\omega)R_{\rho,2}(\omega)\cdots。 \tag{3.3}$$

其中，$R_{\rho,p}(\omega) \in \mathcal{H}_{\rho,\omega}$。

注记：式 (3.3) 的 $\rho[1, h-1]$ 是因子 ω 在序列 ρ 中第一次出现前序列 ρ 的前缀。如第 2 章中的注记所述，为了统一符号，我们通常将其记为 $R_0(\omega)$。但它不是因子的回归词，也不参与诱导序列结构的讨论。

3.1.2 诱导序列

显然，序列中的回归词可能重复。即存在 $i \neq j$，使得 $R_{\rho,i}(\omega) = R_{\rho,j}(\omega)$。我们将回归词按照它第一次出现时的序号进行编码，并将编码集合视为新的字符集。

具体而言，定义如下 1-1 映射：

$$\Lambda_{\rho,\omega} : \mathcal{H}_{\rho,\omega} \to \{1, \cdots, \mathrm{Card}(\mathcal{H}_{\rho,\omega})\} = \mathcal{N}_{\rho,\omega} \subset \{\alpha, \beta, \cdots\}。 \tag{3.4}$$

进一步地，将上述映射作用在序列 $\rho = \rho[1, h-1]R_{\rho,1}(\omega)R_{\rho,2}(\omega)\cdots$ 上，得到**序列 ρ 基于因子 ω 的诱导序列**

$$\mathcal{D}_\omega(\rho) := \Lambda_{\rho,\omega}(R_{\rho,1}(\omega))\Lambda_{\rho,\omega}(R_{\rho,2}(\omega))\Lambda_{\rho,\omega}(R_{\rho,3}(\omega))\cdots。 \tag{3.5}$$

显然，它是字符集 $\mathcal{N}_{\rho,\omega}$ 上的序列。如前所述，我们忽略了前缀 $\rho[1, h-1] = R_0(\omega)$。

最后，将 $\Lambda_{\rho,\omega}$ 的逆映射记为 $\Theta_{\rho,\omega} : \mathcal{N}_{\rho,\omega} \to \mathcal{H}_{\rho,\omega}$。

Durand[13] 的主要结论是：序列是**本原代换**序列（substitutive primitive）当且仅当所有因子生成的不同诱导序列个数有限。另一个重要性质是：对于任意 $\omega \prec \rho$ 和 $v \prec \mathcal{D}_\omega(\rho)$，存在一个因子 $\mu \prec \rho$ 使得诱导序列 $\mathcal{D}_v(\mathcal{D}_\omega(\rho)) = \mathcal{D}_\mu(\rho)$。根据这两个性质可知：如果一个序列是本原代换序列，则对于任意因子 $\omega \prec \rho$，诱导序列 $\mathcal{D}_\omega(\rho)$ 也是本原代换序列。

3.2 Fibonacci 序列的诱导序列

作为最经典的两字符序列，Fibonacci 序列具有很多重要的性质。这些性质广泛地应用于数学、物理和计算机科学的众多领域。关于 Fibonacci 序列的因子性质，可以参考文献 [1,29,30,31] 等。本部分将讨论 Fibonacci 序列的诱导序列性质。

我们首先给出了核词（奇异词）的诱导序列 [14]，然后证明了核词的唯一分解定理，从而将核词的诱导序列性质推广到了 Fibonacci 序列的一般因子上 [15]。

3.2.1　Fibonacci 序列的定义

为了便于阅读，本部分首先回顾第 1 章中给出的 Fibonacci 序列的定义。

定义 3.1（Fibonacci 序列）

设 $\mathcal{A} = \{a, b\}$，Fibonacci 代换 $\sigma : \mathcal{A}^* \mapsto \mathcal{A}^*$ 定义为 $\sigma(a) = ab$，$\sigma(b) = a$，则 Fibonacci 序列 $\mathbb{F}$ 是 Fibonacci 代换下以 a 为初始值的不动点：

$$\mathbb{F} = \sigma^{\infty}(a) = abaababaabaababaababa \cdots \text{。} \tag{3.6}$$

它是一个纯代换序列。

进一步地，定义 Fibonacci 序列的第 m 阶标准词为 $F_{-1} = b$，$F_m = \sigma^m(a)$，$m \geqslant 0$。

根据 Fibonacci 序列的定义，Fibonacci 序列具有以下递推性质：

$$F_{-1} = b, \ F_0 = a, \ F_m = F_{m-1}F_{m-2}, \ m \geqslant 1 \text{。} \tag{3.7}$$

实例 3.2（Fibonacci 序列的前若干阶标准词）

$F_{-1} = b$，

$F_0 = a$，

$F_1 = ab$，

$F_2 = aba$，

$F_3 = abaab$，

$F_4 = abaababa$，

$F_5 = abaababaabaab$。

运用数学归纳法容易验证：

(1) 当 m 为奇数时，ab 是 F_m 的后缀；

(2) 当 m 为偶数时，ba 是 F_m 的后缀。

进一步地，记 δ_m 为 F_m 的最后一个字符，则 F_m 的后缀是 $\delta_{m+1}\delta_m$，且 $\delta_m \neq \delta_{m+1}$。

3.2.2　诱导序列与间隔序列

诱导序列（derived sequence）研究的第一个成果来自文志雄和文志英的研究[14]，而且据我们所知，它可能是除我们的研究以外，诱导序列领域唯一的研究成果。当然，在参考文献 [14] 以及我们最初几年的文章（参考文献 [15,32]）中，采用了等价的概念——**间隔序列**（gap sequence）、**回归词序列**（the sequence of return words）等等。

回归词序列与诱导序列都是因子 ω 的第 p 个回归词 $R_p(\omega)$ 经过编码形成的序列；而间隔序列则是因子 ω 的第 p 个间隔 $G_p(\omega)$ 经过编码形成的序列。

诱导序列与间隔序列有什么关联呢？ 具体而言：在序列 ρ 中，若 ω_p 的位置为 $\mathrm{occ}(\omega, p) = i$，$\omega_{p+1}$ 的位置为 $\mathrm{occ}(\omega, p+1) = j$，则 ω 的第 p 个回归词定义为

$$R_p(\omega) = \rho[i, j-1]。 \tag{3.8}$$

而在序列 ρ 中，因子 ω 的第 p 个间隔表达式需要分情况讨论：

$$\begin{cases} G_p(\omega) = \rho[i + |\omega|, j-1], & \text{当}\omega_p\text{和}\omega_{p+1}\text{正分离；} \\ G_p(\omega) = \varepsilon, & \text{当}\omega_p\text{和}\omega_{p+1}\text{相邻；} \\ G_p(\omega) = \rho[j, i + |\omega| - 1]^{-1}, & \text{当}\omega_p\text{和}\omega_{p+1}\text{重叠。} \end{cases} \tag{3.9}$$

注记：在我们最初几年的一部分文章中，当 ω_p 和 ω_{p+1} 重叠时，第 p 个间隔并没有如上定义为"逆词"的形式，而是定义为

$$G_p(\omega) = \rho[j, i + |\omega| - 1]。 \tag{3.10}$$

对比前述回归词和间隔的定义（重叠时采用"逆词"形式），无论 ω_p 和 ω_{p+1} 是正分离、相邻还是重叠，都有如下关系：

$$R_p(\omega) = \omega * G_p(\omega)。 \tag{3.11}$$

注记：自相似序列的诱导序列具有很强的原创性。我们在研究中引入了很多新的概念。但随着研究的深入（涉及更多的研究对象、阅读更多的相关研究成果）我们不断地根据研究需要调整、优化这些概念。这一现象在我们的系列文章中，表现得比较明显。特别的，这里展示了从"间隔系列"到"回归词序列"、再到"诱导序列"的调整过程。具体而言：在最初的研究中，文章（参考文献 [14]）采用了更加直观的"间隔"概念，该文研究了 Fibonacci 序列奇异词（核词）的间隔序列（诱导序列），证明了奇异词的正分离性质。它的一个直接推论是：对于任意

$p \geqslant 1$，ω_p 和 ω_{p+1} 都是正分离的。可见，在这种情况下，间隔 $G_p(\omega)$ 非常直观且自然。但在进一步的研究中，我们发现：一部分因子的第 p 和第 $p+1$ 次出现可能重叠。这种情况下，间隔 $G_p(\omega)$ 的定义就不够理想了（是否采用"逆词"形式都存在利弊）。所以，最终我们采用了 Durand[13] 的回归词和诱导序列的概念。

3.2.3 奇异词与核词

如前所述，参考文献 [14] 引入并研究的**奇异词**（singular word）集合，就是研究诱导序列所需要的**核词**（kernel word）集合。

注记：本部分的具体结论和证明细节主要来源于参考文献 [14]。为了保持全书各章节记号一致，本节与参考文献 [14] 在记号和表述上存在区别。

定义 3.3（Fibonacci 序列的奇异词、核词）

Fibonacci 序列第 m 阶的奇异词定义为

$$K_m = \delta_{m+1} F_m \delta_m^{-1}, \ m \geqslant -1。 \tag{3.12}$$

在诱导序列的研究中，我们也将 K_m 称为第 m 阶的核词（the m-th kernel word），$m \geqslant -1$。

定义 3.3 中的 $\omega\alpha^{-1} = \omega[1, |\omega| - 1]$ 表示因子 ω 删去最后一个字母。注意，在使用这个记号时，必须确定 α 是 ω 的最后一个字母，否则记号 $\omega\alpha^{-1}$ 将没有意义。

实例 3.4（Fibonacci 序列的前若干阶奇异词、核词）

$K_{-1} = a,$

$K_0 = b,$

$K_1 = aa,$

$K_2 = bab,$

$K_3 = aabaa,$

$K_4 = babaabab。$

性质 3.5（核词的递推关系）

对于任意 $m \geqslant 2$，$K_m = K_{m-2} * K_{m-3} * K_{m-2}$。

证明 由核词的定义可知，对于任意 $m \geqslant 2$，

$$K_{m-2} * K_{m-3} * K_{m-2}$$

$$= \delta_{m-1} F_{m-2} \delta_m^{-1} * \delta_m F_{m-3} \delta_{m-1}^{-1} * \delta_{m-1} F_{m-2} \delta_m^{-1}$$

$$= \delta_{m-1} F_{m-2} F_{m-3} F_{m-2} \delta_m^{-1} = \delta_{m-1} F_m \delta_m^{-1} = K_m。 \tag{3.13}$$

命题得证。 $\square$

根据上述核词的递推关系，可以得到如下直接但非常有用的性质。

性质 3.6（回文）

Fibonacci 序列的所有核词 K_m 都是回文（palindrome）。

性质 3.7

对于任意 $m \geqslant 0$，

(1) $\delta_m^{-1} K_{m+1} = \delta_{m-1}^{-1} K_m K_{m-1}$；

(2) $K_{m+1} \delta_m^{-1} = K_{m-1} K_m \delta_{m-1}^{-1}$。

证明　(1) 由核词的定义可知，对于任意 $m \geqslant 0$，

$$\delta_{m-1}^{-1} K_m K_{m-1} = \delta_{m-1}^{-1} * \delta_{m+1} F_m \delta_m^{-1} * \delta_m F_{m-1} \delta_{m-1}^{-1}$$

$$= F_m F_{m-1} \delta_{m-1}^{-1} = F_{m+1} \delta_{m-1}^{-1} = \delta_m^{-1} K_{m+1}。 \tag{3.14}$$

(2) 运用类似的方法可以证明性质 3.7(2)，此处从略。　□

3.2.4　核词的诱导序列：结论

本部分旨在证明奇异词的正分离性质。如前所述，Fibonacci 序列的奇异词正好可以充当核词，间隔序列又与诱导序列等价，因此**奇异词的正分离性质等价于核词的诱导序列性质**。我们首先给出定理的表述，再给出等价的核词的诱导序列性质，然后通过几个实例让读者对这两个定理产生直观的感受，最后通过引入一些引理来证明奇异词的正分离性质。

定理 3.8（奇异词的正分离性质）

对任意 $n \geqslant 0$，有

$$\mathbb{F} = \left(\prod_{j=-1}^{m-1} K_j \right) K_{m,1} z_1 K_{m,2} z_2 \cdots K_{m,p} z_p K_{m,p+1} \cdots。 \tag{3.15}$$

其中：$K_{m,p}$ 表示第 p 次出现的奇异词 K_m，$p \geqslant 1$；而序列 $\{z_p\}_{p \geqslant 1} = z_1 z_2 z_3 \cdots z_p \cdots$ 是字符集 $\{K_{m+1}, K_{m-1}\}$ 上的 Fibonacci 序列。

显然，定理中的 z_p 就是奇异词 K_m 的第 p 个间隔 $G_p(K_m)$，即 K_m 作为序列的因子第 p 和第 $p+1$ 次出现在序列中时它们之间的间隔。可见，奇异词的正分离性质等价于核词的间隔序列性质。进一步地，根据任意因子回归词和间隔的关系：$R_p(\omega) = \omega * G_p(\omega)$，核词的间隔序列性质又等价于核词的诱导序列性质。

定理 3.9（核词的诱导序列）

对于任意 $m \geqslant -1$，Fibonacci 序列中核词 K_m 的诱导序列

$$\mathcal{D}_{K_m}(\mathbb{F}) = \mathbb{F}(\alpha, \beta) \tag{3.16}$$

为 Fibonacci 序列本身。具体而言：

$$\begin{cases} \alpha = \Lambda_{\mathbb{F},K_m}(R_{\mathbb{F},1}(K_m)), & R_{\mathbb{F},1}(K_m) = K_m K_{m+1}, & |R_{\mathbb{F},1}(K_m)| = f_{m+2}; \\ \beta = \Lambda_{\mathbb{F},K_m}(R_{\mathbb{F},2}(K_m)), & R_{\mathbb{F},2}(K_m) = K_m K_{m-1}, & |R_{\mathbb{F},2}(K_m)| = f_{m+1}. \end{cases}$$

(3.17)

此外，$R_{\mathbb{F},0}(K_m) = \mathbb{F}[1, \mathrm{occ}(K_m, 1) - 1] = \prod_{j=-1}^{m-1} K_j = \delta_m^{-1} K_{m+1}$, $|R_{\mathbb{F},0}(K_m)| = f_{m+1} - 1$。

注记："奇异词的正分离性质"的表述形式反映了历史研究成果；而"核词的诱导序列"的表述形式则贴近最新研究进展。后文采用不同于参考文献 [14] 的新方法证明核词的诱导序列性质。我们认为新的证明方法更有利于在其他自相似序列中推广。

实例 3.10（Fibonacci 序列中 $K_1 = aa$ 的间隔序列和诱导序列）

(1) Fibonacci 序列中 $K_1 = aa$ 的间隔序列

$$\mathbb{F} = \underbrace{a}_{K_{-1}} \underbrace{b}_{K_0} aa \underbrace{bab}_{\alpha} aa \underbrace{b}_{\beta} aa \underbrace{bab}_{\alpha} aa \underbrace{bab}_{\alpha} aa \underbrace{b}_{\beta}$$

$$aa \underbrace{bab}_{\alpha} aa \underbrace{b}_{\beta} aa \underbrace{bab}_{\alpha}$$

$$aa \underbrace{bab}_{\alpha} aa \underbrace{b}_{\beta} aa \underbrace{bab}_{\alpha} aa \underbrace{bab}_{\alpha} aa \underbrace{b}_{\beta} \cdots .$$

(3.18)

容易看出，Fibonacci 序列中 $\omega = K_1 = aa$ 的间隔序列 $\{G_p(\omega)\}_{p \geqslant 1}$ 是字符集

$$\{G_1(\omega), G_2(\omega)\} = \{bab, b\} := \{\alpha, \beta\}$$

(3.19)

上的 Fibonacci 序列。进一步的，$K_1 = aa$ 第 1 次出现前的序列的前缀为 $\prod_{j=-1}^{m-1} K_j = K_{-1} K_0$。

(2) 为了便于读者确认间隔序列和诱导序列的区别与联系，我们回顾第 2 章中给出的 Fibonacci 序列中 $K_1 = aa$ 的诱导序列实例

$$\mathbb{F} = ab \underbrace{aabab}_{\alpha} \underbrace{aab}_{\beta} \underbrace{aabab}_{\alpha} \underbrace{aabab}_{\alpha} \underbrace{aab}_{\beta} \underbrace{aabab}_{\alpha} \underbrace{aab}_{\beta} \underbrace{aabab}_{\alpha}$$

$$\underbrace{aabab}_{\alpha} \underbrace{aab}_{\beta} \underbrace{aabab}_{\alpha} \underbrace{aabab}_{\alpha} \underbrace{aab}_{\beta} \cdots .$$

(3.20)

容易看出，Fibonacci 序列中 $\omega = K_1 = aa$ 的诱导序列 $\{R_p(\omega)\}_{p \geqslant 1}$ 是字符集

$$\{R_1(\omega), R_2(\omega)\} = \{aabab, aab\} := \{\alpha, \beta\}$$

(3.21)

上的 Fibonacci 序列。如前所述，在诱导序列中，我们忽略了 $R_0(\omega) = ab$，它不被视为因子 $\omega = aa$ 的回归词。

3.2.5　核词的诱导序列：证明

要证明定理 3.9，也就是要给出所有核词的诱导序列。其中有一个很基本的任务：对于任意一个确定的核词，找出它在序列中每一次出现的位置。更加一般的话题是：**对于任意一个确定的因子 ω，如何确定它在序列中每一次出现的位置呢？**

一种很直接的解决思路是：遍历序列 ρ 中所有长度为 $|\omega|$ 的因子

$$\{\rho[i, i + |\omega| - 1] \mid i \geqslant 1\}, \tag{3.22}$$

检查它是否等于因子 ω。显然，这种方法的计算复杂度很高。

另一种解决思路是：假设 u 是 ω 的真因子，即存在不全为空词的 μ 和 ν，使得 $\omega = \mu u \nu$。如果已经确定了因子 u 在序列中每一次出现的位置，那么我们可以通过下述**因子扩张法**（factor extending method）得到因子 ω 在序列中每一次出现的位置。

定义 3.11（因子扩张法）

如果序列中的某一次出现的因子 u，它的前面是 μ 且后面是 ν，则称该位置上的因子 u 可以扩张为因子 ω。

可见，如果对于因子 ω 能到找合适的真因子 u 满足下述两个条件，则可以采用因子扩张法获得 ω 在序列中每一次出现的位置信息，进而得到 ω 的诱导序列。

条件 1：因子 u 在序列中每一次出现的位置比较容易确定。

条件 2：因子 u 在序列中每一次出现时前面和后面是什么因子也比较容易确定。

幸运的是，在 Fibonacci 序列中，当 ω 为核词时，u 取相应的标准词即可。

下面首先给出 Fibonacci 序列的第 m 阶标准词为 $F_m = \sigma^m(a)$ 的局部结构，再以此为引理证明定理 3.9。

引理 3.12

当 $m \geqslant 0$ 时，

(1) F_m 在 $F_m F_m$ 中恰好出现 2 次；

(2) F_m 在 $F_m F_{m-1} F_m$ 中恰好出现 2 次。

证明　当 $m = 0$ 时，上述两项结论显然成立。

假设上述两项结论对任意给定的 $m \geqslant 0$ 成立，则 $F_{m+1}F_{m+1}$ 和 $F_{m+1}F_mF_{m+1}$ 中因子 F_m 的所有位置如下：

$$F_{m+1}F_{m+1} = \underbrace{F_m}_{[1]}F_{m-1}\underbrace{F_m}_{[2]}F_{m-1},$$

$$F_{m+1}F_mF_{m+1} = \underbrace{F_m}_{[3]}F_{m-1}\underbrace{F_m}_{[4]}\underbrace{F_m}_{[5]}F_{m-1}。$$

其中，出现在位置 [1]、[2]、[3]、[5] 的因子 F_m 后面接着 F_{m-1}，可以扩张为 $F_{m+1} = F_mF_{m-1}$。根据因子扩张法，$F_{m+1} = F_mF_{m-1}$ 在 $F_{m+1}F_{m+1}$ 和 $F_{m+1}F_mF_{m+1}$ 中都恰好出现 2 次。即上述两项结论对 $m+1$ 成立。

运用数学归纳法，上述两项结论对所有 $m \geqslant 0$ 均成立。 $\square$

根据核词的定义可知：当 $m \geqslant 1$ 时，

$$K_m = \delta_{m+1}F_m\delta_m^{-1} = \delta_{m-1}F_{m-1}F_{m-2}\delta_m^{-1}。 \tag{3.23}$$

以上给出了 Fibonacci 序列的核词 K_m 与标准词 F_{m-1} 的关系。

证明定理 3.9

第 1 步：确定回归词。

根据前述引理可知，F_{m-1} 在序列中前 8 次出现的位置为

$$F_{m+3} = \underbrace{F_{m-1}}_{[1]}F_{m-2}\underbrace{F_{m-1}}_{[2]}\underbrace{F_{m-1}}_{[3]}F_{m-2}$$

$$* \underbrace{F_{m-1}}_{[4]}F_{m-2}\underbrace{F_{m-1}}_{[5]}$$

$$* \underbrace{F_{m-1}}_{[6]}F_{m-2}\underbrace{F_{m-1}}_{[7]}\underbrace{F_{m-1}}_{[8]}F_{m-2} \lhd \mathbb{F}。 \tag{3.24}$$

其中，出现在位置 [3]、[6]、[8] 的因子 F_{m-1} 前面接着 δ_{m-1}、后面接着 $F_{m-2}\delta_m^{-1}$，根据因子扩张法，它们可以扩张为 $K_m = \delta_{m-1}F_{m-1}F_{m-2}\delta_m^{-1}$。

可见，K_m 在序列中前 3 次出现的位置为

$$\begin{cases} \mathrm{occ}(K_m, 1) = f_{m+1} - 1, \\ \mathrm{occ}(K_m, 2) = f_{m+3} - 1, \\ \mathrm{occ}(K_m, 3) = f_{m+4} - 1。 \end{cases} \tag{3.25}$$

根据 $R_{\mathbb{F},0}(K_m)$ 和回归词 $R_{\mathbb{F},p}(K_m)$ 的定义可知：

$$
\begin{cases}
\begin{aligned}
R_{\mathbb{F},0}(K_m) &= \mathbb{F}[1, \text{occ}(K_m, 1) - 1] = \mathbb{F}[1, f_{m+1} - 2] \\
&= F_{m-1}F_{m-2}F_{m-1}\delta_{m-1}^{-1} = F_{m+1}\delta_{m-1}^{-1} = \prod_{j=-1}^{m-1} K_j; \\
R_{\mathbb{F},1}(K_m) &= \mathbb{F}[\text{occ}(K_m, 1), \text{occ}(K_m, 2) - 1] \\
&= \mathbb{F}[f_{m+1} - 1, f_{m+3} - 2] \\
&= \delta_{m-1}F_{m-1}F_{m-2}F_{m-1}F_{m-2}F_{m-1}\delta_{m-1}^{-1} \\
&= \delta_{m-1}F_m\delta_m^{-1} * \delta_m F_{m+1}\delta_{m-1}^{-1} = K_m K_{m+1}; \\
R_{\mathbb{F},2}(K_m) &= \mathbb{F}[\text{occ}(K_m, 2), \text{occ}(K_m, 3) - 1] \\
&= \mathbb{F}[f_{m+3} - 1, f_{m+4} - 2] = \delta_{m-1}F_{m-1}F_{m-2}F_{m-1}\delta_{m-1}^{-1} \\
&= \delta_{m-1}F_m\delta_m^{-1} * \delta_m F_{m-1}\delta_{m-1}^{-1} = K_m K_{m-1}。
\end{aligned}
\end{cases}
\tag{3.26}
$$

它们的长度为：

$$
\begin{cases}
|R_{\mathbb{F},0}(K_m)| = |F_{m+1}\delta_{m-1}^{-1}| = f_{m+1} - 1; \\
|R_{\mathbb{F},1}(K_m)| = |K_m K_{m+1}| = f_{m+2}; \\
|R_{\mathbb{F},2}(K_m)| = |K_m K_{m-1}| = f_{m+1}。
\end{cases}
\tag{3.27}
$$

第 2 步：确定诱导序列。

由于 Fibonacci 代换是一个**同态**（morphism），故 $\mathbb{F} = \mathbb{F}(F_{m+1}, F_m)$。进一步地，

$$
\begin{cases}
\begin{aligned}
R_{\mathbb{F},1}(K_m) &= \delta_{m-1}F_m F_{m+1}\delta_{m-1}^{-1} \\
&= \left(F_{m+1}\delta_{m-1}^{-1}\right)^{-1} * F_{m+2} * F_{m+1}\delta_{m-1}^{-1}, \\
R_{\mathbb{F},2}(K_m) &= \delta_{m-1}F_m F_{m-1}\delta_{m-1}^{-1} \\
&= \left(F_{m+1}\delta_{m-1}^{-1}\right)^{-1} * F_{m+1} * F_{m+1}\delta_{m-1}^{-1}。
\end{aligned}
\end{cases}
\tag{3.28}
$$

即字符集

$$
\{R_{\mathbb{F},1}(K_m), R_{\mathbb{F},2}(K_m)\} = \{K_m K_{m+1}, K_m K_{m-1}\}
\tag{3.29}
$$

上的 Fibonacci 序列（加上前缀 $R_{\mathbb{F},0}(K_m) = \prod_{j=-1}^{m-1} K_j$）就是 Fibonacci 序列 $\mathbb{F}$ 本身。

最后，对于任意 $m \geqslant 1$，由映射 $\Lambda_{\mathbb{F},\omega}$ 的定义，可知：

$$\begin{cases} \Lambda_{\mathbb{F},K_m}(K_m K_{m+1}) = \Lambda_{\mathbb{F},K_m}(R_{\mathbb{F},1}(K_m)) = \alpha; \\ \Lambda_{\mathbb{F},K_m}(K_m K_{m-1}) = \Lambda_{\mathbb{F},K_m}(R_{\mathbb{F},2}(K_m)) = \beta。 \end{cases}$$

因此，Fibonacci 序列的第 m 阶核词 K_m 的诱导序列为

$$\mathcal{D}_{K_m}(\mathbb{F}) = \{\Lambda_{\mathbb{F},K_m}(R_{\mathbb{F},p}(K_m))\}_{p \geqslant 1} = \mathbb{F}(\alpha, \beta)。 \tag{3.30}$$

由此，我们证明了定理 3.9。 $\qquad\qquad\qquad\qquad\qquad\qquad\qquad\qquad\square$

注记：下面展示 Fibonacci 序列前若干项生成诱导序列的变换方式。

$$\mathbb{F} = \mathbb{F}(F_{m+1}, F_m) = F_{m+1} * F_m * F_{m+1} * \cdots$$

$$= F_{m+1}\delta_{m-1}^{-1} * \left(F_{m+1}\delta_{m-1}^{-1}\right)^{-1} \cdot F_{m+2} \cdot F_{m+1}\delta_{m-1}^{-1}$$

$$* \left(F_{m+1}\delta_{m-1}^{-1}\right)^{-1} \cdot F_{m+1} \cdot F_{m+1}\delta_{m-1}^{-1}$$

$$* \left(F_{m+1}\delta_{m-1}^{-1}\right)^{-1} \cdot F_{m+2} \cdot F_{m+1}\delta_{m-1}^{-1} * \cdots$$

$$= F_{m+1}\delta_{m-1}^{-1} * K_m K_{m+1} * K_m K_{m-1} * K_m K_{m+1} * \cdots。 \tag{3.31}$$

这里记号 "$*$" 和 "$\cdot$" 都表示有限词的拼接。

3.2.6 任意因子的核词

如第 2 章所述，核词是序列中的一类特殊的因子，满足以下条件：序列中的任意因子 ω 都存在唯一的核词 $\mathrm{Ker}(\omega)$，使得因子和核词相对静止。粗略地讲，因子 ω 及其核词 $\mathrm{Ker}(\omega)$ 在序列中每次出现的位置的局部结构是不变的。

本小节的前面几部分已经构造出了 Fibonacci 序列 $\mathbb{F}$ 的核词集合，并研究了核词的诱导序列。本部分则旨在给出因子 ω 的核词 $\mathrm{Ker}(\omega)$ 的定义，即给出序列的因子集 $\Omega_{\mathbb{F}}$ 到核词集合的多对一映射，并给出核词 $\mathrm{Ker}(\omega)$ 的基本性质。这些性质将用于将核词的诱导序列结论推广到任意因子。

定义 3.13（核词的序关系）

对于任意 $m \geqslant -1$，令 Fibonacci 序列中的所有核词满足序关系：

$$K_m \sqsubset K_{m+1}。 \tag{3.32}$$

定义 3.14（因子 ω 的核词）

对于任意因子 $\omega \prec \mathbb{F}$，我们将

$$\mathrm{Ker}(\omega) = \max_{\sqsubset}\{K_m \mid K_m \prec \omega,\ m \geqslant -1\} \tag{3.33}$$

称为因子 ω 的核词。

根据上述定义，可以得到因子核词 $\mathrm{Ker}(\omega)$ 的唯一性。

性质 3.15（因子核词的唯一性）

对于任意因子 $\omega \prec \mathbb{F}$，

(1) 存在唯一的整数 $m \geqslant -1$ 使得 $\mathrm{Ker}(\omega) = K_m$；

(2) 若 $\mathrm{Ker}(\omega) = K_m$，则 $\omega \prec \delta_m^{-1} K_{m+3} \delta_m^{-1}$；

(3) 核词 $\mathrm{Ker}(\omega) = K_m$ 在因子 ω 中仅出现一次。

证明　(1) 根据因子的核词的定义以及核词的序关系可知。

(2) 由核词的递推关系（性质 3.5）可知：对于任意 $m \geqslant -1$，$K_{m+3} = K_{m+1} K_m K_{m+1}$。

反证法：假若

$$\omega \prec \delta_m^{-1} K_{m+1} K_m K_{m+1} \delta_m^{-1} 。 \tag{3.34}$$

由于 $K_m \prec \omega$，故因子 ω 至少包含以下 4 个有限词之一：

$$
\begin{cases}
K_m K_{m+1} \delta_m^{-1} \delta_m = K_m K_{m+1} \succ K_{m+1}; \\
K_m K_{m+1} \delta_m^{-1} \delta_{m+1} = K_{m+2}; \\
\delta_{m+1} \delta_m^{-1} K_{m+1} K_m = K_{m+1} K_m \succ K_{m+1}; \\
\delta_{m+1} \delta_m^{-1} K_{m+1} K_m = K_{m+2} 。
\end{cases}
$$

其中，第 2 行和第 4 行用到了性质 3.7。这与 $\mathrm{Ker}(\omega) = K_m$ 的定义（K_m 是包含于 ω 的最大核词）矛盾。故 $\omega \prec \delta_m^{-1} K_{m+3} \delta_m^{-1}$。

(3) 由定理 3.9 可知，对于任意 $m \geqslant -1$，Fibonacci 序列中核词 K_m 的诱导序列是字符集

$$\{R_{\mathbb{F},1}(K_m), R_{\mathbb{F},2}(K_m)\} = \{K_m K_{m+1}, K_m K_{m-1}\} \tag{3.35}$$

上的 Fibonacci 序列本身。

可见，如果核词 $\mathrm{Ker}(\omega) = K_m$ 在因子 ω 中出现两次，因子 ω 至少包含以下两个有限词之一：

$$\begin{cases} K_m K_{m+1} K_m \succ K_{m+1}; \\ K_m K_{m-1} K_m = K_{m+2}\text{。} \end{cases}$$

其中，第 2 个等式用到了性质 3.5。这与 $\mathrm{Ker}(\omega) = K_m$ 的定义（K_m 是包含于 ω 的最大核词）矛盾。故核词 $\mathrm{Ker}(\omega)$ 在因子 ω 中仅出现一次。 □

实例 3.16（部分因子的核词）

根据前述因子核词的定义以及 Fibonacci 序列中前若干阶核词的表达式，容易验证因子 $abaab$ 和 $baababaa$ 的核词如下：

$\mathrm{Ker}(abaab) = aa = K_1$，满足关系 $\omega = abaab = ab * K_1 * b$；

$\mathrm{Ker}(baababaa) = bab = K_2$，满足关系 $\omega = baababaa = baa * K_2 * aa$。

上述实例中因子 ω 与它的核词 $\mathrm{Ker}(\omega)$ 的表达式之间的关系，具有一般意义。具体而言，对于任意因子 ω，存在唯一的整数 $j \geqslant 0$、因子 u 和 ν，使得

$$\begin{cases} \mathrm{Ker}(\omega) = \omega[j+1, j+|\mathrm{Ker}(\omega)|], \\ \omega = u * \mathrm{Ker}(\omega) * \nu, \end{cases} \tag{3.36}$$

其中，$0 \leqslant j \leqslant |\omega| - |\mathrm{Ker}(\omega)|$，$|u| = j$，$u \lhd \omega$ 和 $\nu \rhd \omega$。

事实上，尽管因子 ω 会在序列中多次出现，但上述 ω 和 $\mathrm{Ker}(\omega)$ 的位置关系是唯一确定的。也就是说，式 (3.36) 中的 j 仅与因子 ω 有关，与因子第 p 次出现中的位置参数 p 无关。要严谨地表述这一性质，需要先补充 ω_p 的核词概念。

对于 $p, q \geqslant 1$，记号 $\omega_p \prec W_q$ 意味着：

$$\begin{cases} \omega \prec W; \\ \mathrm{occ}(W, q) \leqslant \mathrm{occ}(\omega, p) < \mathrm{occ}(\omega, p) + |\omega| - 1 \leqslant \mathrm{occ}(W, q) + |W| - 1\text{。} \end{cases} \tag{3.37}$$

定义 3.17（核词的序关系）

对于任意 $m \geqslant -1$ 和 $p, q \geqslant 1$，若 K_m 和 K_n 满足序关系 $K_m \sqsubset K_n$，即 $m \leqslant n$，则 $K_{m,p}$ 和 $K_{n,q}$ 满足序关系 $K_{m,p} \sqsubset K_{n,q}$。

定义 3.18（因子 ω_p 的核词）

对于任意因子 ω_p 满足 $(\omega, p) \in \Omega_{\mathbb{F}} \times \mathbb{N}$，我们将

$$\mathrm{Ker}(\omega) = \max_{\sqsubset}\{K_{m,q} \mid K_{m,q} \prec \omega_p,\ m \geqslant -1\} \tag{3.38}$$

称为因子 ω_p 的核词。

注记： 由于 $K_{-1} = a$，$K_0 = b$，且任意因子 ω_p 一定至少包含因子 a 和 b 中的一个，故上述 $\mathrm{Ker}(\omega_p)$ 的概念是定义良好的。

3.2.7　$\mathrm{Ker}(\omega_p)$ 和 $\mathrm{Ker}(\omega)_p$ 的关系：结论

细心的读者可能已经注意到：对于任意固定的因子 ω，它的核词 $\mathrm{Ker}(\omega)$ 也是序列中的一个因子。由于 Fibonacci 序列是一致常返的自相似序列，$\mathrm{Ker}(\omega)$ 也会在序列中出现无穷多次。我们将其第 p 次出现记为 $\mathrm{Ker}(\omega)_p$。一个很自然的问题是：核词 $\mathrm{Ker}(\omega)$ 的第 p 次出现（记为 $\mathrm{Ker}(\omega)_p$）和因子 ω_p 的核词（记为 $\mathrm{Ker}(\omega_p)$）是不是同一个因子？具体而言，它们在序列 $\mathbb{F}$ 中是不是具有相同的位置和相同表达式？答案是肯定的。

定理 3.19（$\mathrm{Ker}(\omega_p)$ 和 $\mathrm{Ker}(\omega)_p$ 的关系）

对于任意 $(\omega, p) \in \Omega_{\mathbb{F}} \times \mathbb{N}$，有 $\mathrm{Ker}(\omega_p) = \mathrm{Ker}(\omega)_p$。

定理 3.19 在诱导序列的研究中扮演着非常重要的作用。运用 $\mathrm{Ker}(\omega_p)$ 和 $\mathrm{Ker}(\omega)_p$ 的关系（定理 3.19），我们可以将 Fibonacci 序列的诱导序列的结论从核词（定理 3.9）推广到任意因子（定理 3.23）。

实例 3.20（$\mathrm{Ker}(\omega_p)$ 和 $\mathrm{Ker}(\omega)_p$ 的关系）

取 $\omega = aba$，$p = 3$，则 $\mathrm{Ker}(aba) = b = K_0$。容易在 Fibonacci 序列中验证：

(1) 因子 $\omega = aba$ 第 3 次出现在 $\mathbb{F}[6,8]$，故 $\mathrm{Ker}(\omega_p) = \mathbb{F}[7]$；

(2) 核词 $\mathrm{Ker}(aba) = b = K_0$ 第 3 次出现在 $\mathbb{F}[7]$。

实例 3.21（$\mathrm{Ker}(\omega_p)$ 和 $\mathrm{Ker}(\omega)_p$ 的关系）

当 $\omega = abaabab$ 时，$\mathrm{Ker}(\omega) = K_2 = bab$，图 3.1 展示了 $\mathrm{Ker}(\omega_p)$ 和 $\mathrm{Ker}(\omega)_p$ 的关系，其中 $p = 1, 2, 3$。

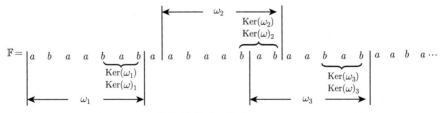

图 3.1　$\mathrm{Ker}(\omega_p)$ 和 $\mathrm{Ker}(\omega)_p$ 之间的关系，其中 $\omega = abaabab$，$\mathrm{Ker}(\omega) = K_2 = bab$

要证明定理 3.19 等价于证明以下差值与参数 p 无关：

$$\mathrm{occ}(\mathrm{Ker}(\omega), p) - \mathrm{occ}(\omega, p) = \mathrm{occ}(\mathrm{Ker}(\omega), 1) - \mathrm{occ}(\omega, 1) = j。 \tag{3.39}$$

这里的参数 j 与式 (3.36) 中给出的参数 j 一致。

3.2.8 $\mathrm{Ker}(\omega_p)$ 和 $\mathrm{Ker}(\omega)_p$ 的关系：证明

本部分首先证明性质 3.22，再由性质 3.15 和性质 3.22 证明定理 3.19。

性质 3.22（核词的扩张性质）

在 Fibonacci 序列中，对于任意 $m \geqslant -1$，每一次出现的核词 K_m 都满足：

(1) 它的前面是 $\delta_m^{-1} K_{m+1}$；

(2) 它的后面是 $K_{m+1} \delta_m^{-1}$。

这意味着，每一次出现的核词 K_m 都可以扩张为 $\delta_m^{-1} K_{m+3} \delta_m^{-1}$。

证明　根据核词 K_m 的诱导序列的性质，讨论以下三种情况。

(1) 第一次出现的核词 K_m，它的前面是

$$R_{\mathbb{F},0}(K_m) = F_{m+1} \delta_{m-1}^{-1} = \delta_m^{-1} K_{m+1} \text{。} \tag{3.40}$$

结论成立。

(2) 对于任意 $p \geqslant 2$，第 p 次出现的核词 K_m，它的前面是

$$R_{\mathbb{F},1}(K_m) = K_m K_{m+1} \text{ 或 } R_{\mathbb{F},2}(K_m) = K_m K_{m-1} \text{。} \tag{3.41}$$

在前一种情况下，核词 K_m 的前面是 $\delta_m^{-1} K_{m+1}$。在后一种情况下，根据性质 3.7(1)，核词 K_m 的前面也是 $\delta_m^{-1} K_{m+1}$。故结论成立。

(3) 对于任意 $p \geqslant 1$，第 p 次出现的核词 K_m，它的后面是

$$K_m^{-1} R_{\mathbb{F},1}(K_m) K_m = K_{m+1} K_m \text{ 或 } K_m^{-1} R_{\mathbb{F},2}(K_m) K_m = K_{m-1} K_m \text{。} \tag{3.42}$$

在前一种情况下，核词 K_m 的后面是 $K_{m+1} \delta_m^{-1}$。在后一种情况下，根据性质 3.7(2)，核词 K_m 的后面也是 $K_{m+1} \delta_m^{-1}$。故结论成立。　□

下面，由性质 3.15（因子核词的唯一性）和性质 3.22（核词的扩张性质）证明定理 3.19。

证明定理 3.19

对于任意因子 $\omega \prec \mathbb{F}$，根据因子 ω 的核词的定义，存在唯一的整数 $m \geqslant -1$ 使得 $\mathrm{Ker}(\omega) = K_m$。进一步地，对于任意 $p \geqslant 1$，根据因子 ω_p 的核词的定义，存在唯一的整数 $q \geqslant 1$ 使得 $\mathrm{Ker}(\omega_p) = \mathrm{Ker}(\omega)_q = K_{m,q}$。

根据式 (3.36)，对于因子 ω，存在唯一的整数 $j \geqslant 0$，使得

$$\mathrm{Ker}(\omega) = \omega[j+1, j+|\mathrm{Ker}(\omega)|] \text{。} \tag{3.43}$$

可见，如果有一个 ω 出现在位置 L，则必然有一个 $\mathrm{Ker}(\omega) = K_m$ 出现在位置 $L+j$。由此可得：$q \geqslant p$。要证明 $q \leqslant p$，只需证明以下两个断言成立。

断言 1：核词 K_m 在 Fibonacci 序列中的每一次出现都可以扩张为一个 ω。

断言 2：核词 K_m 的 Fibonacci 序列中的两次不同的出现将扩张为两个不同的 ω。

根据性质 3.15(2)，$\omega \prec \delta_m^{-1} K_{m+3} \delta_m^{-1}$。又根据性质 3.22，每一次出现的核词 K_m 都可以扩张为 $\delta_m^{-1} K_{m+3} \delta_m^{-1}$。可见断言 1 成立。

根据性质 3.15(3)，核词 $\mathrm{Ker}(\omega) = K_m$ 在因子 ω 中仅出现一次。可见断言 2 成立。 $\qquad\square$

综上，我们就证明了**定理 3.19：对于任意 $(\omega, p) \in \Omega_{\mathbb{F}} \times \mathbb{N}$，有 $\mathrm{Ker}(\omega_p) = \mathrm{Ker}(\omega)_p$。**

3.2.9 任意因子的诱导序列

下面，我们运用定理 3.19 将 Fibonacci 序列的诱导序列的结论从核词（定理 3.9）推广到任意因子（定理 3.23）。

定理 3.23（任意因子的诱导序列）

对于任意因子 $\omega \prec \mathbb{F}$，诱导序列

$$\mathcal{D}_{\omega}(\mathbb{F}) = \mathbb{F}(\alpha, \beta) \tag{3.44}$$

为 Fibonacci 序列本身。

在本部分中，我们使用简化记号 W 表示 $\mathrm{Ker}(\omega)$。对于任意 $p \geqslant 1$，

$$
\begin{cases}
\omega\text{的第}p\text{个回归词为} \\
\quad R_{\mathbb{F}, p}(\omega) = \mathbb{D}[\mathrm{occ}(\omega, p), \mathrm{occ}(\omega, p+1) - 1]; \\
\mathrm{Ker}(\omega) = W\text{的第}p\text{个回归词为} \\
\quad R_{\mathbb{F}, p}(W) = \mathbb{F}[\mathrm{occ}(W, p), \mathrm{occ}(W, p+1) - 1].
\end{cases} \tag{3.45}
$$

令 $\omega \prec \mathbb{F}$ 的表达式符合式 (3.36)。具体而言，存在唯一的整数 $j \geqslant 0$、因子 u 和 ν，使得

$$
\begin{cases}
\mathrm{Ker}(\omega) = \omega[j+1, j+|\mathrm{Ker}(\omega)|], \\
\omega = u * \mathrm{Ker}(\omega) * \nu,
\end{cases} \tag{3.46}
$$

其中，$0 \leqslant j \leqslant |\omega| - |\mathrm{Ker}(\omega)|$，$|u| = j$，$u \lhd \omega$ 和 $\nu \rhd \omega$。

如图 3.2 所示，若存在某个 $p \geqslant 1$ 使得 $|R_{\mathbb{F},p}(\omega)| \leqslant |u|$，则 W_p 和 W_{p+1} 都包含于 ω_{p+1} 之中，这与性质 3.15(3) 矛盾。所以，我们可以断言：对于任意 $p \geqslant 1$，均有 $|R_{\mathbb{F},p}(\omega)| > |u| = j$。这意味着：**对于任意 $p \geqslant 1$，均有 $u \triangleright R_{\mathbb{F},p}(W)$**。

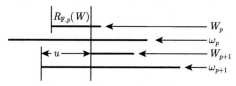

图 3.2   若存在某个 $p \geqslant 1$ 使得 $|R_{\mathbb{F},p}(\omega)| \leqslant |u|$，则必然引发矛盾

根据定理 3.19，对于任意 $p \geqslant 1$ 都有 $\mathrm{occ}(W,p) - \mathrm{occ}(\omega,p) = j$。因此

$$R_{\mathbb{F},p}(\omega) = \mathbb{F}[\mathrm{occ}(\omega,p), \mathrm{occ}(\omega,p+1) - 1]$$

$$= \mathbb{F}[\mathrm{occ}(W,p) - j, \mathrm{occ}(W,p+1) - j - 1] = uR_{\mathbb{F},p}(W)u^{-1}\text{。} \tag{3.47}$$

式 (3.47) 的直接推论是：对于任意 $p \geqslant 1$，

$$\mathrm{occ}(\omega,p+1) - \mathrm{occ}(\omega,p) = |R_{\mathbb{F},p}(\omega)| = |R_{\mathbb{F},p}(W)|\text{。} \tag{3.48}$$

实例 3.24

图 3.3 给出了一个实例，其中 $\omega = baababa$，$W = \mathrm{Ker}(\omega) = bab$，$j = 3$ 且 $u = baa$。

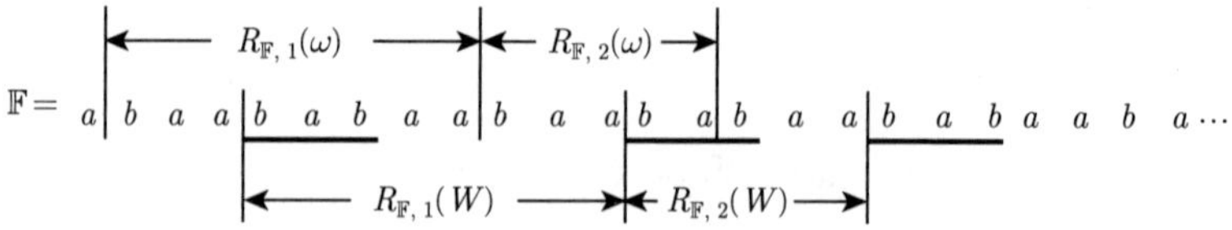

$$\mathbb{F} = a\,|\,b\ \ a\ \ a\,|\,\underline{b\ \ a\ \ b}\ \ a\ \ a\,|\,b\ \ a\ \ a\,|\,\underline{b\ \ a}\,|\,b\ \ a\ \ a\,|\,b\ \ a\ \ b\ \ a\,\cdots$$

$R_{\mathbb{F},1}(\omega) \longrightarrow$ $\leftarrow R_{\mathbb{F},2}(\omega) \rightarrow$

$R_{\mathbb{F},1}(W) \longrightarrow$ $\leftarrow R_{\mathbb{F},2}(W) \rightarrow$

图 3.3   因子 $\omega = baa$ 和它的包络词 $W = \mathrm{Env}(\omega) = abaaaba$ 的前几个回归词的位置关系

类似地，对于 $p = 0$，

$$\begin{cases} \omega\text{第1次出现前，序列的前缀为} \\ \qquad\qquad R_{\mathbb{F},0}(\omega) = \mathbb{F}[1, \mathrm{occ}(\omega,1) - 1]; \\ \mathrm{Ker}(\omega) = W\text{第1次出现前，序列的前缀为} \\ \qquad\qquad R_{\mathbb{F},0}(W) = \mathbb{F}[1, \mathrm{occ}(W,1) - 1]\text{。} \end{cases} \tag{3.49}$$

因此，

$$R_{\mathbb{F},0}(\omega) = R_{\mathbb{F},0}(W) \cdot R_{\mathbb{F},1}(W)[1,j]^{-1} = R_{\mathbb{F},0}(W)u^{-1}。 \tag{3.50}$$

证明定理 3.23

由式 (3.47) 和式 (3.50) 可知：

$$\mathbb{F} = R_{\mathbb{F},0}(W) * R_{\mathbb{F},1}(W) * R_{\mathbb{F},2}(W) \cdots R_{\mathbb{F},p}(W) \cdots$$

$$= R_{\mathbb{F},0}(W)u^{-1} * uR_{\mathbb{F},1}(W)u^{-1} * uR_{\mathbb{F},2}(W)u^{-1} \cdots uR_{\mathbb{F},p}(W)u^{-1} \cdots$$

$$= R_{\mathbb{F},0}(\omega) * R_{\mathbb{F},1}(\omega) * R_{\mathbb{F},2}(\omega) \cdots R_{\mathbb{F},p}(\omega) \cdots。 \tag{3.51}$$

由于有限词 u 的表达式仅与因子 ω 有关，故对于任意 $p \neq q$ 有

$$R_{\mathbb{F},p}(\omega) \stackrel{\text{表达式}}{=} R_{\mathbb{F},q}(\omega) \Longleftrightarrow R_{\mathbb{F},p}(W) \stackrel{\text{表达式}}{=} R_{\mathbb{F},q}(W)。 \tag{3.52}$$

根据诱导序列的定义以及映射 $\Lambda_{\mathbb{F},\omega}$ 的定义，有 $\mathcal{D}_\omega(\mathbb{F}) = \mathcal{D}_W(\mathbb{F})$。由此，我们证明了本定理的结论。即：我们成功地将 Fibonacci 序列的诱导序列的结论从核词（定理 3.9）推广到任意因子（定理 3.23）。 □

与定理 3.9 类似，定理 3.23 也存在详细版本。

定理 3.25（定理 3.23 的等价且详细版本）

对于任意因子 $\omega \prec \mathbb{F}$，记它的核词为 $\mathrm{Ker}(\omega) = K_m$，且它的表达式符合式 (3.36)，即

$$\omega = u * K_m * \nu, \tag{3.53}$$

其中，$|u| = j$。则因子 ω 的诱导序列

$$\mathcal{D}_\omega(\mathbb{F}) = \mathbb{F}(\alpha, \beta) \tag{3.54}$$

为 Fibonacci 序列本身。具体而言：

$$\begin{cases} \alpha = \Lambda_{\mathbb{F},\omega}(R_{\mathbb{F},1}(\omega)), & R_{\mathbb{F},1}(\omega) = uK_mK_{m+1}u^{-1}, & |R_{\mathbb{F},1}(\omega)| = f_{m+2}; \\ \beta = \Lambda_{\mathbb{F},\omega}(R_{\mathbb{F},2}(\omega)), & R_{\mathbb{F},2}(\omega) = uK_mK_{m-1}u^{-1}, & |R_{\mathbb{F},2}(\omega)| = f_{m+1}。 \end{cases} \tag{3.55}$$

此外，$R_{\mathbb{F},0}(\omega) = \delta_m^{-1}K_{m+1}u^{-1}$，$|R_{\mathbb{F},0}(\omega)| = f_{m+1} - j - 1$。

3.2.10　任意因子的位置

运用定理 3.25，我们可以很容易地得到在 Fibonacci 序列 $\mathbb{F}$ 中，因子 ω 每一次出现的位置 $\mathrm{occ}(\omega, p)$。

性质 3.26（因子 ω 每一次出现的位置）

对于任意因子 $\omega \prec \mathbb{F}$，记它的核词为 $\mathrm{Ker}(\omega) = K_m$，且它的表达式符合式 (3.36)，则

$$\mathrm{occ}(\omega, p) = pf_{m+1} + \lfloor \phi p \rfloor \times f_m - j。 \tag{3.56}$$

其中，$\phi = \dfrac{\sqrt{5}-1}{2}$，而 $\lfloor \alpha \rfloor$ 是不大于实数 α 的最大整数。

证明 由题意，

$$\begin{aligned}
\mathrm{occ}(\omega, p) &= |R_{\mathbb{F},0}(\omega)| + |\mathbb{F}[1, p-1]|_a \times |R_{\mathbb{F},1}(\omega)| + |\mathbb{F}[1, p-1]|_b \times |R_{\mathbb{F},2}(\omega)| + 1 \\
&= f_{m+1} - j - 1 + |\mathbb{F}[1, p-1]|_a \times f_{m+2} + |\mathbb{F}[1, p-1]|_b \times f_{m+1} + 1 \\
&= |\mathbb{F}[1, p-1]|_a \times f_m + pf_{m+1} - j。
\end{aligned}$$

其中：$\mathbb{F}[1, p-1]$ 是序列 $\mathbb{F}$ 中长度为 $p-1$ 的前缀；$|\mathbb{F}[1, p-1]|_a$ 是有限词 $\mathbb{F}[1, p-1]$ 中字符 a 的个数；第二个等式成立的依据是前面证明的定理；第三个等式成立的依据是

$$|\mathbb{F}[1, p-1]|_a + |\mathbb{F}[1, p-1]|_b = p-1。 \tag{3.57}$$

进一步地，根据 Fibonacci 序列的经典性质可知：$|\mathbb{F}[1, p-1]|_a = \lfloor \phi p \rfloor$，其中 $\phi = \dfrac{\sqrt{5}-1}{2}$。故 $\mathrm{occ}(\omega, p) = pf_{m+1} + \lfloor \phi p \rfloor \times f_m - j$，命题得证。 $\square$

实例 3.27

取 $\omega = baa$、$\mathrm{Ker}(baa) = K_1$ 为例。由上述 $\mathrm{occ}(\omega, p)$ 表达式可知：

$$\{\mathrm{occ}(baa, p) \mid p \geqslant 1\} = \{2, 7, 10, 15, 20, \cdots\}。 \tag{3.58}$$

我们可以用下面的序列表达式来验证式 (3.58) 成立：

$$\mathbb{F} = \underset{2}{a\ baa}\ \underset{7}{ba\ baa}\ \underset{10}{baa\ ba}\ \underset{15}{baa\ ba}\ \underset{20}{baa\ ba} \cdots \tag{3.59}$$

3.3　Tribonacci 序列的诱导序列

如前文所述，文志雄和文志英 [14] 引入了两个重要的概念："奇异词"和"奇异词的正分离性质"。它们在 Fibonacci 序列诱导序列的研究中起到非常重要的作用。关于奇异词的更多研究结果，可以参见文献 [33,34]，这两篇文章分别将奇异词的概念推广到了 Strumian 序列和 Tribonacci 序列中。奇异词具有非常广泛的应用领域，如 Lyndon 词、回文、光滑词、因子位置 [35]、Padé 逼近 [36] 等。

在 Fibonacci 序列中，核词正好是奇异词。但在 Tribonacci 序列中，奇异词并不适合用来确定诱导序列。我们需要重新定义一类特殊的因子作为核词，它的结构要比 Fibonacci 序列中的情况复杂很多。

3.3.1 Tribonacci 序列的定义

为了便于阅读，本部分首先回顾第 1 章中给出的 Tribonacci 序列的定义，它是 Fibonacci 序列在三字符集 $\mathcal{A} = \{a, b, c\}$ 上的一种自然推广。

定义 3.28（Tribonacci 序列）

设 $\mathcal{A} = \{a, b, c\}$，Tribonacci 代换 $\sigma : \mathcal{A}^* \mapsto \mathcal{A}^*$ 定义为 $\sigma(a) = ab$，$\sigma(b) = ac$，$\sigma(c) = a$。则 Tribonacci 序列 $\mathbb{T}$ 是 Tribonacci 代换下以 a 为初始值的不动点：

$$\mathbb{T} = \sigma^\infty(a) = abacabaabacababacabaabac\cdots。 \tag{3.60}$$

它是一个纯代换序列，Fibonacci 序列的一种推广。

进一步地，定义 Tribonacci 序列的第 m 阶标准词为 $T_m = \sigma^m(a)$，$m \geqslant 0$。根据 Tribonacci 序列的定义，Tribonacci 序列具有以下递推性质：

$$T_0 = a, \ T_1 = ab, \ T_2 = abac, \ T_m = T_{m-1}T_{m-2}T_{m-3}, \ m \geqslant 3。 \tag{3.61}$$

实例 3.29（Tribonacci 序列的前若干阶标准词）

$T_0 = a$,

$T_1 = ab$,

$T_2 = abac$,

$T_3 = abacaba$,

$T_4 = abacabaabacab$,

$T_5 = abacabaabacababacabaabac$。

与 Fibonacci 序列类似，我们将 Tribonacci 序列第 m 阶标准词 T_m 的长度 $|T_m|$ 称为第 m 阶的 Tribonacci 数 t_m。根据 Tribonacci 序列的递推生成方式，Tribonacci 数列可以用如下递推公式生成：

$$t_0 = 1, \ t_2 = 2, \ t_3 = 4, \ t_m = t_{m-1} + t_{m-2} + t_{m-3}, \ m \geqslant 3。 \tag{3.62}$$

实例 3.30（Tribonacci 数列的前若干阶标准词）

$t_0 = 1$,

$t_1 = 2$,

$t_2 = 4$,

$t_3 = 7,$

$t_4 = 13,$

$t_5 = 24_\circ$

我们记 T_m 的最后一个字母为 δ_m，则对于任意 $m \geqslant 0$，有

$$\delta_m = \begin{cases} a, & \text{如果 } m \equiv 0 \mod 3; \\ b, & \text{如果 } m \equiv 1 \mod 3; \\ c, & \text{如果 } m \equiv 2 \mod 3_\circ \end{cases} \tag{3.63}$$

3.3.2 核数与核词

如第 2 章所述，在 Tribonacci 序列中，奇异词和对应的因子之间没有"相对静止"的关系，并不适合用来确定诱导序列。我们需要重新定义一类特殊的因子作为核词。

定义 3.31（核数）

令 $\{k_m\}_{m \geqslant 1}$ 是一个正整数序列，满足 $k_1 = k_2 = k_3 = 1$，当 $m \geqslant 4$ 时，

$$k_m = k_{m-3} + t_{m-4}, \tag{3.64}$$

称 k_m 为 Tribonacci 序列第 m 阶核数（the m-th kernel number）。

注记：根据 k_m 和 t_m 的定义：$k_3 = t_0 = 1$ 且 $k_4 = t_1 = 2$。由数学归纳法可知，对于任意 $m \geqslant 2$ 有 $k_{m+3} < t_m$。

实例 3.32（Tribonacci 序列的前若干阶核数）

$k_1 = 1,$

$k_2 = 1,$

$k_3 = 1,$

$k_4 = 2,$

$k_5 = 3,$

$k_6 = 5,$

$k_7 = 9,$

$k_8 = 16,$

$k_9 = 29,$

$k_{10} = 53_\circ$

定义 3.33（核词）

令 $\{K_m\}_{m\geqslant 1}$ 是一个因子序列，定义

$$K_m = \delta_{m-1}T_{m-3}[1, k_m - 1], \tag{3.65}$$

称 K_m 为 Tribonacci 序列第 m 阶核词（the m-th kernel word）。其中，$T_{m-3}[1, k_m-1]$ 是 T_{m-3} 中长度为 $k_m - 1$ 的前缀。特别的，$K_1 = a$，$K_2 = b$，$K_3 = c$。

实例 3.34（Tribonacci 序列的前若干阶核词）

$K_1 = a,$

$K_2 = b,$

$K_3 = c,$

$K_4 = aa,$

$K_5 = bab,$

$K_6 = cabac,$

$K_7 = aabacabaa,$

$K_8 = babacabaabacabab$。

注记 1：容易看出，Tribonacci 序列有以下基本性质：

(1) 由于 T_{m-3} 是 T_{m-2} 的前缀，故 $T_{m-3}[1, k_m - 1]$ 是 T_{m-2} 长度为 $k_m - 1$ 的前缀；

(2) δ_{m-1} 是标准词 T_{m-1} 的最后一个字符；

(3) Tribonacci 序列的各阶标准词存在递推关系 $T_m = T_{m-1}T_{m-2}T_{m-3}$。

所以

$$K_m = \delta_{m-1}T_{m-3}[1, k_m - 1] \prec T_{m-1}T_{m-2}[1, k_m - 1] \prec T_m \prec \mathbb{T}. \tag{3.66}$$

这说明，对于任意 $m \geqslant 1$，前述定义的核词 K_m 确实是序列 $\mathbb{T}$ 的因子。

注记 2：Tan-Wen[34] 定义了 Tribonacci 序列中的两类奇异词：Ω_m^1 和 Ω_m^2，$m \geqslant 1$。

$$\begin{cases} \Omega_m^1 = \{词 \alpha^{-1}\overleftarrow{E_m}D_{m-1}E_m\alpha^{-1}中长度为 f_m 的因子\}, \\ \Omega_m^2 = \{词 \beta^{-1}E_{m+1}D_{m-2}\overleftarrow{E_{m+1}}\beta^{-1}中长度为 f_m 的因子\}, \end{cases} \tag{3.67}$$

其中：$D_m = T_{m-1}T_{m-2}\cdots T_2T_1T_0$；$E_m = D_{m-1}^{-1}T_m$；$\alpha$ 是 E_m 的末字符；β 是 E_{m+1} 的首字符。按照惯例，定义 $D_0 = \varepsilon$。例如：

(1) 当 $m = 1$ 时，$\Omega_1^1 = \{aa\}$，$\Omega_1^2 = \{ac, ca\}$；

(2) 当 $m = 2$ 时，$\Omega_2^1 = \{abab, baba\}$，$\Omega_2^2 = \{abaa, baab, aaba\}$。

容易验证，如上定义的 $\mathbb{T}$ 中的奇异词，不能与它对应的因子之间保持"相对静止"的关系，无法胜任诱导序列的研究。

性质 3.35（基本性质）

(1) $T_m = T_{m-1}T_{m-2}T_{m-3}$，$m \geqslant 3$；

(2) $t_m = t_{m-1} + t_{m-2} + t_{m-3}$，$m \geqslant 3$；

(3) $K_m = \delta_{m-1}T_{m-4}K_{m-3}[2, k_{m-3}]$，$m \geqslant 4$；

(4) $K_m = \delta_{m-1}T_{m-4}T_{m-5}[1, k_{m-3} - 1]$，$m \geqslant 5$；

(5) $k_m = k_{m-3} + t_{m-4}$，$m \geqslant 4$；

(6) $k_m = k_{m-1} + t_{m-5}$，$m \geqslant 5$。

性质 3.35 可以很容易地由数学归纳法证明，此处从略。

与 Fibonacci 序列相同，Tribonacci 序列的核词也都是回文。

性质 3.36（回文）

Tribonacci 序列的所有核词 K_m 都是回文（palindrome），$m \geqslant 1$。

证明　对于 $m = 1, 2, 3$，容易验证这个性质成立。下面针对任意 $m \geqslant 4$ 证明性质成立。

断言 1：$K_{m-3} \lhd K_m$ 且 $K_{m-3} \rhd K_m$。

根据 δ_m 和 K_m 的定义可知：$T_{m-4}[t_{m-4}] = \delta_{m-1} = K_{m-3}[1]$，所以

$$K_m = \delta_{m-1}T_{m-4}K_{m-3}[2, k_{m-3}] = \delta_{m-1}T_{m-4}\delta_{m-1}^{-1}\underline{K_{m-3}}。 \tag{3.68}$$

注意到 $T_{m-6} \lhd T_{m-3}$，$K_{m-3} = \delta_{m-4}T_{m-6}[1, k_{m-3} - 1]$ 且 $\delta_{m-4} = \delta_{m-1}$，故

$$K_m = \delta_{m-1}T_{m-3}[1, k_m - 1]$$

$$= \underline{\delta_{m-4}T_{m-6}[1, k_{m-3} - 1]}T_{m-3}[k_{m-3}, k_m - 1]。 \tag{3.69}$$

断言 2：$\sigma(K_{m+1}[2, k_{m+1} - 1]) = K_{m+2}[2, k_{m+2} - 1]a^{-1}$。

本断言可以很容易地由数学归纳法和核词的下述基本性质证明，即

$$K_m = \delta_{m-1}T_{m-4}K_{m-3}[2, k_{m-3}]，\ m \geqslant 4。 \tag{3.70}$$

断言 3：$K_{m+1} = \delta_m\delta_{m-1}^{-1}K_mK_{m-3}^{-1}K_m\delta_{m-1}^{-1}\delta_m$，$m \geqslant 4$。

根据断言 1 和数学归纳法，核词 K_m 的首字符和末字符都是 δ_{m-1}。因此

$$\delta_{m-1}^{-1}K_mK_{m-3}^{-1}K_m\delta_{m-1}^{-1}$$

$$= K_m[2, k_m - 1]K_{m-3}[2, k_{m-3} - 1]^{-1}K_m[2, k_m - 1]。 \tag{3.71}$$

可见，断言 3 等价于

$$K_{m+1}[2, k_{m+1} - 1]$$
$$= K_m[2, k_m - 1]K_{m-3}[2, k_{m-3} - 1]^{-1}K_m[2, k_m - 1]。 \tag{3.72}$$

使用数学归纳法。

(1) 当 $m = 4$ 时，命题显然成立。

(2) 假设命题对于 $m \geqslant 4$ 成立，根据断言 2 可知：

$$\sigma(K_{m+1}[2, k_{m+1} - 1]) = K_{m+2}[2, k_{m+2} - 1]a^{-1}。 \tag{3.73}$$

因此

$$\sigma(K_m[2, k_m - 1]K_{m-3}[2, k_{m-3} - 1]^{-1}K_m[2, k_m - 1])$$
$$=K_{m+1}[2, k_{m+1} - 1]a^{-1}[K_{m-2}[2, k_{m-2} - 1]a^{-1}]^{-1}K_{m+1}[2, k_{m+1} - 1]a^{-1}$$
$$=K_{m+1}[2, k_{m+1} - 1]K_{m-2}[2, k_{m-2} - 1]^{-1}K_{m+1}[2, k_{m+1} - 1]a^{-1}。 \tag{3.74}$$

这意味着命题对于 $m + 1$ 也成立。

由断言 3 可知，本命题得证。 □

性质 3.37（各阶核词的关系）

(1) K_{m+1} 是 $\delta_m\delta_{m-1}^{-1}K_{m+3}$ 的前缀；

(2) K_{m+2} 是 $\delta_{m+1}\delta_{m-1}^{-1}K_{m+3}$ 的前缀。

证明 (1) 由于 $k_{m+1} < k_{m+3}$，故 $K_{m+1} = \delta_m T_{m-2}[1, k_{m+1} - 1]$ 是

$$\delta_m\delta_{m-1}^{-1}K_{m+3} = \delta_m\delta_{m-1}^{-1}\delta_{m-1}T_m[1, k_{m+3} - 1]$$
$$= \delta_m T_m[1, k_{m+3} - 1] \tag{3.75}$$

的前缀。

(2) 同理，由于 $k_{m+2} < k_{m+3}$，故 $K_{m+2} = \delta_{m+1}T_{m-1}[1, k_{m+2} - 1]$ 是

$$\delta_{m+1}\delta_{m-1}^{-1}K_{m+3} = \delta_{m+1}\delta_{m-1}^{-1}\delta_{m-1}T_m[1, k_{m+3} - 1]$$
$$= \delta_{m+1}T_m[1, k_{m+3} - 1] \tag{3.76}$$

的前缀。 □

3.3.3 核词的诱导序列：结论

本部分首先给出 Tribonacci 序列核词诱导序列的定理表述，并给出一个实例，以便让读者产生直观的感受。我们将在 3.3.4 小节逐步证明这个重要结论。

定理 3.38（核词的诱导序列）

对于任意 $m \geqslant 1$，Tribonacci 序列中核词 K_m 的诱导序列

$$\mathcal{D}_{K_m}(\mathbb{T}) = \mathbb{T}(\alpha, \beta, \gamma) \tag{3.77}$$

为 Tribonacci 序列本身。具体而言，

$$\begin{cases} \alpha = \Lambda_{\mathbb{T}, K_m}(R_{\mathbb{T}, 1}(K_m)), & R_{\mathbb{T}, 1}(K_m) = C_{t_{m-1}-1}(T_m); \\ \beta = \Lambda_{\mathbb{T}, K_m}(R_{\mathbb{T}, 2}(K_m)), & R_{\mathbb{T}, 2}(K_m) = C_{t_{m-1}-1}(T_{m-1}T_{m-2}); \\ \gamma = \Lambda_{\mathbb{T}, K_m}(R_{\mathbb{T}, 4}(K_m)), & R_{\mathbb{T}, 4}(K_m) = C_{t_{m-1}-1}(T_{m-1})。 \end{cases} \tag{3.78}$$

此外，$R_{\mathbb{T}, 0}(K_m) = \mathbb{T}[1, \mathrm{occ}(K_m, 1) - 1] = \mathbb{T}_{m-1}\delta_{m-1}^{-1}$。

它们的长度为

$$\begin{cases} |R_{\mathbb{T}, 0}(K_m)| = t_{m-1} - 1; \\ |R_{\mathbb{T}, 1}(K_m)| = t_m; \\ |R_{\mathbb{T}, 2}(K_m)| = t_{m-1} + t_{m-2}; \\ |R_{\mathbb{T}, 4}(K_m)| = t_{m-1}。 \end{cases} \tag{3.79}$$

注记 1：由于本节均围绕 Tribonacci 序列展开，因此在下文中不引起混淆的情况下，将省略各类记号中的"$\mathbb{T}$"。

注记 2：参考文献 [15] 中我们使用的是基于"间隔序列"的表述方式。为了统一全书的表述方式，根据间隔 $G_p(\omega)$ 和回归词 $R_p(\omega)$ 的对应关系

$$R_p(\omega) = \omega * G_p(\omega), \tag{3.80}$$

我们得到了核词 $K_m = \delta_{m-1}T_{m-3}[1, k_m - 1]$ 的回归词的表达式。

具体而言，当 $m \geqslant 3$ 时，

(1) 根据 $G_0(K_m) = T_{m-1}\delta_{m-1}^{-1}$，故

$$R_0(K_m) = G_0(K_m) = T_{m-1}\delta_{m-1}^{-1}。 \tag{3.81}$$

(2) 根据 $G_1(K_m) = G_3(K_m) = T_{m-2}[k_m, t_{m-2}]T_{m-3}T_{m-1}[1, t_{m-1} - 1]$，故

$$R_1(K_m) = K_m * G_1(K_m)$$

$$= \delta_{m-1}T_{m-3}[1, k_m - 1] * T_{m-2}[k_m, t_{m-2}]T_{m-3}T_{m-1}[1, t_{m-1} - 1]$$

$$= \delta_{m-1}T_{m-2}[1, t_{m-2}]T_{m-3}T_{m-1}[1, t_{m-1} - 1]$$

$$= T_{m-1}[t_{m-1}]T_m[t_{m-1} + 1, t_m]T_{m-1}[1, t_{m-1} - 1]$$

$$= C_{t_{m-1}-1}(T_{m-1}T_m[t_{m-1} + 1, t_m]) = C_{t_{m-1}-1}(T_m)。 \tag{3.82}$$

其中：第 4 个等式成立的依据是 $T_m = T_{m-1}T_{m-2}T_{m-3}$ 且 T_{m-1} 的末字符是 δ_{m-1}；第 5 个等式基于**共轭词**的定义。具体而言，对于有限词 $\omega = x_1 x_2 \cdots x_n$，取 $0 \leqslant i \leqslant n - 1$，有限词 $C_i(\omega) := x_{i+1} \cdots x_n * x_1 \cdots x_i$ 称为 ω 的第 i 阶共轭词，即将有限词的前 i 个字符移到后面。第 6 个等式成立的依据是 $T_{m-1} \triangleleft T_m$。

(3) 根据 $G_2(K_m) = T_{m-2}[k_m, t_{m-2}]T_{m-1}[1, t_{m-1} - 1]$，故

$$R_2(K_m) = K_m * G_2(K_m)$$

$$= \delta_{m-1}T_{m-3}[1, k_m - 1] * T_{m-2}[k_m, t_{m-2}]T_{m-1}[1, t_{m-1} - 1]$$

$$= \delta_{m-1}T_{m-2}T_{m-1}[1, t_{m-1} - 1] = C_{t_{m-1}-1}(T_{m-1}T_{m-2})。 \tag{3.83}$$

(4) 根据 $G_4(K_m) = T_{m-1}[k_m, t_{m-1} - 1]$，故

$$R_4(K_m) = K_m * G_4(K_m)$$

$$= \delta_{m-1}T_{m-3}[1, k_m - 1] * T_{m-1}[k_m, t_{m-1} - 1]$$

$$= \delta_{m-1}T_{m-1}[1, t_{m-1} - 1] = C_{t_{m-1}-1}(T_{m-1})。 \tag{3.84}$$

其中，第 3 个等式成立的依据是 $T_{m-3} \triangleleft T_{m-1}$。

它们的长度如下：

(1) 根据 $|G_0(K_m)| = t_{m-1} - 1$，可知 $|R_0(K_m)| = t_{m-1} - 1$。

(2) 根据 $|G_1(K_m)| = |G_3(K_m)| = t_m - k_m$，可知 $|R_1(K_m)| = t_m$。

(3) 根据 $|G_2(K_m)| = t_{m-2} + t_{m-1} - k_m$，可知 $|R_2(K_m)| = t_{m-2} + t_{m-1}$。

(4) 根据 $|G_4(K_m)| = t_{m-1} - k_m$，可知 $|R_4(K_m)| = t_{m-1}$。

可见，本书定理 3.38 的结论与参考文献 [15] 的结论等价。

实例 3.39（Tribonacci 序列中核词的诱导序列）

取 $m = 4$，Tribonacci 序列中 $\omega = K_4 = aa$ 的诱导序列

$$\mathbb{T} = abacab\ \underbrace{aabacababacab}_{\alpha}\ \underbrace{aabacabacab}_{\beta}\ \underbrace{aabacababacab}_{\alpha}\ \underbrace{aabacab}_{\gamma}$$

$$\underbrace{aabacababacab}_{\alpha}\ \underbrace{aabacabacab}_{\beta}\ \underbrace{aabacababacab}_{\alpha}$$

$$\underbrace{aabacababacab}_{\alpha}\ \underbrace{aabacabacab}_{\beta}\ \underbrace{aabacababacab}_{\alpha}\ \underbrace{aabacab}_{\gamma}\cdots。 \tag{3.85}$$

容易看出，Tribonacci 序列中 $\omega = aa$ 的诱导序列 $\{R_{\mathbb{T},p}(\omega)\}_{p\geqslant 1}$ 是字符集

$$\{R_{\mathbb{T},1}(\omega), R_{\mathbb{T},2}(\omega), R_{\mathbb{T},4}(\omega)\} := \{\alpha, \beta, \gamma\} \tag{3.86}$$

上的 Tribonacci 序列。

具体而言，当 $m = 4$ 时，

(1) $R_{\mathbb{T},0}(K_m) = T_{m-1}\delta_{m-1}^{-1} = T_3\delta_3^{-1} = abacaba * a^{-1} = abacab$；

(2) $R_{\mathbb{T},1}(K_m) = C_{t_{m-1}-1}(T_m) = C_{t_3-1}(T_4)$
    $= C_6(abacabaabacab) = aabacababacab$；

(3) $R_{\mathbb{T},2}(K_m) = C_{t_{m-1}-1}(T_{m-1}T_{m-2}) = C_{t_3-1}(T_3T_2)$
    $= C_6(abacaba * abac) = aabacabacab$；

(4) $R_{\mathbb{T},4}(K_m) = C_{t_{m-1}-1}(T_{m-1}) = C_{t_3-1}(T_3) = C_6(abacaba) = aabacab$。

3.3.4 核词的间隔的基本性质

下面给出核词的间隔 $G_p(K_m)$ 的若干基本性质。这些性质在后面诱导序列的证明过程中非常重要。

性质 3.40（回文）

Tribonacci 序列基于核词 K_m 的间隔 $G_p(K_m)$ 都是**回文**，$m \geqslant 1$ 且 $p = 0, 1, 2, 4$。

证明 对于 $m = 1$，容易验证这个性质成立。下面针对任意 $m \geqslant 2$ 证明性质成立。

断言 1：$G_1(K_m)$ 位于 K_{m+5} 的中心位置。

只需要证明以下 (1.1) 和 (1.2) 两点：

(1.1) 往证 $\delta_{m+1}\mathbb{T}[1, k_{m+3} - 1] * G_1(K_m)$ 是 K_{m+5} 的前缀。

$$\delta_{m+1}\mathbb{T}[1, k_{m+3} - 1] * G_1(K_m)$$

$$= \delta_{m+1}\mathbb{T}[1, k_{m+3} - 1] * T_{m-2}[k_m, t_{m-2}]T_{m-3}T_{m-1}[1, t_{m-1} - 1]$$

$$= \delta_{m+1}T_{m-1}T_{m-2}[1, k_m - 1] * T_{m-2}[k_m, t_{m-2}]T_{m-3}T_{m-1}[1, t_{m-1} - 1]$$

$$= \delta_{m+1}T_{m-1}T_{m-2}T_{m-3}T_{m-1}[1,t_{m-1}-1]$$

$$= \delta_{m+1}T_{m+2}[1,t_{m-1}-1] \tag{3.87}$$

$$\lhd \delta_{m+1}T_{m+2}[1,k_{m+5}-1] = K_{m+5}。$$

其中：第 2 个等式成立是因为 $T_m[1,k_{m+3}-1] = T_{m-1}T_{m-2}[1,k_m-1]$；第 5 个关系式“前缀”成立是因为 $t_{m-1} < k_{m+5}$。

(1.2) 往证 $\delta_{m+1}\mathbb{T}[1,k_{m+3}-1]$ 的长度为 $\dfrac{|K_{m+5}|-|G_1(K_m)|}{2}$。

$$|\delta_{m+1}\mathbb{T}[1,k_{m+3}-1]| = \frac{|K_{m+5}|-|G_1(K_m)|}{2}$$

$$\iff k_{m+3} = \frac{k_{m+5}-t_m+k_m}{2}$$

$$\iff t_m = (k_{m+5}-k_{m+3})-(k_{m+3}-k_m) = t_m + t_{m-1} - t_{m-1}。 \tag{3.88}$$

其中，最后一行等式成立是根据性质 3.35(5,6)。

综上，$G_1(K_m)$ 位于 K_{m+5} 的中心位置。因此由 K_{m+5} 是回文可知 $G_1(K_m)$ 也是回文。

断言 2：$G_2(K_m)$ 位于 K_{m+6} 的中心位置。

只需要证明以下 (2.1) 和 (2.2) 两点：

(2.1) 往证 $\delta_{m-1}\mathbb{T}[1,k_{m+3}+t_m-1] * G_2(K_m)$ 是 K_{m+6} 的前缀。

$$\delta_{m-1}\mathbb{T}[1,k_{m+3}+t_m-1] * G_2(K_m)$$

$$= \delta_{m-1}\mathbb{T}[1,k_{m+3}+t_m-1] * T_{m-2}[k_m,t_{m-2}]T_{m-1}[1,t_{m-1}-1]$$

$$= \delta_{m-1}T_mT_{m-1}T_{m-2}[1,k_m-1] * T_{m-2}[k_m,t_{m-2}]T_{m-1}[1,t_{m-1}-1]$$

$$= \delta_{m-1}T_{m+1}T_{m-1}[1,t_{m-1}-1] \tag{3.89}$$

$$\lhd \delta_{m-1}T_{m+3}[1,k_{m+6}-1] = K_{m+6}。$$

其中：第 2 个等式成立是因为 $T_{m+1}[1,k_{m+3}+t_m-1] = T_mT_{m-1}T_{m-2}[1,k_m-1]$；第 5 个关系式“前缀”成立是因为 $t_{m+1}+t_{m-1} < k_{m+6}$。

(2.2) 往证 $\delta_{m-1}\mathbb{T}[1,k_{m+3}+t_m-1]$ 的长度为 $\dfrac{|K_{m+6}|-|G_2(K_m)|}{2}$。

$$|\delta_{m+1}\mathbb{T}[1,k_{m+3}+t_m-1]| = \frac{|K_{m+6}|-|G_2(K_m)|}{2}$$

$$\iff k_{m+3} + t_m = \frac{k_{m+6} - t_{m-2} - t_{m-1} + k_m}{2}$$

$$\iff t_{m+1} + t_m = (k_{m+6} - k_{m+3}) - (k_{m+3} - k_m) = t_{m+2} - t_{m-1}。 \tag{3.90}$$

其中，最后一行等式成立是根据性质 3.35(5,6)。

综上，$G_2(K_m)$ 位于 K_{m+6} 的中心位置。因此由 K_{m+6} 是回文可知 $G_2(K_m)$ 也是回文。

断言 3： $G_4(K_m)$ 位于 K_{m+3} 的中心位置，具体而言，

$$K_m G_4(K_m) K_m = K_{m+3}。 \tag{3.91}$$

证明

$$
\begin{aligned}
&K_m G_4(K_m) K_m \\
&= \delta_{m-1} T_{m-3}[1, k_m - 1] * T_{m-1}[k_m, t_{m-1} - 1] * \delta_{m-1} T_{m-3}[1, k_m - 1] \\
&= \delta_{m+2} T_{m-1}[1, k_m - 1] T_{m-1}[k_m, t_{m-1}] T_{m-3}[1, k_m - 1] \\
&= \delta_{m+2} T_{m-1} T_{m-2}[1, k_m - 1] = \delta_{m+2}(T_{m-1} T_{m-2})[1, k_m + t_{m-1} - 1] \\
&= \delta_{m+2}(T_{m-1} T_{m-2} T_{m-3})[1, k_m + t_{m-1} - 1] \\
&= \delta_{m+2} T_m[1, k_{m+3} - 1] = K_{m+3}。
\end{aligned}
\tag{3.92}
$$

综上，$G_4(K_m)$ 位于 K_{m+3} 的中心位置。因此由 K_{m+3} 是回文可知 $G_4(K_m)$ 也是回文。 □

性质 3.41 对于任意 $m \geqslant 1$，有

(1) $K_{m+1} \prec G_1(K_m)$；

(2) $K_{m+2} \prec G_2(K_m)$；

(3) $K_{m+3} = K_m G_4(K_m) K_m$。

证明 对于任意 $m = 1, 2$，有 $K_1 = a$、$K_2 = b$、$K_3 = c$、$K_4 = aa$、$K_5 = bab$，且

(1) $G_1(K_1) = b$，$G_2(K_1) = c$，$K_1 G_4(K_1) K_1 = aa$；

(2) $G_1(K_2) = aca$，$G_2(K_2) = aa$，$K_2 G_4(K_2) K_2 = bab$。

因此上述结论对于 $m = 1, 2$ 均成立。进一步的，对于 $m \geqslant 3$，式 (3.92) 证明了结论 (3) 成立，即 $K_{m+3} = K_m G_4(K_m) K_m$。下面对于 $m \geqslant 3$ 证明结论 (1) 和 (2) 成立。

具体而言，

$$\begin{cases} G_1(K_m) = T_{m-2}[k_m, t_{m-2}]T_{m-3}T_{m-1}[1, t_{m-1}-1] \\ = T_{m-2}[k_m, t_{m-2}]T_{m-3}[1, t_{m-3}-1] * \delta_m T_{m-1}[1, k_{m+1}-1] * T_{m-1}[k_{m+1}, t_{m-1}-1] \\ = T_{m-2}[k_m, t_{m-2}]T_{m-3}[1, t_{m-3}-1] * \underline{K_{m+1}} * T_{m-1}[k_{m+1}, t_{m-1}-1]。 \\ G_2(K_m) = T_{m-2}[k_m, t_{m-2}]T_{m-1}[1, t_{m-1}-1] \\ = T_{m-2}[k_m, t_{m-2}-1] * \delta_{m+1}T_{m-1}[1, k_{m+2}-1] * T_{m-1}[k_{m+2}, t_{m-1}-1] \\ = T_{m-2}[k_m, t_{m-2}-1] * \underline{K_{m+2}} * T_{m-1}[k_{m+2}, t_{m-1}-1]。 \end{cases}$$

$$(3.93)$$

由此可知，结论 (1) 和 (2) 均成立。 □

3.3.5 核词的诱导序列：证明

我们按照以下步骤证明定理 3.38：

第 1 步. 给出 $R_{\mathbb{T},0}(K_m)$ 的表达式，性质 3.45。

第 2 步. 给出"回归词"的表达式，引理 3.46。

第 3 步. 证明定理 3.38。

证明的主要思想仍然是第 3.2 节中给出的**因子扩张法**（factor extending method）。

• **第 1 步：给出 $R_0(K_m)$ 的表达式。**

在证明性质 3.45 之前，首先给出几个必要的引理。

引理 3.42 当 $m \geqslant 3$ 时，

(1) T_m 在 $T_m T_m$ 中恰好出现 2 次；

(2) T_m 在 $T_{m-1} T_m$ 中恰好出现 2 次；

(3) T_m 在 $T_{m-1} T_{m-2} T_m$ 中恰好出现 2 次。

进一步地，在上述三种情况中，T_m 的两次出现都正好是相应有限词的前缀和后缀。

证明 运用数学归纳法。

(1) 当 $m = 3$ 时，$T_m = abacaba$ 且

$$\begin{cases} T_m T_m = \underline{abacaba} * abacaba = abacaba * \underline{abacaba}, \\ T_{m-1} T_m = \underline{abacaba} * caba = abac * \underline{abacaba}, \\ T_{m-1} T_{m-2} T_m = \underline{abacaba} * bacaba = abacab * \underline{abacaba}。 \end{cases}$$

$$(3.94)$$

这里用下画线强调 $T_m = abacaba$。容易看出，此时上述三项结论成立。

(2) 假设上述三项结论对于任意给定的 $m \geqslant 3$ 成立，则 $T_{m+1}T_{m+1}$ 中因子 T_m 的所有位置如下：

$$T_{m+1}T_{m+1} = \underbrace{T_m}_{[1]} T_{m-1}T_{m-2} \underbrace{T_m}_{[3]} T_{m-1}T_{m-2}$$

$$= T_m \underbrace{T_{m-1}T_{m-2}T_{m-3}}_{[2]} T_{m-3}^{-1} T_{m+1}。 \tag{3.95}$$

容易看出，出现在位置 [1] 和 [3] 的因子 T_m 后面接着 $T_{m-1}T_{m-2}$，可以扩张为 T_{m+1}。下面证明出现在位置 [2] 的因子 T_m 不能扩张为 T_{m+1}。事实上，考虑 $T_{m+1}T_{m+1}$ 中位置 [2] 的因子 T_m 开始的长度为 t_{m+1} 的因子为

$$T_{m+1}T_{m+1}[t_m + 1, t_m + t_{m+1} + 1] = T_{m-1}T_{m-2}T_m。 \tag{3.96}$$

它的最后一个字符为 δ_m，不等于 T_{m+1} 的最后一个字符 δ_{m+1}。因此，出现在位置 [2] 的因子 T_m 不能扩张为 T_{m+1}。

综上，只有出现在位置 [1] 和 [3] 的因子 T_m 可以扩张为 T_{m+1}。进一步地，它们分别位于 $T_{m+1}T_{m+1}$ 的前缀和后缀处。

运用类似的方法可以证明另外两项结论也成立。 □

注记：上面的证明针对 $m \geqslant 3$。当 $m = 0, 1, 2$ 时，有如下事实：

(1) 当 $m = 0, 1, 2$ 时，引理 3.42(1) 依然成立。

(2) 当 $m = 1, 2$ 时，引理 3.42(2) 不成立。此时 T_m 在 $T_{m-1}T_m$ 中仅出现 1 次，出现在 $T_{m-1}T_m$ 的后缀位置。

(3) 当 $m = 2$ 时，引理 3.42(3) 不成立。此时 T_m 在 $T_{m-1}T_{m-2}T_m$ 中仅出现 1 次，出现在 $T_{m-1}T_{m-2}T_m$ 的后缀位置。

引理 3.43 对于任意 $m \geqslant 6$，

(1) $K_m \not\triangleleft \delta_{m-1}T_{m-5}T_{m-4}$；

(2) $K_m \not\triangleleft \delta_{m-1}T_{m-5}T_{m-6}T_{m-4}$。

证明 由于 K_m 是回文，且 $K_m = \delta_{m-1}T_{m-3}[1, k_m - 1]$，故 $K_m[k_m] = \delta_{m-1}$。进一步地，考虑字符 $(\delta_{m-1}T_{m-5}T_{m-4})[k_m]$：

$$(\delta_{m-1}T_{m-5}T_{m-4})[k_m]$$

$$= T_{m-4}[k_m - t_{m-5} - 1] = T_{m-4}[k_{m-1} - 1]$$

$$= K_{m-1}[k_{m-1}] = \delta_{m-2} \neq K_m[k_m]。 \tag{3.97}$$

所以 $K_m \not\lhd \delta_{m-1} T_{m-5} T_{m-4}$。

类似地，可以考虑字符 $(\delta_{m-1} T_{m-5} T_{m-6} T_{m-4})[k_m]$：

$$(\delta_{m-1} T_{m-5} T_{m-6} T_{m-4})[k_m]$$

$$= T_{m-4}[k_m - t_{m-5} - t_{m-6} - 1]$$

$$= T_{m-4}[k_{m-2} - 1]$$

$$= K_{m-2}[k_{m-2}] = \delta_m \neq K_m[k_m]。 \tag{3.98}$$

所以 $K_m \not\lhd \delta_{m-1} T_{m-5} T_{m-6} T_{m-4}$。 □

引理 3.44

对于任意 $m \geqslant 2$，K_m 在 $T_{m-1} T_{m-2}[1, k_m - 1]$ 中仅出现 1 次，且正好出现在后缀位置，即位置 t_{m-1}。

证明 当 $2 \leqslant m < 6$ 时，容易验证命题成立。当 $m \geqslant 6$ 时，根据 Tribonacci 序列的基本性质（性质 3.35(3)），可知 $K_m = \delta_{m-1} T_{m-4} K_{m-3}[2, k_{m-3}]$，又根据核词的定义可知 $K_m = \delta_{m-1} T_{m-3}[1, k_m - 1]$。故 $T_{m-2}[1, k_m - 1] = T_{m-4} K_{m-3}[2, k_{m-3}]$。由此可知：

$$T_{m-1} T_{m-2}[1, k_m - 1]$$

$$= a * T_{m-1}[2, t_{m-1}] T_{m-4} * K_{m-3}[2, k_{m-3}]。 \tag{3.99}$$

根据因子扩张法，为了确定 K_m 在 $T_{m-1} T_{m-2}[1, k_m - 1]$ 中出现的所有位置，我们需要做两件事：

(1) 首先找出 T_{m-4} 在 $T_{m-1}[2, t_{m-1}] T_{m-4}$ 中出现的所有位置；

(2) 判断这些 T_{m-4} 是否可以扩张为 K_m（即前面是 δ_{m-1}，后面是 $K_{m-3}[2, k_{m-3}]$）。

在 T_{m-1} 中针对 $i = 1, 2, 3$ 使用 $T_{m-i} = T_{m-i-1} T_{m-i-2} T_{m-i-3}$ 展开共 4 次，可得

$$T_{m-1} = T_{m-2} T_{m-3} T_{m-4}$$

$$= \underline{T_{m-3}} T_{m-4} T_{m-5} * T_{m-4} T_{m-5} T_{m-6} * T_{m-4}$$

$$= T_{m-4} T_{m-5} T_{m-6} * T_{m-4} T_{m-5} T_{m-4} T_{m-5} T_{m-6} T_{m-4}。 \tag{3.100}$$

其中，第 3 个等式成立的依据是针对带有下画线的 T_{m-3} 展开。

根据引理 3.42，我们将因子 T_{m-4} 在有限词 $T_{m-1}[2,t_{m-1}]T_{m-4}$ 中出现的所有位置标注在了图 3.4 中。其中，$[i]$ 意味着 T_{m-4} 第 i 次出现的位置，$i=1,2,\cdots,7$。我们将证明：只有第 7 次出现的 T_{m-4} 可以扩张为 K_m。

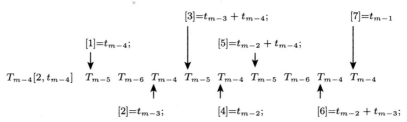

图 3.4   因子 T_{m-4} 在有限词 $T_{m-1}[2,t_{m-1}]T_{m-4}$ 中出现的所有位置

步骤 1：由于 $T_{m-3}\lhd T_{m-2}$ 和 $k_m\leqslant t_{m-3}$，可知 $T_{m-2}[1,k_m-1]=T_{m-3}[1,k_m-1]$。因此

$$
\begin{aligned}
& T_{m-1}T_{m-2}[1,k_m-1]\\
=\ & T_{m-1}[1,t_{m-1}-1]*\delta_{m-1}T_{m-3}[1,k_m-1]\\
=\ & T_{m-1}[1,t_{m-1}-1]*K_m。
\end{aligned}
\tag{3.101}
$$

可见，核词 K_m 是 $T_{m-1}T_{m-2}[1,k_m-1]$ 的后缀。

这意味着：出现在位置 [7] 的因子 T_{m-4} 可以扩张为 K_m。

步骤 2：证明出现在位置 [1] 到 [6] 的因子 T_{m-4} 都不能扩张为 K_m。

(1) 出现在位置 [2] 和 [6] 的因子 T_{m-4}，前面的字符是 δ_m，不等于 δ_{m-1}。

(2) 出现在位置 [4] 的因子 T_{m-4}，前面的字符是 δ_{m-2}，不等于 δ_{m-1}。

可见，运用因子扩张法，出现在位置 [2]、[4] 和 [6] 的因子 T_{m-4} 不能扩张为 K_m。

(3) 由引理 3.43(2)，$K_m\not\lhd\delta_{m-1}T_{m-5}T_{m-6}T_{m-4}$。故出现在位置 [1] 和 [5] 的因子 T_{m-4} 不能扩张为 K_m。

(4) 由引理 3.43(1)，$K_m\not\lhd\delta_{m-1}T_{m-5}T_{m-4}$。故出现在位置 [3] 的因子 T_{m-4} 也不能扩张为 K_m。

综上，命题成立。 $\square$

性质 3.45（$R_{\mathbb{T},0}(K_m)$ 的表达式）

因子 K_m 在 Tribonacci 序列 $\mathbb{T}$ 中第一次出现前序列 $\mathbb{T}$ 的前缀为

$$
R_{\mathbb{T},0}(K_m)=\mathbb{T}[1,\mathrm{occ}(K_m,1)-1]=\mathbb{T}_{m-1}\delta_{m-1}^{-1}。
\tag{3.102}
$$

证明　当 $m = 1$ 时，$K_1 = a$。此时 $R_{\mathbb{T},0}(a) = \varepsilon = T_0[1, t_0 - 1]$，结论成立。当 $m \geqslant 2$ 时，由引理 3.44 可知：K_m 在

$$\mathbb{T}[1, t_{m-1} + k_m - 1] = T_{m-1}T_{m-2}[1, k_m - 1] \tag{3.103}$$

中仅出现 1 次，且正好出现在后缀的位置。

因此，序列 $\mathbb{T}$ 中第一次出现的 K_m 是

$$\mathbb{T}[t_{m-1}, t_{m-1} + k_m - 1] = \delta_{m-1}T_{m-3}[1, k_m - 1] = K_m, \tag{3.104}$$

即 $K_{m,1}$。由此，根据 $R_{\mathbb{T},0}(K_m)$ 的定义可知：

$$R_{\mathbb{T},0}(K_m) = T_{m-1}[1, t_{m-1} - 1] = T_{m-1}\delta_{m-1}^{-1}。 \tag{3.105}$$

结论成立。　　　　　　　　　　　　　　　　　　　　　　　　　　　　$\square$

- **第 2 步：给出"回归词"的表达式。**

下面的引理构建了序列中的三个因子 Δ_i，$i = 1, 2, 3$；证明了核词 K_m 在这三个因子中仅出现 2 次，且正好出现在前缀和后缀位置。可见，这三个因子去掉后缀的 K_m，差不多就是序列 $\mathbb{T}$ 基于因子 K_m 的回归词了。当然，鉴于我们还没有严格地证明它们就是回归词，所有本部分使用了引号。

引理 3.46

对于任意 $m \geqslant 3$，定义记号

(1) $\Delta_1 = \delta_{m-1}T_{m-2}T_{m-3}T_{m-1}T_{m-3}[1, k_m - 1]$，

(2) $\Delta_2 = \delta_{m-1}T_{m-2}T_{m-1}T_{m-3}[1, k_m - 1]$，

(3) $\Delta_3 = \delta_{m-1}T_{m-1}T_{m-3}[1, k_m - 1]$。

核词 K_m 在 Δ_i 中仅出现 2 次，且正好出现在前缀和后缀位置，$i = 1, 2, 3$。

证明　下面仅给出结论 (1) 的证明，其余两个结论的证明方法非常类似，不再赘述。

容易验证：本引理结论 (1) 对于 $3 \leqslant m < 6$ 成立。对于任意 $m \geqslant 6$，本引理的证明方法与引理 3.44 的证明方法类似。

根据核词 K_m 的定义和性质 3.35 可知：对于任意 $m \geqslant 6$（事实上，它对 $m = 5$ 也成立）有

$$K_m = \delta_{m-1}T_{m-3}[1, k_m - 1] = \delta_{m-1}T_{m-4}T_{m-5}[1, k_{m-3} - 1], \tag{3.106}$$

因此，$T_{m-3}[1, k_m - 1] = T_{m-4}T_{m-5}[1, k_{m-3} - 1]$。这意味着

$$\Delta_1 = \delta_{m-1}\underline{T_{m-2}T_{m-3}T_{m-1}T_{m-4}}T_{m-5}[1, k_{m-3} - 1]。 \tag{3.107}$$

可见，核词 $K_m = \delta_{m-1}\underline{T_{m-4}}T_{m-5}[1, k_{m-3}-1]$ 与 Δ_1 拥有相同的

$$\text{前缀}\,\delta_{m-1}\,\text{和后缀}\,T_{m-5}[1, k_{m-3}-1]\text{。} \tag{3.108}$$

由因子扩张法可知，要确定核词 K_m 在 Δ_1 中每一次出现的位置，只需要找出 T_{m-4} 在

$$T_{m-2}T_{m-3}T_{m-1}T_{m-4} \tag{3.109}$$

中每一次出现的位置，然后逐一讨论这些位置出现的 T_{m-4} 可否扩张为 K_m（即前面是 δ_{m-1}、后面是 $K_{m-3}[2, k_{m-3}] = T_{m-5}[1, k_{m-3}-1]$）。

针对 $i = 1, 2, 3$ 反复使用 $T_{m-i} = T_{m-i-1}T_{m-i-2}T_{m-i-3}$ 展开，可得

$$T_{m-2}T_{m-3}T_{m-1}T_{m-4}$$

$$=T_{m-4}T_{m-5}T_{m-6}T_{m-4}T_{m-5} * T_{m-4}T_{m-5}T_{m-6}$$

$$* T_{m-4}T_{m-5}T_{m-6}T_{m-4}T_{m-5}T_{m-4}T_{m-5}T_{m-6}T_{m-4} * T_{m-4}\text{。} \tag{3.110}$$

根据引理 3.42，我们将因子 T_{m-4} 在有限词 $T_{m-2}T_{m-3}T_{m-1}T_{m-4}$ 中出现的所有位置标注在了图 3.5 中。其中，$[i]$ 意味着 T_{m-4} 第 i 次出现的位置，$i = 1, 2, \cdots, 14$。我们将证明：只有第 1 次和第 14 次出现的 T_{m-4} 可以扩张为 K_m。

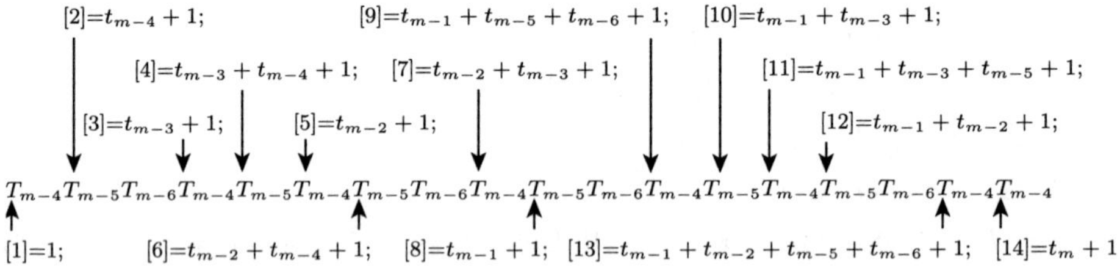

图 3.5 因子 T_{m-4} 在有限词 $T_{m-2}T_{m-3}T_{m-1}$ 中出现的所有位置

步骤 1：显然，Δ_1 拥有前缀 $\delta_{m-1}T_{m-2}$。进一步地，$T_{m-3}[1, k_m-1]$ 显然是 T_{m-2} 前缀。故 K_m 是 Δ_1 的前缀，即出现在位置 $[1]$ 的因子 T_{m-4} 可以扩张为 K_m。

步骤 2：显然，Δ_1 拥有后缀 $T_{m-1}T_{m-4}T_{m-5}[1, k_{m-3}-1]$。进一步地，由于

$$K_m = \delta_{m-1}T_{m-4}T_{m-5}[1, k_{m-3}-1], \tag{3.111}$$

故 K_m 是 Δ_1 的后缀，即出现在位置 $[14]$ 的因子 T_{m-4} 可以扩张为 K_m。

步骤 3：证明出现在位置 $[2]$ 到 $[13]$ 的因子 T_{m-4} 都不能扩张为 K_m。

(1) 出现在位置 [3]、[7]、[9]、[13] 的因子 T_{m-4}，前面的字符是 δ_m，不等于 δ_{m-1}。

(2) 出现在位置 [5]、[11] 的因子 T_{m-4}，前面的字符是 δ_{m-2}，不等于 δ_{m-1}。

可见，运用因子扩张法，出现在上述位置的 T_{m-4} 都不能扩张为 K_m。

(3) 由引理 3.43(1)，$K_m \not\prec \delta_{m-1}T_{m-5}T_{m-4}$。故出现在位置 [4]、[10] 的因子 T_{m-4} 不能扩张为 K_m。

(4) 由引理 3.43(2)，$K_m \not\prec \delta_{m-1}T_{m-5}T_{m-6}T_{m-4}$。故出现在位置 [2]、[6]、[8]、[12] 的因子 T_{m-4} 不能扩张为 K_m。

综上，命题成立。　　　　　　　　　　　　　　　　　　　　　□

根据引理 3.42，运用与上述引理证明类似的方法，可以得到以下结论，证明从略。

推论 3.47（各阶核词与回归词的关系）

(1) $K_{m+1} \prec G_1(K_m)$；

(2) $K_{m+2} \prec G_2(K_m)$；

(3) $K_{m-1} \not\prec K_m$；

(4) $K_{m-2} \not\prec K_m$。

- **第 3 步：证明定理 3.38。**

根据 $K_m = \delta_{m-1}T_{m-3}[1, k_m - 1]$ 和 Δ_i 的表达式，定义记号

$$\Gamma_1 := \Delta_1 * K_m^{-1}$$
$$= \delta_{m-1}T_{m-2}T_{m-3}T_{m-1}T_{m-3}[1, k_m-1] * (\delta_{m-1}T_{m-3}[1, k_m-1])^{-1}$$
$$= \delta_{m-1}T_{m-2}T_{m-3}T_{m-1}\delta_{m-1}^{-1} = C_{t_{m-1}-1}(T_m); \tag{3.112}$$

$$\Gamma_2 := \Delta_2 * K_m^{-1}$$
$$= \delta_{m-1}T_{m-2}T_{m-1}T_{m-3}[1, k_m-1] * (\delta_{m-1}T_{m-3}[1, k_m-1])^{-1}$$
$$= \delta_{m-1}T_{m-2}T_{m-1}\delta_{m-1}^{-1} = C_{t_{m-1}-1}(T_{m-1}T_{m-2});$$

$$\Gamma_3 := \Delta_3 * K_m^{-1}$$
$$= \delta_{m-1}T_{m-1}T_{m-3}[1, k_m-1] * (\delta_{m-1}T_{m-3}[1, k_m-1])^{-1}$$
$$= \delta_{m-1}T_{m-1}\delta_{m-1}^{-1} = C_{t_{m-1}-1}(T_{m-1})。 \tag{3.113}$$

由引理 3.46 可知：

(1) 容易验证 $\Gamma_i \prec \mathbb{T}$，故 Γ_i 是序列 $\mathbb{T}$ 基于因子 K_m 的回归词，$i = 1, 2, 3$；

(2) 若 Tribonacci 序列 $\mathbb{T}$ 可以表述为字符集 $\{\Gamma_i \mid i = 1, 2, 3\}$ 上的某个序列，则这个序列差不多就是序列 $\mathbb{T}$ 基于因子 K_m 的诱导序列。

由于 Tribonacci 代换 σ 是一个**同态**（morphism），故 $\mathbb{T} = \mathbb{T}(T_{m+2}, T_{m+1}, T_m)$。具体而言，

$$C_{t_{m-1}-1}(T_{m+2}) = C_{t_{m-1}-1}(T_m T_{m-1} T_{m-2} T_m T_{m-1})$$
$$= C_{t_{m-1}-1}(T_m)C_{t_{m-1}-1}(T_{m-1}T_{m-2})C_{t_{m-1}-1}(T_m)C_{t_{m-1}-1}(T_{m-1})$$
$$= \Gamma_1\Gamma_2\Gamma_1\Gamma_3; \tag{3.114}$$
$$C_{t_{m-1}-1}(T_{m+1}) = C_{t_{m-1}-1}(T_m T_{m-1} T_{m-2})$$
$$= C_{t_{m-1}-1}(T_m)C_{t_{m-1}-1}(T_{m-1}T_{m-2})$$
$$= \Gamma_1\Gamma_2;$$
$$C_{t_{m-1}-1}(T_m) = \Gamma_1。$$

容易验证：$\sigma(\Gamma_1) = \Gamma_1\Gamma_2$，$\sigma(\Gamma_2) = \Gamma_1\Gamma_3$，$\sigma(\Gamma_3) = \Gamma_1$。

这意味着，

$$\mathbb{T} = \mathbb{T}_{m-1}\delta_{m-1}^{-1} * \mathbb{T}\Big(C_{t_{m-1}-1}(T_{m+2}), C_{t_{m-1}-1}(T_{m+1}), C_{t_{m-1}-1}(T_m)\Big)$$
$$= \mathbb{T}_{m-1}\delta_{m-1}^{-1} * \mathbb{T}\Big(\Gamma_1\Gamma_2\Gamma_1\Gamma_3, \Gamma_1\Gamma_2, \Gamma_1\Big)$$
$$= \mathbb{T}_{m-1}\delta_{m-1}^{-1} * \mathbb{T}\Big(\Gamma_1, \Gamma_2, \Gamma_3\Big)。 \tag{3.115}$$

如前所述，Γ_1、Γ_2、Γ_3 都是序列 $\mathbb{T}$ 基于因子 K_m 的回归词。可见，它们分别对应了回归词 $R_{\mathbb{T},1}(K_m)$、$R_{\mathbb{T},2}(K_m)$、$R_{\mathbb{T},4}(K_m)$。进一步地，由性质 3.45 可知，$R_{\mathbb{T},0}(K_m) = \mathbb{T}_{m-1}\delta_{m-1}^{-1}$。

由此，我们证明了定理 3.38，即**对于任意 $m \geqslant 1$，Tribonacci 序列中核词 K_m 的诱导序列为 Tribonacci 序列本身**。

• **第 4 步**：借用"间隔"和"包络词"的概念。

如前所述，我们最初研究**诱导序列**时使用的是与其完全等价的**间隔序列**的概念。但随着进一步的深入研究，我们采用**回归词**代替了**间隔**，进而采用诱导序列代替了间隔序列。所以，我们好像已经可以完全抛弃掉间隔这个研究工具了。但至少在 Tribonacci 序列的部分研究中，运用间隔的概念比运用回归词的概念能得

到更加"对称"的结论。因此，我们在完成定理 3.38 的证明之后，走一段"回头路"，运用定理 3.38 后面注记 2 回顾的、参考文献 [15] 中给出的间隔 $G_p(\omega)$ 表达式，给出核词的关系（性质 3.51），它将在 $\mathrm{Ker}(\omega_p)$ 和 $\mathrm{Ker}(\omega)_p$ 的关系的证明过程中起到重要的作用。

进一步地，如前所述，在 Fibonacci 序列、Tribonacci 序列和斜率为 $\theta = [0;\dot{j}]$ 的二维切序列的诱导序列的研究中，运用**核词**这一重要的研究工具就足够了。而在 Thue-Morse 序列、Period-doubling 序列等自相似序列的诱导序列的研究中，无法定义核词集合，需要引入**包络词**。然而，事实上，在 Fibonacci 序列、Tribonacci 序列等存在核词集合的自相似序列中，也可以定义包络词集合。当一个序列同时具有核词和包络词时，因子 ω、它的核词 $\mathrm{Ker}(\omega)$ 和包络词 $\mathrm{Env}(\omega)$ 在序列中每次出现的位置的局部结构是不变的。

定义 3.48（包络词）

当 $m \geqslant 1$ 时，Tribonacci 序列第 m 阶包络词（the m-th envelope word）定义为

$$E_m = \delta_{m-1}^{-1} K_m G_4(K_m) * K_m * G_4(K_m) K_m \delta_{m-1}^{-1}。 \tag{3.116}$$

运用 K_m 和 $G_4(K_m)$ 的表达式，可以如下推出 E_m 的表达式：

$$E_m = \delta_{m-1}^{-1} K_m G_4(K_m) * K_m * G_4(K_m) K_m \delta_{m-1}^{-1}$$
$$= \delta_{m-1}^{-1}\delta_{m-1} T_{m-3}[1,k_m-1] * T_{m-1}[k_m, t_{m-1}-1]$$
$$* \delta_{m-1} T_{m-3}[1,k_m-1]$$
$$* T_{m-1}[k_m, t_{m-1}-1] * \delta_{m-1} T_{m-3}[1,k_m-1]\delta_{m-1}^{-1}$$
$$= T_{m-1}T_{m-1}T_{m-3}[1,k_m-1]\delta_{m-1}^{-1}。 \tag{3.117}$$

上述 E_m 的定义式，我们将在性质 3.51 中再次看到。

3.3.6　任意因子的核词

本小节的前面几部分已经构造出了 Tribonacci 序列 $\mathbb{T}$ 的核词集合，并研究了核词的诱导序列。本部分则旨在给出因子 ω 的核词 $\mathrm{Ker}(\omega)$ 的定义，即给出序列的因子集 $\Omega_{\mathbb{T}}$ 到核词集合的多对一映射，并给出核词 $\mathrm{Ker}(\omega)$ 的基本性质。这些性质将用于将核词的诱导序列结论推广到任意因子。

定义 3.49（核词的序关系）

对于任意 $m \geqslant 1$，令 Tribonacci 序列中的所有核词满足序关系

$$K_m \sqsubset K_{m+1}。 \tag{3.118}$$

定义 3.50（因子 ω 的核词）

对于任意因子 $\omega \prec \mathbb{T}$，我们将

$$\mathrm{Ker}(\omega) = \max_{\sqsubset}\{K_m \mid K_m \prec \omega,\ m \geqslant 1\} \tag{3.119}$$

称为因子 ω 的核词。

根据上述定义，可以得到因子核词 $\mathrm{Ker}(\omega)$ 的唯一性。

性质 3.51（因子核词的唯一性）

对于任意因子 $\omega \prec \mathbb{T}$，

(1) 存在唯一的整数 $m \geqslant 1$ 使得 $\mathrm{Ker}(\omega) = K_m$；

(2) 若 $\mathrm{Ker}(\omega) = K_m$，则 $\omega \prec \delta_{m-1}^{-1} K_m G_4(K_m) * K_m * G_4(K_m) K_m \delta_{m-1}^{-1}$；

(3) 核词 $\mathrm{Ker}(\omega) = K_m$ 在因子 ω 中仅出现一次。

注意到，运用包络词的定义，结论 (2) 可以表述为："若 $\mathrm{Ker}(\omega) = K_m$，则 $\omega \prec E_m$"。这个结论蕴含的"一个因子的核词与包络词的关系"，不仅在 Tribonacci 序列中存在，它具有十分普遍的意义。

证明　(1) 根据因子的核词的定义以及核词的序关系可知。

(2) 反证法：若

$$\omega \not\prec \delta_{m-1}^{-1} K_m G_4(K_m) * K_m * G_4(K_m) K_m \delta_{m-1}^{-1}, \tag{3.120}$$

由于 $K_m \prec \omega$，故因子 ω 至少包含以下 6 个有限词之一：

$$\begin{cases} K_m G_4(K_m) K_m \delta_{m-1}^{-1} \delta_{m-1} = K_m G_4(K_m) K_m = K_{m+3}; \\ K_m G_4(K_m) K_m \delta_{m-1}^{-1} \delta_m = K_{m+3} \delta_{m-1}^{-1} \delta_m \succ K_{m+1}; \\ K_m G_4(K_m) K_m \delta_{m-1}^{-1} \delta_{m+1} = K_{m+3} \delta_{m-1}^{-1} \delta_{m+1} \succ K_{m+2}; \\ \delta_{m-1} \delta_{m-1}^{-1} K_m G_4(K_m) K_m = K_m G_4(K_m) K_m = K_{m+3}; \\ \delta_m \delta_{m-1}^{-1} K_m G_4(K_m) K_m = \delta_m \delta_{m-1}^{-1} K_{m+3} \succ K_{m+1}; \\ \delta_{m+1} \delta_{m-1}^{-1} K_m G_4(K_m) K_m = \delta_{m+1} \delta_{m-1}^{-1} K_{m+3} \succ K_{m+2}。 \end{cases}$$

其中：第 1 行和第 4 行用到了性质 3.41，即 $K_{m+3} = K_m G_4(K_m) K_m$；第 5 行用到了性质 3.37(1)，即 K_{m+1} 是 $\delta_m \delta_{m-1}^{-1} K_{m+3}$ 的前缀；第 6 行用到了性质 3.37(2)，即 K_{m+2} 是 $\delta_{m+1} \delta_{m-1}^{-1} K_{m+3}$ 的前缀；而第 2 行和第 3 行同时用到了性质 3.37 以及核词、间隔都是回文。

(3) 由定理 3.38 可知对于任意 $m \geqslant 1$，Tribonacci 序列中核词 K_m 的诱导序列是字符集

$$\{G_1(K_m), G_2(K_m), G_4(K_m)\} \tag{3.121}$$

上的 Tribonacci 序列本身。

可见如果核词 $\mathrm{Ker}(\omega) = K_m$ 在因子 ω 中出现两次，因子 ω 至少包含以下三个有限词之一：

$$\begin{cases} K_m G_1(K_m) K_m \succ G_1(K_m) \succ K_{m+1}; \\ K_m G_2(K_m) K_m \succ G_2(K_m) \succ K_{m+2}; \\ K_m G_4(K_m) K_m = K_{m+3}\circ \end{cases}$$

这里用到了性质 3.41。这与 $\mathrm{Ker}(\omega) = K_m$ 的定义（K_m 是包含于 ω 的最大核词）矛盾。

故核词 $\mathrm{Ker}(\omega)$ 在因子 ω 中仅出现一次。 □

实例 3.52（部分因子的核词）

根据前述因子核词的定义以及 Fibonacci 序列中前若干阶核词的表达式，容易验证因子 $abaab$ 和 $baababaa$ 的核词如下：

$\mathrm{Ker}(abaab) = aa = K_1$，满足关系 $\omega = abaab = ab * K_1 * b$；

$\mathrm{Ker}(baababaa) = bab = K_2$，满足关系 $\omega = baababaa = baa * K_2 * aa$。

上述实例中因子 ω 与它的核词 $\mathrm{Ker}(\omega)$ 的表达式之间的关系，具有一般意义。具体而言，对于任意因子 ω，存在唯一的整数 $j \geqslant 0$、因子 u 和 ν，使得

$$\begin{cases} \mathrm{Ker}(\omega) = \omega[j+1, j + |\mathrm{Ker}(\omega)|], \\ \omega = u * \mathrm{Ker}(\omega) * \nu, \end{cases} \tag{3.122}$$

其中，$0 \leqslant j \leqslant |\omega| - |\mathrm{Ker}(\omega)|$，$|u| = j$，$u \lhd \omega$ 和 $\nu \rhd \omega$。

事实上，尽管因子 ω 会在序列中多次出现，但上述 ω 和 $\mathrm{Ker}(\omega)$ 的位置关系是唯一确定的。也就是说，式 (3.122) 中的 j 仅与因子 ω 有关，与因子第 p 次出现中的位置参数 p 无关。要严谨地表述这一性质，需要先补充 ω_p 的核词的概念。

对于 $p, q \geqslant 1$，记号 $\omega_p \prec W_q$ 意味着：

$$\begin{cases} \omega \prec W; \\ \mathrm{occ}(W, q) \leqslant \mathrm{occ}(\omega, p) < \mathrm{occ}(\omega, p) + |\omega| - 1 \leqslant \mathrm{occ}(W, q) + |W| - 1. \end{cases}$$

$$\tag{3.123}$$

定义 3.53（核词的序关系）

对于任意 $m \geqslant 1$ 和 $p, q \geqslant 1$，若 K_m 和 K_n 满足序关系 $K_m \sqsubset K_n$，即 $m \leqslant n$，则 $K_{m,p}$ 和 $K_{n,q}$ 满足序关系 $K_{m,p} \sqsubset K_{n,q}$。

定义 3.54（因子 ω_p 的核词）

对于任意因子 ω_p 满足 $(\omega, p) \in \Omega_{\mathbb{F}} \times \mathbb{N}$，我们将

$$\mathrm{Ker}(\omega) = \max_{\sqsubset}\{K_{m,q} \mid K_{m,q} \prec \omega_p, \ m \geqslant 1\}, \tag{3.124}$$

称为因子 ω_p 的核词。

注记：由于 $K_1 = a$、$K_2 = b$、$K_3 = c$，且任意因子 ω_p 一定至少包含因子 a、b、c 中的一个，故上述 $\mathrm{Ker}(\omega_p)$ 的概念是定义良好的。

3.3.7　$\mathrm{Ker}(\omega_p)$ 和 $\mathrm{Ker}(\omega)_p$ 的关系

与 Fibonacci 序列类似，Tribonacci 序列中任意因子 ω 的核词 $\mathrm{Ker}(\omega)$ 的第 p 次出现（记为 $\mathrm{Ker}(\omega)_p$）和因子 ω_p 的核词（记为 $\mathrm{Ker}(\omega_p)$）是同一个因子。

定理 3.55（$\mathrm{Ker}(\omega_p)$ 和 $\mathrm{Ker}(\omega)_p$ 的关系）

对于任意 $(\omega, p) \in \Omega_{\mathbb{F}} \times \mathbb{N}$，有 $\mathrm{Ker}(\omega_p) = \mathrm{Ker}(\omega)_p$。

定理 3.55 在诱导序列的研究中扮演着非常重要的作用。运用 $\mathrm{Ker}(\omega_p)$ 和 $\mathrm{Ker}(\omega)_p$ 的关系（定理 3.55），我们可以将 Tribonacci 序列的诱导序列的结论从核词（定理 3.38）推广到任意因子（定理 3.57）。

性质 3.56（核词的扩张性质）

在 Tribonacci 序列中，对于任意 $m \geqslant 1$，每一次出现的核词 K_m 都满足：

(1) 它的前面是 $\delta_{m-1}^{-1} K_m G_4(K_m)$；

(2) 它的后面是 $G_4(K_m) K_m \delta_{m-1}^{-1}$。

可见，每一次出现的核词 K_m 都可以扩张为 $\delta_{m-1}^{-1} K_m G_4(K_m) * K_m * G_4(K_m) K_m \delta_{m-1}^{-1}$。

证明　由定理 3.38 可知对于任意 $m \geqslant 1$，Tribonacci 序列中核词 K_m 的诱导序列是字符集

$$\{G_1(K_m), G_2(K_m), G_4(K_m)\} \tag{3.125}$$

上的 Tribonacci 序列本身。因此，要证明本命题成立，只需要逐一证明以下结论：

(1) $\delta_{m-1}^{-1} K_m G_4(K_m)$ 是 $G_0(K_m)$、$K_m G_1(K_m)$、$K_m G_2(K_m)$ 和 $K_m G_4(K_m)$ 的后缀；

(2) $G_4(K_m) K_m \delta_{m-1}^{-1}$ 是 $G_1(K_m) K_m$、$G_2(K_m) K_m$ 和 $G_4(K_m) K_m$ 的前缀。

第 1 步：给出 $\delta_{m-1}^{-1}K_mG_4(K_m)$ 的表达式

$$\delta_{m-1}^{-1}K_mG_4(K_m)$$
$$= \delta_{m-1}^{-1} * \delta_{m-1}T_{m-3}[1,k_m-1] * T_{m-1}[k_m,t_{m-1}-1]$$
$$= T_{m-1}[1,t_{m-1}-1] = T_{m-1}\delta_{m-1}^{-1}。 \tag{3.126}$$

第 2 步：往证 $\delta_{m-1}^{-1}K_mG_4(K_m)$ 是 $G_0(K_m)$ 的后缀。
事实上，$\delta_{m-1}^{-1}K_mG_4(K_m) = G_0(K_m) = T_{m-1}\delta_{m-1}^{-1}。$
第 3 步：往证 $\delta_{m-1}^{-1}K_mG_4(K_m)$ 是 $K_mG_1(K_m)$ 的后缀

$$K_mG_1(K_m)$$
$$= \delta_{m-1}T_{m-3}[1,k_m-1] * T_{m-2}[k_m,t_{m-2}]T_{m-3}T_{m-1}[1,t_{m-1}-1]$$
$$= \delta_{m-1}T_{m-2}T_{m-3}T_{m-1}\delta_{m-1}^{-1}。 \tag{3.127}$$

第 4 步：往证 $\delta_{m-1}^{-1}K_mG_4(K_m)$ 是 $K_mG_2(K_m)$ 的后缀

$$K_mG_2(K_m)$$
$$= \delta_{m-1}T_{m-3}[1,k_m-1] * T_{m-2}[k_m,t_{m-2}]T_{m-1}[1,t_{m-1}-1]$$
$$= \delta_{m-1}T_{m-2}T_{m-1}\delta_{m-1}^{-1}。 \tag{3.128}$$

第 5 步：往证 $\delta_{m-1}^{-1}K_mG_4(K_m)$ 是 $K_mG_4(K_m)$ 的后缀。
这一结论显然成立。
第 6 步：给出 $G_4(K_m)K_m\delta_{m-1}^{-1}$ 的表达式。

如前所述，K_m、$G_1(K_m)$、$G_2(K_m)$ 和 $G_4(K_m)$ 都是回文，故根据第 3、4、5 步的结论可知，$G_4(K_m)K_m\delta_{m-1}^{-1}$ 是 $G_1(K_m)K_m$、$G_2(K_m)K_m$ 和 $G_4(K_m)K_m$ 的前缀。 □

下面，由性质 3.51（因子核词的唯一性）和性质 3.56（核词的扩张性质）证明定理 3.55。

证明定理 3.55　对于任意因子 $\omega \prec \mathbb{T}$，根据因子 ω 的核词的定义，存在唯一的整数 $m \geqslant 1$ 使得 $\mathrm{Ker}(\omega) = K_m$。进一步地，对于任意 $p \geqslant 1$，根据因子 ω_p 的核词的定义，存在唯一的整数 $q \geqslant 1$ 使得 $\mathrm{Ker}(\omega_p) = \mathrm{Ker}(\omega)_q = K_{m,q}$。

根据式 (3.122)，对于因子 ω，存在唯一的整数 $j \geqslant 0$，使得

$$\mathrm{Ker}(\omega) = \omega[j+1,j+|\mathrm{Ker}(\omega)|], \tag{3.129}$$

可见，如果有一个 ω 出现在位置 L，则必然有一个 $\mathrm{Ker}(\omega) = K_m$ 出现在位置 $L+j$。由此可得：$q \geqslant p$。要证明 $q \leqslant p$，只需证明以下两个断言成立。

断言 1：核词 K_m 在 Tribonacci 序列中的每一次出现都可以扩张为一个 ω。

断言 2：核词 K_m 的 Tribonacci 序列中的两次不同的出现将扩张为两个不同的 ω。

根据性质 3.51(2)，$\omega \prec \delta_{m-1}^{-1} K_m G_4(K_m) * K_m * G_4(K_m) K_m \delta_{m-1}^{-1}$。又根据性质 3.56，每一次出现的核词 K_m 都可以扩张为 $\delta_m^{-1} K_{m+3} \delta_m^{-1}$。可见断言 1 成立。

根据性质 3.51(3)，核词 $\mathrm{Ker}(\omega) = K_m$ 在因子 ω 中仅出现一次。可见断言 2 成立。 □

综上，我们就证明了**定理 3.55**：对于任意 $(\omega, p) \in \Omega_{\mathbb{F}} \times \mathbb{N}$，有 $\mathrm{Ker}(\omega_p) = \mathrm{Ker}(\omega)_p$。

3.3.8 任意因子的诱导序列

下面，我们运用定理 3.55 将 Tribonacci 序列的诱导序列的结论从核词（定理 3.38）推广到任意因子（定理 3.57）。

定理 3.57（任意因子的诱导序列）

对于任意因子 $\omega \prec \mathbb{T}$，诱导序列

$$\mathcal{D}_\omega(\mathbb{T}) = \mathbb{T}(\alpha, \beta, \gamma) \tag{3.130}$$

为 Tribonacci 序列本身。

令 $\omega \prec \mathbb{T}$ 的表达式符合式 (3.122)。具体而言，存在唯一的整数 $j \geqslant 0$、因子 u 和 ν，使得

$$\begin{cases} \mathrm{Ker}(\omega) = \omega[j+1, j+|\mathrm{Ker}(\omega)|], \\ \omega = u * \mathrm{Ker}(\omega) * \nu, \end{cases} \tag{3.131}$$

其中，$0 \leqslant j \leqslant |\omega| - |\mathrm{Ker}(\omega)|$，$|u| = j$，$u \triangleleft \omega$ 和 $\nu \triangleright \omega$。

与 Fibonacci 序列的相应分析类似，在本部分中，我们使用简化记号 W 表示 $\mathrm{Ker}(\omega)$。

根据定理 3.55，对于任意 $p \geqslant 1$ 都有 $\mathrm{occ}(W, p) - \mathrm{occ}(\omega, p) = j$。因此，

$$R_{\mathbb{T},p}(\omega) = \mathbb{T}[\mathrm{occ}(\omega, p), \mathrm{occ}(\omega, p+1) - 1]$$

$$= \mathbb{T}[\mathrm{occ}(W, p) - j, \mathrm{occ}(W, p+1) - j - 1] = u R_{\mathbb{T},p}(W) u^{-1}. \tag{3.132}$$

式 (3.132) 的直接推论是：对于任意 $p \geqslant 1$，

$$\mathrm{occ}(\omega, p+1) - \mathrm{occ}(\omega, p) = |R_{\mathbb{T},p}(\omega)| = |R_{\mathbb{T},p}(W)|。 \tag{3.133}$$

类似地，对于 $p = 0$ 有

$$R_{\mathbb{T},0}(\omega) = R_{\mathbb{T},0}(W) \cdot R_{\mathbb{T},1}(W)[1,j]^{-1} = R_{\mathbb{T},0}(W)u^{-1}。 \tag{3.134}$$

定理 3.57 的证明　根据式 (3.132) 和式 (3.133)，可知：

$$\begin{aligned}
\mathbb{T} &= R_{\mathbb{T},0}(W) * R_{\mathbb{T},1}(W) * R_{\mathbb{T},2}(W) \cdots R_{\mathbb{T},p}(W) \cdots \\
&= R_{\mathbb{T},0}(W)u^{-1} * uR_{\mathbb{T},1}(W)u^{-1} * uR_{\mathbb{T},2}(W)u^{-1} \cdots uR_{\mathbb{T},p}(W)u^{-1} \cdots \\
&= R_{\mathbb{T},0}(\omega) * R_{\mathbb{T},1}(\omega) * R_{\mathbb{T},2}(\omega) \cdots R_{\mathbb{T},p}(\omega) \cdots
\end{aligned} \tag{3.135}$$

由于有限词 u 的表达式仅与因子 ω 有关，故对于任意 $p \neq q$ 有

$$R_{\mathbb{T},p}(\omega) \overset{\text{表达式}}{=} R_{\mathbb{T},q}(\omega) \iff R_{\mathbb{T},p}(W) \overset{\text{表达式}}{=} R_{\mathbb{T},q}(W)。 \tag{3.136}$$

根据诱导序列的定义以及映射 $\Lambda_{\mathbb{T},\omega}$ 的定义，有 $\mathcal{D}_\omega(\mathbb{T}) = \mathcal{D}_W(\mathbb{T})$。由此，我们证明了本定理的结论。即，我们成功地将 Tribonacci 序列的诱导序列的结论从核词（定理 3.38）推广到任意因子（定理 3.57）。$\qquad\square$

与定理 3.23 类似，定理 3.57 也存在详细版本。

定理 3.58（定理 3.57 的等价且详细版本）

对于任意因子 $\omega \prec \mathbb{T}$，记它的核词为 $\mathrm{Ker}(\omega) = K_m$，且它的表达式符合式 (3.122)，即：

$$\omega = u * K_m * \nu, \tag{3.137}$$

其中，$|u| = j$。则因子 ω 的诱导序列为

$$\mathcal{D}_\omega(\mathbb{T}) = \mathbb{T}(\alpha, \beta, \gamma) \tag{3.138}$$

为 Tribonacci 序列本身。具体而言，

$$\begin{cases}
\alpha = \Lambda_{\mathbb{T},\omega}(R_{\mathbb{T},1}(\omega)), & R_{\mathbb{T},1}(\omega) = uC_{t_{m-1}-1}(T_m)u^{-1}; \\
\beta = \Lambda_{\mathbb{T},\omega}(R_{\mathbb{T},2}(\omega)), & R_{\mathbb{T},2}(\omega) = uC_{t_{m-1}-1}(T_{m-1}T_{m-2})u^{-1}; \\
\gamma = \Lambda_{\mathbb{T},\omega}(R_{\mathbb{T},4}(\omega)), & R_{\mathbb{T},4}(\omega) = uC_{t_{m-1}-1}(T_{m-1})u^{-1}。
\end{cases} \tag{3.139}$$

此外，$R_{\mathbb{T},0}(K_m) = \mathbb{T}[1, \mathrm{occ}(K_m, 1) - 1]u^{-1} = \mathbb{T}_{m-1}\delta_{m-1}^{-1}u^{-1}$。

它们的长度为

$$
\begin{cases}
|R_{\mathbb{T},0}(\omega)| = t_{m-1} - j - 1; \\
|R_{\mathbb{T},1}(\omega)| = t_m; \\
|R_{\mathbb{T},2}(\omega)| = t_{m-1} + t_{m-2}; \\
|R_{\mathbb{T},4}(\omega)| = t_{m-1}。
\end{cases}
\tag{3.140}
$$

3.3.9 任意因子的位置

运用上述定理，我们可以很容易地得到在 Tribonacci 序列 $\mathbb{T}$ 中，因子 ω 每一次出现的位置 $\mathrm{occ}(\omega, p)$。

性质 3.59（因子 ω 每一次出现的位置）

对于任意因子 $\omega \prec \mathbb{T}$，记它的核词为 $\mathrm{Ker}(\omega) = K_m$，且它的表达式符合式 (3.122)。则

$$
\mathrm{occ}(\omega, p)
$$

$$
= pt_{m-1} + |\mathbb{T}[1, p-1]|_a \times (t_{m-2} + t_{m-3}) + |\mathbb{T}[1, p-1]|_b \times t_{m-2} - j。
\tag{3.141}
$$

证明　由题意，

$$
\begin{aligned}
\mathrm{occ}(\omega, p) = &\ |R_{\mathbb{T},0}(\omega)| + |\mathbb{T}[1, p-1]|_a \times |R_{\mathbb{T},1}(\omega)| \\
&+ |\mathbb{T}[1, p-1]|_b \times |R_{\mathbb{T},2}(\omega)| + |\mathbb{T}[1, p-1]|_c \times |R_{\mathbb{T},4}(\omega)| + 1 \\
= &\ t_{m-1} - j - 1 + |\mathbb{T}[1, p-1]|_a \times t_m \\
&+ |\mathbb{T}[1, p-1]|_b \times (t_{m-1} + t_{m-2}) + |\mathbb{T}[1, p-1]|_c \times t_{m-1} + 1 \\
= &\ t_{m-1} + (p-1)t_{m-1} + |\mathbb{T}[1, p-1]|_a \times (t_{m-2} + t_{m-3}) \\
&+ |\mathbb{T}[1, p-1]|_b \times t_{m-2} - j \\
= &\ pt_{m-1} + |\mathbb{T}[1, p-1]|_a \times (t_{m-2} + t_{m-3}) + |\mathbb{T}[1, p-1]|_b \times t_{m-2} - j。
\end{aligned}
$$

其中：(i)$\mathbb{T}[1, p-1]$ 是序列 $\mathbb{T}$ 中长度为 $p-1$ 的前缀；(ii)$|\mathbb{T}[1, p-1]|_a$ 是有限词 $\mathbb{T}[1, p-1]$ 中字符 a 的个数；(iii) 第二个等式成立的依据是

$$
|\mathbb{T}[1, p-1]|_a + |\mathbb{T}[1, p-1]|_b + |\mathbb{T}[1, p-1]|_c = p-1。
\tag{3.142}
$$

命题得证。　　　　　　　　　　　　　　　　　　　　　　　　　　　　　□

实例 3.60

取 $\omega = bac$、$\mathrm{Ker}(bac) = K_3$ 为例。由上述 $\mathrm{occ}(\omega, p)$ 表达式可知 $m = 3$、$j = 2$，故

$$\mathrm{occ}(bac, p) = 4 \times p + 3 \times |\mathbb{T}[1, p-1]|_a + 2 \times |\mathbb{T}[1, p-1]|_b - 2。 \tag{3.143}$$

当 $p = 1$ 时，$\mathrm{occ}(bac, 1) = 4 \times 1 + 3 \times 0 + 2 \times 0 - 2 = 2$；
当 $p = 2$ 时，$\mathrm{occ}(bac, 2) = 4 \times 2 + 3 \times 1 + 2 \times 0 - 2 = 9$；
当 $p = 3$ 时，$\mathrm{occ}(bac, 3) = 4 \times 3 + 3 \times 1 + 2 \times 1 - 2 = 15$；
当 $p = 4$ 时，$\mathrm{occ}(bac, 4) = 4 \times 4 + 3 \times 2 + 2 \times 1 - 2 = 22$；
当 $p = 5$ 时，$\mathrm{occ}(bac, 5) = 4 \times 5 + 3 \times 2 + 2 \times 1 - 2 = 26$。
我们可以用下面的序列表达式来验证上述结论：

$$\mathbb{T} = a \underset{2}{\underline{bac}} \, abaa \, \underset{9}{\underline{bac}} \, aba \, \underset{15}{\underline{bac}} \, abaa \, \underset{22}{\underline{bac}} \, a \, \underset{26}{\underline{bac}} \, abaa \cdots。 \tag{3.144}$$

在第 1 章中，给出了 Tribonacci 序列第 m 阶标准词的如下性质：

$$|T_n|_a = t_{n-1}, \quad |T_n|_b = t_{n-2}, \quad |T_n|_c = t_{n-3}。 \tag{3.145}$$

其中，$n \geqslant 3$。可见，当 p 取某些特殊值的时候，可以进一步化简 $\mathrm{occ}(\omega, p)$ 的表达式。

具体而言，对于任意因子 $\omega \prec \mathbb{T}$，记它的核词为 $\mathrm{Ker}(\omega) = K_m$，且它的表达式符合式 (3.122)。则对于任意 $n \geqslant 3$ 有

$$\mathrm{occ}(\omega, t_n + 1)$$

$$= (t_n + 1)t_{m-1} + |\mathbb{T}[1, t_n]|_a \times (t_{m-2} + t_{m-3}) + |\mathbb{T}[1, t_n]|_b \times t_{m-2} - j$$

$$= (t_n + 1)t_{m-1} + t_{n-1} \times (t_{m-2} + t_{m-3}) + t_{n-2} \times t_{m-2} - j$$

$$= t_n t_{m-1} + t_{n-1} t_{m-2} + t_{n-1} t_{m-3} + t_{n-2} t_{m-2} + t_{m-1} - j。 \tag{3.146}$$

推论 3.61（核词 K_m 每一次出现的位置）

对于任意 $m \geqslant 1$ 和 $p \geqslant 1$，核词 K_m 第 p 次出现时末字符的位置为

$$\mathrm{occ}(K_m, p)$$

$$= p t_{m-1} + |\mathbb{T}[1, p-1]|_a \times (t_{m-2} + t_{m-3}) + |\mathbb{T}[1, p-1]|_b \times t_{m-2}。 \tag{3.147}$$

第 4 章 诱导序列与包络词

在第 3 章中，我们运用**核词**（kernel word）这一重要的研究工具，成功地给出了 Fibonacci 序列和 Tribonacci 序列的诱导序列。然而不幸的是，并不是所有的序列都可以构造出满足"相对静止"条件的核词集合。例如，Thue-Morse 序列、Period-doubling 序列等其他自相似序列就不能构造出满足"相对静止"条件的核词集合。我们将在本章中运用一个新的研究工具——**包络词**（envelope word）来研究它们的诱导序列。

尽管 Thue-Morse 序列是最经典、最重要的自相似序列之一，而且 Period-doubling 序列是 Thue-Morse 序列的一阶差分序列，本章依然优先讨论 Period-doubling 序列的诱导序列及相关性质。这是因为 Period-doubling 序列仅有两种不同的诱导序列，而 Thue-Morse 序列则有四种不同的诱导序列。如果直接通过 Thue-Morse 序列来介绍包络词、如何用包络词研究诱导序列、诱导序列的自反性等内容，难免让部分读者觉得十分烦琐、难以把握本质。

我们采用以下顺序来逐步研究 Period-doubling 序列和 Thue-Morse 序列：

(1) 构造包络词集合；
(2) 研究包络词的诱导序列；
(3) 证明任意因子和它的包络词相对静止；
(4) 获得任意因子的诱导序列；
(5) 研究诱导序列的自反性。

4.1 Period-doubling 序列的诱导序列

为了便于阅读，本部分首先回顾第 1 章中给出的 Period-doubling 序列的定义，然后给出 Period-doubling 序列的包络词和诱导序列结论，最后逐步证明这些结论。本部分的具体结论和证明细节主要来源于参考文献 [16, 17]。

4.1.1　Period-doubling 序列的定义

Period-doubling 序列，又称为倍周期序列，也可以由代换来定义。在数学和计算机领域，科研人员已经对 Period-doubling 序列进行了大量的研究。Damanik[37] 确定了 Period-doubling 序列中长度为 n 的回文、平方词和立方词的个数。Allouche-Peyrière-Wen-Wen[38] 证明了 Period-doubling 序列中所有的 Hankel 行列式都是奇数。

定义 4.1（Period-doubling 序列）

设 $\mathcal{A} = \{a, b\}$，Period-doubling 代换 $\sigma : \mathcal{A}^* \mapsto \mathcal{A}^*$ 定义为 $\sigma(a) = ab$，$\sigma(b) = aa$。则 Period-doubling 序列 $\mathbb{D}$ 是 Period-doubling 代换下以 a 为初始值的不动点：

$$\mathbb{D} = \sigma^\infty(a) = abaaababababaaabaaabaaababababaaabab \cdots 。 \tag{4.1}$$

它是一个纯代换序列。

进一步地，定义 Period-doubling 序列的第 m 阶标准词为 $A_m = \sigma^m(a)$，$m \geqslant 0$。此外，记 $B_m = \sigma^m(b)$，$m \geqslant 0$。

根据 Period-doubling 序列的定义，A_m 和 B_m 具有以下递推性质：

$$\begin{cases} A_0 = a, \ B_0 = b; \\ A_m = A_{m-1}B_{m-1}, \ B_m = A_{m-1}A_{m-1}, \quad m \geqslant 1。 \end{cases} \tag{4.2}$$

实例 4.2

表 4.1　前若干阶的 A_m 和 B_m

m	A_m	B_m
0	a	b
1	ab	aa
2	$abaa$	$abab$
3	$abaaabab$	$abaaabaa$
4	$abaaabababaaabaa$	$abaaabababaaabab$

为了后续使用方便，这里不加证明地列出 Period-doubling 序列的几个基本性质。前 4 个性质均要求 $m \geqslant 0$。它们都很容易运用数学归纳法等方法验证。

- 将 A_m 的最后一个字符记为 δ_m，则
  当 m 为偶数时，$\delta_m = a$；当 m 为奇数时，$\delta_m = b$。
- B_m 的最后一个字符记为 $\delta_{m+1} = \overline{\delta_m}$。

- $A_m \delta_m^{-1} = B_m \delta_{m+1}^{-1}$。
- $A_m = a \prod_{j=0}^{m-1} B_j$。
- $\mathbb{D} = a \prod_{j=0}^{\infty} B_j$。

4.1.2 包络词

Period-doubling 序列有两类包络词，它们分别对应两种不同的诱导序列。

定义 4.3（Period-doubling 序列的包络词）

对于 $m \geqslant 1$，定义

$$E_m^1 = A_m \delta_m^{-1} \text{ 且 } E_m^2 = B_m B_{m-1} \delta_m^{-1}。 \tag{4.3}$$

称 E_m^i 为第 m 阶第 i 类的包络词（the m-th envelope word of type i），$i = 1, 2$。进一步地，$|E_m^1| = 2^m - 1$，$|E_m^2| = 3 \times 2^{m-1} - 1$。

实例 4.4

表 4.2 前若干阶的包络词 E_m^i，$i = 1, 2$

m	E_m^1	E_m^2
1	a	aa
2	aba	$ababa$
3	$abaaaba$	$abaaabaaaba$
4	$abaaabababaaaba$	$abaaababababaaababababaaaba$

显然，除了 $E_1^2 = aa$ 之外，所有包络词的长度都是奇数。进一步地，根据 E_m^i 的定义以及 $A_m \delta_m^{-1} = B_m \delta_{m+1}^{-1}$，可知：当 $m \geqslant 1$ 时，

$$\begin{cases} E_{m+1}^1 = E_m^1 \delta_m E_m^1; \\ E_{m+1}^2 = E_m^1 \delta_m E_m^1 \delta_m E_m^1。 \end{cases} \tag{4.4}$$

由数学归纳法可知，所有包络词都是**回文**（palindrome）。

4.1.3 包络词的诱导序列：结论

根据第 2 章的实例，Period-doubling 序列中因子 a 和 aa 的诱导序列不同。具体而言：

$$\begin{cases} \mathcal{D}_a(\mathbb{D}) = \mathbb{D}(\alpha, \beta\beta); \\ \mathcal{D}_{aa}(\mathbb{D}) = \mathbb{D}(\alpha\beta, \alpha\gamma\alpha\gamma)。 \end{cases} \tag{4.5}$$

实例 4.5

表 4.3　序列 $\mathbb{D}$、$\mathbb{D}(\alpha, \beta\beta)$ 和 $\mathbb{D}(\alpha\beta, \alpha\gamma\alpha\gamma)$ 的前若干项

$\mathbb{D}$	=	a	b	a	a	a	b	a	b	a	b	a	a	a	b	a	$\cdots$
$\mathbb{D}(\alpha, \beta\beta)$	=	α	$\beta\beta$	α	α	α	$\beta\beta$	α	$\beta\beta$	α	$\beta\beta$	α	α	α	$\beta\beta$	α	$\cdots$
$\mathbb{D}(\alpha\beta, \alpha\gamma\alpha\gamma)$	=	$\alpha\beta$	$\alpha\gamma\alpha\gamma$	$\alpha\beta$	$\alpha\beta$	$\alpha\beta$	$\alpha\gamma\alpha\gamma$	$\alpha\beta$	$\alpha\gamma\alpha\gamma$	$\alpha\beta$	$\alpha\gamma\alpha\gamma$	$\alpha\beta$	$\alpha\beta$	$\alpha\beta$	$\alpha\gamma\alpha\gamma$	$\alpha\beta$	$\cdots$

对比包络词的定义，第 2 章实例中的因子 a 和 aa 分别是 E_1^1 和 E_1^2。事实上，这个性质可以推广到所有的包络词。

定理 4.6（包络词的诱导序列）

对于任意 $m \geqslant 1$，Period-doubling 序列中的两类包络词分别对应两种不同的诱导序列。

$$\begin{cases} \mathcal{D}_{E_m^1}(\mathbb{D}) = \mathbb{D}(\alpha, \beta\beta); \\ \mathcal{D}_{E_m^2}(\mathbb{D}) = \mathbb{D}(\alpha\beta, \alpha\gamma\alpha\gamma). \end{cases} \tag{4.6}$$

4.1.4　包络词的诱导序列：证明

要证明定理 4.6，也就是要给出所有包络词的诱导序列。其中有一个很基本的任务：对于任意一个确定的包络词，找出它在序列中每一次出现的位置。我们仍然使用第 3 章中给出的**因子扩张法**（factor extending method）来解决这个问题。具体而言，称因子 u 在序列中的某一次出现可以扩张为因子 ω，如果这次出现的因子 u 前面是 μ 且后面是 ν，也称为该位置上的因子 u 可以扩张为因子 ω。

在 Period-doubling 序列中，当 ω 为包络词时，u 取相应的标准词即可。

下面首先给出 Period-doubling 序列的第 m 阶标准词为 $A_m = \sigma^m(a)$ 的局部结构，再以此为引理证明定理 4.6。

引理 4.7　当 $m \geqslant 0$ 时，

(1) A_m 在 $A_m A_m$ 中恰好出现 2 次；

(2) A_m 在 $A_m B_m A_m$ 中恰好出现 2 次。

证明　当 $m = 0$ 时，上述两项结论显然成立。

假设上述两项结论对于任意给定的 $m \geqslant 0$ 成立，则 $A_{m+1} A_{m+1}$ 和 $A_{m+1} B_{m+1} A_{m+1}$ 中因子 A_m 的所有位置如下：

$$A_{m+1} A_{m+1} = \underbrace{A_m}_{[1]} B_m \underbrace{A_m}_{[2]} B_m,$$

$$A_{m+1} B_{m+1} A_{m+1} = \underbrace{A_m}_{[3]} B_m \underbrace{A_m}_{[4]} \underbrace{A_m}_{[5]} \underbrace{A_m}_{[6]} B_m.$$

其中，只有出现在位置 [1]、[2]、[3]、[6] 的因子 A_m 后面接着 B_m，可以扩张为 $A_{m+1} = A_m B_m$。根据因子扩张法，$A_{m+1} = A_m B_m$ 在 $A_{m+1} A_{m+1}$ 和 $A_{m+1} B_{m+1}$ A_{m+1} 中都恰好出现 2 次。即引理 4.7 对 $m+1$ 成立。

运用数学归纳法，引理 4.7 对于所有 $m \geqslant 0$ 均成立。 $\square$

下面，我们把定理 4.6 改写成如下等价且更为详细的版本，并证明这个详细的版本。

定理 4.8（定理 4.6 的等价且详细版本）

(1) 对于任意 $m \geqslant 1$，Period-doubling 序列的第 1 类包络词的诱导序列为

$$\mathcal{D}_{E_m^1}(\mathbb{D}) = \mathbb{D}(\alpha, \beta\beta)。 \tag{4.7}$$

具体而言：

$$\begin{cases} \alpha = \Lambda_{\mathbb{D}, E_m^1}(R_{\mathbb{D},1}(E_m^1)), & R_{\mathbb{D},1}(E_m^1) = A_m, & |R_{\mathbb{D},1}(E_m^1)| = 2^m; \\ \beta = \Lambda_{\mathbb{D}, E_m^1}(R_{\mathbb{D},2}(E_m^1)), & R_{\mathbb{D},2}(E_m^1) = A_{m-1}, & |R_{\mathbb{D},2}(E_m^1)| = 2^{m-1}。 \end{cases} \tag{4.8}$$

此外，$R_{\mathbb{D},0}(E_m^1) = \mathbb{D}[1, \mathrm{occ}(E_m^1, 1) - 1] = \varepsilon$，$|R_{\mathbb{D},0}(E_m^1)| = 0$。

(2) 对于任意 $m \geqslant 1$，Period-doubling 序列的第 2 类包络词的诱导序列为

$$\mathcal{D}_{E_m^2}(\mathbb{D}) = \mathbb{D}(\alpha\beta, \alpha\gamma\alpha\gamma)。 \tag{4.9}$$

具体而言：

$$\begin{cases} \alpha = \Lambda_{\mathbb{D}, E_m^2}(R_{\mathbb{D},1}(E_m^2)), & R_{\mathbb{D},1}(E_m^2) = A_{m-1}, & |R_{\mathbb{D},1}(E_m^2)| = 2^{m-1}; \\ \beta = \Lambda_{\mathbb{D}, E_m^2}(R_{\mathbb{D},2}(E_m^2)), & R_{\mathbb{D},2}(E_m^2) = A_{m-1} A_m B_{m+1}, & |R_{\mathbb{D},2}(E_m^2)| = 7 \times 2^{m-1}; \\ \gamma = \Lambda_{\mathbb{D}, E_m^2}(R_{\mathbb{D},4}(E_m^2)), & R_{\mathbb{D},4}(E_m^2) = B_m B_{m-1}, & |R_{\mathbb{D},4}(E_m^2)| = 3 \times 2^{m-1}。 \end{cases} \tag{4.10}$$

此外，$R_{\mathbb{D},0}(E_m^2) = \mathbb{D}[1, \mathrm{occ}(E_m^2, 1) - 1] = A_m$，$|R_{\mathbb{D},0}(E_m^2)| = 2^m$。

证明 (1) 根据前述引理可知，A_{m-1} 在序列中前 3 次出现的位置为

$$\underbrace{A_{m-1}}_{[1]} B_{m-1} \underbrace{A_{m-1}}_{[2]} \underbrace{A_{m-1}}_{[3]} A_{m-1} \triangleleft A_{m+2} \triangleleft \mathbb{D}。 \tag{4.11}$$

它们的后面都接着因子 $B_{m-1}\delta_m^{-1} = A_{m-1}\delta_{m-1}^{-1}$。根据因子扩张法，它们都可

以扩张为 $E_m^1 = A_{m-1}B_{m-1}\delta_m^{-1}$。可见，$E_m^1$ 在序列中前 3 次出现的位置为

$$\begin{cases} \mathrm{occ}(E_m^1, 1) = 1, \\ \mathrm{occ}(E_m^1, 2) = 2^m + 1, \\ \mathrm{occ}(E_m^1, 3) = 3 \times 2^{m-1} + 1。 \end{cases} \tag{4.12}$$

根据 $R_{\mathbb{D},0}(E_m^1)$ 和回归词 $R_{\mathbb{D},p}(E_m^1)$ 的定义可知：

$$\begin{cases} R_{\mathbb{D},0}(E_m^1) = \mathbb{D}[1, \mathrm{occ}(E_m^1, 1) - 1] = \mathbb{D}[1, 0] = \varepsilon; \\ R_{\mathbb{D},1}(E_m^1) = \mathbb{D}[\mathrm{occ}(E_m^1, 1), \mathrm{occ}(E_m^1, 2) - 1] = \mathbb{D}[1, 2^m] = A_m; \\ R_{\mathbb{D},2}(E_m^1) = \mathbb{D}[\mathrm{occ}(E_m^1, 2), \mathrm{occ}(E_m^1, 3) - 1] = \mathbb{D}[2^m + 1, 3 \times 2^{m-1}] = A_{m-1}。 \end{cases} \tag{4.13}$$

它们的长度为

$$\begin{cases} |R_{\mathbb{D},0}(E_m^1)| = |\varepsilon| = 0; \\ |R_{\mathbb{D},1}(E_m^1)| = |A_m| = 2^m; \\ |R_{\mathbb{D},2}(E_m^1)| = |A_{m-1}| = 2^{m-1}。 \end{cases} \tag{4.14}$$

由于 Period-doubling 代换是一个**同态**（morphism），故 $\mathbb{D} = \mathbb{D}(A_m, B_m)$。即字符集 $\{A_m, B_m\}$ 上的 Period-doubling 序列 $\mathbb{D}(A_m, B_m)$ 就是 Period-doubling 序列 $\mathbb{D}$ 本身。

对于任意 $m \geqslant 1$，由式 (4.13) 和映射 $\Lambda_{\mathbb{D},\omega}$ 的定义可知：

$$\begin{cases} \Lambda_{\mathbb{D},E_m^1}(A_m) = \Lambda_{\mathbb{D},E_m^1}(R_{\mathbb{D},1}(E_m^1)) = \alpha; \\ \Lambda_{\mathbb{D},E_m^1}(B_m) = \Lambda_{\mathbb{D},E_m^1}(R_{\mathbb{D},2}(E_m^1)R_{\mathbb{D},2}(E_m^1)) = \beta\beta。 \end{cases}$$

因此，Period-doubling 序列的第 m 阶第 1 类包络词 E_m^1 的诱导序列为

$$\mathcal{D}_{E_m^1}(\mathbb{D}) = \{\Lambda_{\mathbb{D},E_m^1}(R_{\mathbb{D},p}(\omega))\}_{p \geqslant 1} = \mathbb{D}(\alpha, \beta\beta)。 \tag{4.15}$$

由此，我们证明了定理 4.8(1)。

(2) 运用类似的方法可以证明定理 4.8(2)，此处从略。 □

4.1.5 任意因子的包络词

如第 2 章所述，包络词是序列中的一类特殊的因子，满足以下条件：序列中的任意因子 ω 都存在唯一的包络词 $\mathrm{Env}(\omega)$，使得因子和包络词相对静止。粗略地讲，因子 ω 及其包络词 $\mathrm{Env}(\omega)$ 在序列中每次出现的位置的局部结构是不变的。

本小节的前面几部分已经构造出了 Period-doubling 序列 $\mathbb{D}$ 的包络词集合，并研究了包络词的诱导序列。本部分则旨在给出因子 ω 的包络词 $\mathrm{Env}(\omega)$ 的定义，即给出序列的因子集 $\Omega_{\mathbb{D}}$ 到包络词集合的多对一映射，并给出包络词 $\mathrm{Env}(\omega)$ 的基本性质。这些性质将用于将包络词的诱导序列结论推广到任意因子。

定义 4.9（包络词的序关系）

对于任意 $m \geqslant 1$ 和 $i, j \in \{1, 2\}$，令 Period-doubling 序列中的所有包络词满足序关系

$$\begin{cases} E_m^1 \sqsubset E_m^2; \\ E_m^i \sqsubset E_{m+1}^j \text{。} \end{cases} \tag{4.16}$$

定义 4.10（因子 ω 的包络词）

对于任意因子 $\omega \prec \mathbb{D}$，我们将

$$\mathrm{Env}(\omega) = \min_{\sqsubset}\{E_m^i \mid \omega \prec E_m^i, \ i = 1, 2, \ m \geqslant 1\} \tag{4.17}$$

称为因子 ω 的包络词。

根据上述定义，每个因子都存在唯一的包络词。

实例 4.11（部分因子的包络词）

根据前述因子包络词的定义以及 Period-doubling 序列中前若干阶包络词的表达式，容易验证因子 bab 和 $aaabab$ 的包络词如下：

$\mathrm{Env}(bab) = a * bab * a = E_2^2$，

$\mathrm{Env}(aaabab) = ab * aaabab * abaaaba = E_4^1$。

上述实例中因子 ω 与它的包络词 $\mathrm{Env}(\omega)$ 的表达式之间的关系，具有一般意义。具体而言，对于任意因子 ω，存在唯一的整数 $j \geqslant 0$、因子 u 和 ν，使得

$$\begin{cases} \omega = \mathrm{Env}(\omega)[j+1, j+|\omega|], \\ \mathrm{Env}(\omega) = u * \omega * \nu, \end{cases} \tag{4.18}$$

其中，$0 \leqslant j \leqslant |\mathrm{Env}(\omega)| - |\omega|$，$|u| = j$，$u \triangleleft \mathrm{Env}(\omega)$ 和 $\nu \triangleright \mathrm{Env}(\omega)$。

事实上，尽管因子 ω 会在序列中多次出现，但上述 ω 和 $\mathrm{Env}(\omega)$ 的位置关系是唯一确定的。也就是说，上式中的 j 仅与因子 ω 有关，与因子第 p 次出现中的位置参数 p 无关。要严谨地表述这一性质，需要先补充 ω_p 的包络词的概念。

如第 3 章中所述，对于 $p, q \geqslant 1$，记号 $\omega_p \prec W_q$ 意味着：

$$
\begin{cases}
\omega \prec W; \\
\mathrm{occ}(W,q) \leqslant \mathrm{occ}(\omega,p) < \mathrm{occ}(\omega,p) + |\omega| - 1 \leqslant \mathrm{occ}(W,q) + |W| - 1.
\end{cases}
$$
$$\tag{4.19}$$

定义 4.12（包络词的序关系）

对于任意 $m,n \geqslant 1$、$i,j \in \{1,2\}$ 和 $p,q \geqslant 1$，若 E_m^i 和 E_n^j 满足序关系 $E_m^i \sqsubset E_n^j$，则 $E_{m,p}^i$ 和 $E_{n,q}^j$ 满足序关系 $E_{m,p}^i \sqsubset E_{n,q}^j$。

定义 4.13（因子 ω_p 的包络词）

对于任意因子 ω_p 满足 $(\omega,p) \in \Omega_{\mathbb{D}} \times \mathbb{N}$，我们将

$$
\mathrm{Env}(\omega_p) = \min_{\sqsubset} \{ E_{m,q}^i \mid \omega_p \prec E_{m,q}^i, \ i = 1,2, \ m,q \geqslant 1 \}
\tag{4.20}
$$

称为因子 ω_p 的包络词。

注记：根据包络词集合 $\{E_m^i \mid i = 1,2, \ m \geqslant 1\}$ 的定义，对于任意 $m \geqslant 1$，

(1) E_m^1 是序列 $\mathbb{D}$ 的前缀；

(2) $|E_m^1| = 2^m - 1$。

因此，对于任意 ω_p，存在足够大的整数 m' 使得 $\omega_p \prec E_{m',1}^1$。可见上述 $\mathrm{Env}(\omega_p)$ 的概念是定义良好的。

4.1.6　$\mathrm{Env}(\omega_p)$ 和 $\mathrm{Env}(\omega)_p$ 的关系：结论

在第 3 章中，我们讨论了 $\mathrm{Ker}(\omega_p)$ 和 $\mathrm{Ker}(\omega)_p$ 的关系。类似地，对于任意固定的因子 ω，它的包络词 $\mathrm{Env}(\omega)$ 也是序列中的一个因子。由于 Period-doubling 序列是一致常返的自相似序列，$\mathrm{Env}(\omega)$ 也会在序列中出现无穷多次。我们将其第 p 次出现记为 $\mathrm{Env}(\omega)_p$。一个很自然的问题是：包络词 $\mathrm{Env}(\omega)$ 的第 p 次出现（记为 $\mathrm{Env}(\omega)_p$）和因子 ω_p 的包络词（记为 $\mathrm{Env}(\omega_p)$）是不是同一个因子？具体而言，它们在序列 $\mathbb{D}$ 中是不是具有相同的位置和相同表达式？答案是肯定的！

定理 4.14（$\mathrm{Env}(\omega_p)$ 和 $\mathrm{Env}(\omega)_p$ 的关系）

对于任意 $(\omega,p) \in \Omega_{\mathbb{D}} \times \mathbb{N}$，有 $\mathrm{Env}(\omega_p) = \mathrm{Env}(\omega)_p$。

定理 4.14在诱导序列的研究中扮演着非常重要的作用。运用 $\mathrm{Env}(\omega_p)$ 和 $\mathrm{Env}(\omega)_p$ 的关系（定理 4.14），我们可以将 Period-doubling 序列的诱导序列的结论从包络词（定理 4.6）推广到任意因子（定理 4.20）。

实例 4.15（$\mathrm{Env}(\omega_p)$ 和 $\mathrm{Env}(\omega)_p$ 的关系）

当 $\omega = baa$ 时，$\mathrm{Env}(\omega) = E_3^1 = abaaaba$，图 4.1 展示了 $\mathrm{Env}(\omega_p)$ 和 $\mathrm{Env}(\omega)_p$ 的关系，其中 $p = 1,2,3,4$。

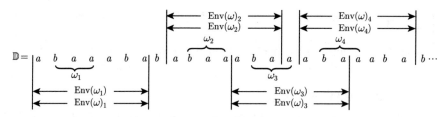

图 4.1　$\mathrm{Env}(\omega_p)$ 和 $\mathrm{Env}(\omega)_p$ 之间的关系，其中 $\omega = baa$，$\mathrm{Env}(\omega) = E_3^1 = abaaaba$

要证明定理 4.14 等价于证明以下差值与参数 p 无关：

$$\mathrm{occ}(\omega, p) - \mathrm{occ}(\mathrm{Env}(\omega), p) = \mathrm{occ}(\omega, 1) - \mathrm{occ}(\mathrm{Env}(\omega), 1) = j。 \qquad (4.21)$$

这里的参数 j 与式 (4.18) 中给出的参数 j 一致。

根据式 (4.18)，对于任意 $p \geqslant 1$，存在整数 $q \geqslant p$ 使得 $\mathrm{occ}(\omega, q) - \mathrm{occ}(\mathrm{Env}(\omega), p) = j$。事实上，如果有一个 $\mathrm{Env}(\omega)$ 出现在位置 L，则必然有一个 ω 出现在位置 $L + j$。为了证明定理 4.14，即证明 $q = p$，我们只需要证明如下的性质 4.16。

性质 4.16

在 Period-doubling 序列中，每一次出现的因子 ω 都满足：它的前面是 u 且后面是 ν。这里 u 和 ν 的定义由式 (4.18) 给出。这意味着，每一次出现的因子 ω 都可以扩张为 $\mathrm{Env}(\omega)$。

我们首先列出包络词 $\mathrm{Env}(\omega)$ 为 E_m^i（$m = 1, 2$）的所有因子。很容易逐一验证定理 4.16 对于 $m = 1, 2$ 成立。

$$\begin{cases} \mathrm{Env}(\omega) = E_1^1 = a & \Longleftrightarrow \omega \in \{a\}, \\ \mathrm{Env}(\omega) = E_1^2 = aa & \Longleftrightarrow \omega \in \{aa\}, \\ \mathrm{Env}(\omega) = E_2^1 = aba & \Longleftrightarrow \omega \in \{aba, ab, ba, b\}, \\ \mathrm{Env}(\omega) = E_2^2 = ababa & \Longleftrightarrow \omega \in \{ababa, abab, baba, bab\}。 \end{cases} \qquad (4.22)$$

4.1.7　$\mathrm{Env}(\omega_p)$ 和 $\mathrm{Env}(\omega)_p$ 的关系：证明

为了对于任意 $m \geqslant 3$ 证明性质 4.16，我们首先给出两个引理。

引理 4.17

令 ω 是 Period-doubling 序列 $\mathbb{D}$ 的一个因子，则：

(1) 若存在整数 $m \geqslant 3$ 使得 $\mathrm{Env}(\omega) = E_m^1$，则 ω 必然包含以下有限词之一（作为因子）：

$$\{\delta_m E_{m-2}^1 \delta_{m-1}, \delta_{m-1} E_{m-2}^1 \delta_{m-1}, \delta_{m-1} E_{m-2}^1 \delta_m\}。 \qquad (4.23)$$

(2) 若存在整数 $m \geqslant 3$ 使得 $\mathrm{Env}(\omega) = E_m^2$，则有 $\delta_{m-1} E_{m-1}^1 \delta_{m-1} \prec \omega$。

证明 (1) 根据因子 ω 的包络词的定义（定义 4.11），ω 的包络词 $\mathrm{Env}(\omega)$ 是包含 ω 的最小的包络词 E_m^i。可见，如果 $\mathrm{Env}(\omega) = E_m^1$，则 ω 不可能是 E_{m-1}^1 或 E_{m-2}^2 的因子。

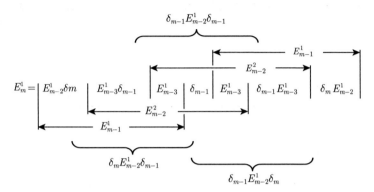

图 4.2 Period-doubling 序列的包络词 E_m^1 的精细结构

根据图 4.2，ω 有三种可能性：

$$
\begin{cases}
\omega \succ \delta_m E_{m-3}^1 \delta_{m-1} E_{m-3}^1 \delta_{m-1} = \delta_m E_{m-2}^1 \delta_{m-1}; \\
\omega \succ \delta_{m-1} E_{m-3}^1 \delta_{m-1} E_{m-3}^1 \delta_{m-1} = \delta_{m-1} E_{m-2}^1 \delta_{m-1}; \\
\omega \succ \delta_{m-1} E_{m-3}^1 \delta_{m-1} E_{m-3}^1 \delta_m = \delta_{m-1} E_{m-2}^1 \delta_m。
\end{cases}
\tag{4.24}
$$

由此，引理 4.17(1) 得证。

(2) 类似地，如果 $\mathrm{Env}(\omega) = E_m^2$，则 ω 不可能是 E_m^1 的因子。

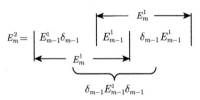

图 4.3 Period-doubling 序列的包络词 E_m^2 的精细结构

根据图 4.3，必有

$$
\omega \succ \delta_{m-1} E_{m-1}^1 \delta_{m-1}。
\tag{4.25}
$$

由此，引理 4.17(2) 得证。 $\qquad\square$

引理 4.18

Period-doubling 序列中的任意因子 ω 在它的包络词中 $\mathrm{Env}(\omega)$ 恰好出现一次。因此，对于任意因子 ω，存在唯一的整数 j 使得 $\omega = \mathrm{Env}(\omega)[j+1, j+|\omega|]$。

证明　容易验证这个结论对于 $m = 1, 2$ 成立。对于任意 $m \geqslant 3$，首先考虑 $\mathrm{Env}(\omega) = E_m^1$ 的情况。根据引理 4.7，我们可以如下标出 A_{m-3} 在 E_m^1 中每一次出现的位置：

$$E_m^1 = A_m \delta_m^{-1}$$

$$= \underbrace{A_{m-3}}_{[1]} B_{m-3} \underbrace{A_{m-3}}_{[2]} \underbrace{A_{m-3}}_{[3]} \underbrace{A_{m-3}}_{[4]} B_{m-3} \underbrace{A_{m-3}}_{[5]} B_{m-3} \delta_m^{-1}。 \tag{4.26}$$

根据包络词的定义，

$$E_{m-2}^1 = A_{m-2} \delta_m^{-1} = A_{m-3} B_{m-3} \delta_m^{-1}。 \tag{4.27}$$

进一步地，A_{m-3} 和 B_{m-3} 的最后一个字符分别是 δ_{m-1} 和 δ_m。

根据因子扩张法，

$$\begin{cases} \text{仅位置 } [2] \text{ 的} A_{m-3}\text{可以扩张为} \delta_m E_{m-2}^1 \delta_{m-1} = \delta_m A_{m-3} A_{m-3}; \\ \text{仅位置 } [3] \text{ 的} A_{m-3}\text{可以扩张为} \delta_{m-1} E_{m-2}^1 \delta_{m-1} = \delta_{m-1} A_{m-3} A_{m-3}; \\ \text{仅位置 } [4] \text{ 的} A_{m-3}\text{可以扩张为} \delta_{m-1} E_{m-2}^1 \delta_m = \delta_{m-1} A_{m-3} B_{m-3}。 \end{cases} \tag{4.28}$$

可见，因子 $\delta_m E_{m-2}^1 \delta_{m-1}$、$\delta_{m-1} E_{m-2}^1 \delta_{m-1}$ 和 $\delta_{m-1} E_{m-2}^1 \delta_m$ 都仅能在 E_m^1 中出现一次。

根据引理 4.17(1)，因子 ω 必须包含前述三个特殊有限词中的一个。以 ω 包含有限词 $\delta_m E_{m-2}^1 \delta_{m-1} \prec \omega$ 为例。若本引理中的结论不成立，即 ω 在 E_m^1 中至少出现两次，则有限词 $\delta_m E_{m-2}^1 \delta_{m-1}$ 也必然在 E_m^1 中至少出现两次。与上一段的结论矛盾。可见，在这种情况下，ω 在 E_m^1 中只能出现一次。

运用类似的分析方法，可知本引理中结论的其他几种情况也成立。　　□

根据前述两个引理，要对于任意 $m \geqslant 3$ 证明性质 4.16，我们只需要证明下述性质。

性质 4.19　对于任意 $m \geqslant 3$，

(1) 在 Period-doubling 序列中，每一次出现的有限词

$$\delta_m E_{m-2}^1 \delta_{m-1}、\ \delta_{m-1} E_{m-2}^1 \delta_{m-1}、\ \delta_{m-1} E_{m-2}^1 \delta_m \tag{4.29}$$

都可以扩张为 E_m^1；

(2) 在 Period-doubling 序列中，每一次出现的有限词 $\delta_{m-1}E_{m-1}^1\delta_{m-1}$ 都可以扩张为 E_m^2。

证明　(1) 我们首先根据包络词的诱导序列性质（定理 4.8）确定在 Period-doubling 序列中每一次出现 E_{m-2}^1 的位置。具体而言，

$$\mathcal{D}_{E_{m-2}^1}(\mathbb{D}) = \mathbb{D}(\alpha, \beta\beta), \tag{4.30}$$

其中，

$$\begin{cases} \Theta_{\mathbb{D},E_{m-2}^1}(\alpha) = R_{\mathbb{D},1}(E_{m-2}^1) = A_{m-2} = E_{m-2}^1\delta_m; \\ \Theta_{\mathbb{D},E_{m-2}^1}(\beta) = R_{\mathbb{D},2}(E_{m-2}^1) = A_{m-3} = E_{m-2}^1\delta_m B_{m-3}^{-1}。 \end{cases} \tag{4.31}$$

由此可见，在"$\mathbb{D}$ 中每一次出现的 E_{m-2}^1"和"$\mathbb{D}(\alpha, \beta\beta)$ 中每一个字符"之间存在 1-1 映射。

显然，$\alpha\beta\alpha \nprec \mathbb{D}(\alpha, \beta\beta)$。又由于 $bb \nprec \mathbb{D}$，所以 $\beta\beta\beta \nprec \mathbb{D}(\alpha, \beta\beta)$。根据这两个基本信息，在 $\mathbb{D}(\alpha, \beta\beta)$ 序列中，每一次出现的字符"α"向前向后扩张的结果仅有以下 5 种：

$$\begin{cases} \underline{\alpha}\beta\beta * v, \\ u * \alpha\beta\beta\underline{\alpha}\alpha * v, \\ u * \alpha\beta\beta\underline{\alpha}\beta\beta * v, \\ u * \alpha\underline{\alpha}\beta\beta * v, \\ u * \alpha\underline{\alpha}\alpha * v。 \end{cases} \tag{4.32}$$

式 (4.32) 有 3 个需要注意的问题：(i) 为了避免混淆，我们将最初用于扩张的这个字符"α"标上下画线。(ii) 这里的 u 和 v 表示因子，可见上述每一种情况对应一类扩张结果。但在后续的分析中，只有我们明确表示出来的这少数几个字符才有作用。因此，在后续的分析中，我们省略扩张结果中的 u 和 v。(iii) 第一种扩张结果"$\underline{\alpha}\beta\beta * v$"中的"$\alpha$"专指 $\mathbb{D}(\alpha, \beta\beta)$ 序列中的第 1 个字符。

在 $\mathbb{D}(\alpha, \beta\beta)$ 序列中，每一次出现的字符"β"向前向后扩张的结果仅有以下 4 种：

$$\begin{cases} \alpha\underline{\beta}\beta\alpha\alpha * v, \\ u * \alpha\underline{\beta}\beta\alpha\beta\beta * v, \\ u * \alpha\beta\underline{\beta}\alpha\alpha * v, \\ u * \alpha\beta\underline{\beta}\alpha\beta\beta * v。 \end{cases} \tag{4.33}$$

式 (4.33) 的 3 个需要注意的问题与前文非常类似，不再赘述。特别地，第一种扩张结果 "$\alpha\underline{\beta}\beta\alpha\alpha * v$" 中的 "$\underline{\beta}$" 专指 $\mathbb{D}(\alpha, \beta\beta)$ 序列中的第 2 个字符。

如前所述，利用包络词 E^1_{m-2} 的诱导序列可以建立 "$\mathbb{D}$ 中每一次出现的 E^1_{m-2}" 和 "$\mathbb{D}(\alpha, \beta\beta)$ 中每一个字符" 之间的 1-1 映射。可见上述字符 α 或 β 在 $\mathbb{D}(\alpha, \beta\beta)$ 中的 9 种扩张情况对应了包络词 E^1_{m-2} 在 Period-doubling 序列中的 9 种扩张情况。

下面仅以 $\underline{\alpha}\beta\beta$ 和 $\alpha\beta\beta\underline{\alpha}\alpha$ 为例进行分析，其他情况分析方法类似。

(a) $\Theta_{\mathbb{D}, E^1_{m-2}}(\underline{\alpha}\beta\beta) = \underline{E^1_{m-2}}\delta_m A_{m-3}A_{m-3}$。因此，在这个位置出现的 E^1_{m-2} 不能扩张为 $\delta_m \underline{E^1_{m-2}}\delta_{m-1}$、$\delta_{m-1}\underline{E^1_{m-2}}\delta_{m-1}$ 或 $\delta_{m-1}\underline{E^1_{m-2}}\delta_m$ 中的任何一个。

(b) $\Theta_{\mathbb{D}, E^1_{m-2}}(\alpha\beta\beta\underline{\alpha}\alpha) = A_{m-2}A_{m-3}A_{m-3}\underline{E^1_{m-2}}\delta_m A_{m-2}$。由于 $\delta_{m-1} \triangleright A_{m-3}$，故这个位置出现的 E^1_{m-2} 可以扩张为 $\delta_{m-1}\underline{E^1_{m-2}\delta_m}$，而且它还可以进一步地扩张为

$$E^1_m = A_{m-1}\underline{E^1_{m-2}\delta_m}A_{m-2}\delta^m_m。 \tag{4.34}$$

(c) 在其他 7 种情况中，出现在相应位置的 E^1_{m-2} 都可以扩张为以下三个有限词之一：

$$\delta_m E^1_{m-2}\delta_{m-1}、\quad \delta_{m-1}E^1_{m-2}\delta_{m-1}、\quad \delta_{m-1}E^1_{m-2}\delta_m。 \tag{4.35}$$

并且还可以进一步地扩张为 E^1_m。

一方面，前述 9 种情况给出了包络词 E^1_{m-2} 在 Period-doubling 序列中所有可能的局部结构。除了第 1 种情况之外，所有情况都可以扩张为 E^1_m。另一方面，每一次出现的有限词 $\delta_m E^1_{m-2}\delta_{m-1}$ 都包含 E^1_{m-2}，而且显然不会是前述第 1 种情况，因为第 1 种情况中的 E^1_{m-2} 是 Period-doubling 序列的前缀。

综合这两个方面可知，每一次出现的有限词 $\delta_m E^1_{m-2}\delta_{m-1}$ 都可以扩张为 E^1_m。运用类似的分析可知，每一次出现的有限词 $\delta_{m-1}E^1_{m-2}\delta_{m-1}$ 和 $\delta_{m-1}E^1_{m-2}\delta_m$ 也都可以扩张为 E^1_m。

(2) 运用类似的方法可以证明结论 (2)，此处从略。 □

综上，我们就证明了**定理 4.14**：对于任意 $(\omega, p) \in \Omega_{\mathbb{D}} \times \mathbb{N}$，有 $\text{Env}(\omega_p) = \text{Env}(\omega)_p$。

4.1.8　任意因子的诱导序列

下面，我们将运用定理 4.14，将 Period-doubling 序列的诱导序列的结论从包络词（定理 4.6）推广到任意因子（定理 4.20）。

定理 4.20（任意因子的诱导序列）

对于任意因子 $\omega \prec \mathbb{D}$，有

(1) 若存在整数 $m \geqslant 1$ 使得 $\mathrm{Env}(\omega) = E_m^1$，则诱导序列 $\mathcal{D}_\omega(\mathbb{D}) = \mathbb{D}(\alpha, \beta\beta)$；

(2) 若存在整数 $m \geqslant 1$ 使得 $\mathrm{Env}(\omega) = E_m^2$，则诱导序列 $\mathcal{D}_\omega(\mathbb{D}) = \mathbb{D}(\alpha\beta, \alpha\gamma\alpha\gamma)$。

在本部分中，我们使用简化记号 W 表示 $\mathrm{Env}(\omega)$。对于任意 $p \geqslant 1$，

$$\begin{cases} \omega\text{的第}p\text{个回归词为} \\ R_{\mathbb{D},p}(\omega) = \mathbb{D}[\mathrm{occ}(\omega,p), \mathrm{occ}(\omega,p+1)-1]; \\ \mathrm{Env}(\omega) = W\text{的第}p\text{个回归词为} \\ \qquad R_{\mathbb{D},p}(W) = \mathbb{D}[\mathrm{occ}(W,p), \mathrm{occ}(W,p+1)-1]。 \end{cases} \tag{4.36}$$

令 $\omega \prec \mathbb{D}$ 的表达式符合式 (4.18)。具体而言，存在唯一的整数 $j \geqslant 0$、因子 u 和 ν，使得

$$\begin{cases} \omega = \mathrm{Env}(\omega)[j+1, j+|\omega|], \\ \mathrm{Env}(\omega) = u * \omega * \nu, \end{cases} \tag{4.37}$$

其中，$0 \leqslant j \leqslant |\mathrm{Env}(\omega)| - |\omega|$，$|u| = j$，$u \lhd \mathrm{Env}(\omega)$ 和 $\nu \rhd \mathrm{Env}(\omega)$。

如图 4.4 所示，若存在某个 $p \geqslant 1$ 使得 $|R_{\mathbb{D},p}(W)| \leqslant |u|$，则 ω_p 和 ω_{p+1} 都包含于 W_{p+1} 之中，这与引理 4.18 矛盾。所以，我们可以断言：对于任意 $p \geqslant 1$，均有 $|R_{\mathbb{D},p}(W)| > |u| = j$。这意味着：**对于任意 $p \geqslant 1$，均有 $u \lhd R_{\mathbb{D},p}(W)$。**

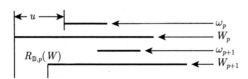

图 4.4　若存在某个 $p \geqslant 1$ 使得 $|R_{\mathbb{D},p}(W)| \leqslant |u|$，则必然引发矛盾

根据定理 4.14，对于任意 $p \geqslant 1$ 都有 $\mathrm{occ}(\omega,p) - \mathrm{occ}(W,p) = j$。因此，

$$R_{\mathbb{D},p}(\omega) = \mathbb{D}[\mathrm{occ}(\omega,p), \mathrm{occ}(\omega,p+1)-1]$$

$$= \mathbb{D}[\mathrm{occ}(W,p)+j, \mathrm{occ}(W,p+1)+j-1] = u^{-1} R_{\mathbb{D},p}(W) u。 \tag{4.38}$$

式 (4.38) 的直接推论是：对于任意 $p \geqslant 1$，

$$\mathrm{occ}(\omega, p+1) - \mathrm{occ}(\omega, p) = |R_{\mathbb{D},p}(\omega)| = |R_{\mathbb{D},p}(W)|。 \tag{4.39}$$

实例 4.21

图 4.5 给出了一个实例，其中 $\omega = baa$，$W = \text{Env}(\omega) = abaaaba$，$j = 1$ 且 $u = a$。

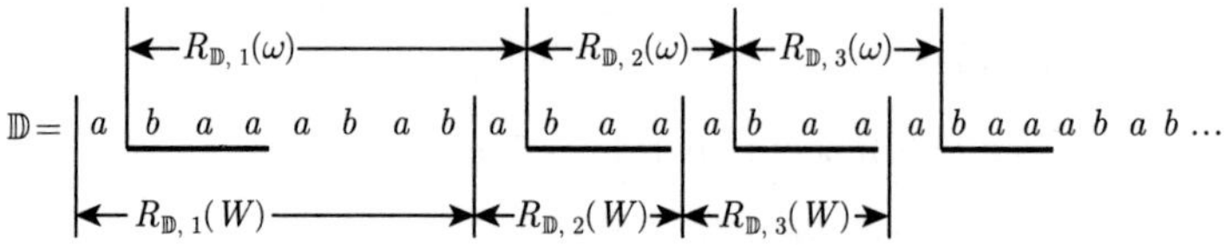

图 4.5　因子 $\omega = baa$ 和它的包络词 $W = \text{Env}(\omega) = abaaaba$ 的前几个回归词的位置关系

类似地，对于 $p = 0$，

$$
\begin{cases}
\omega\text{第1次出现前、序列的前缀为} \\
R_{\mathbb{D},0}(\omega) = \mathbb{D}[1, \text{occ}(\omega, 1) - 1]; \\
\text{Env}(\omega) = W\text{第1次出现前、序列的前缀为} \\
\qquad R_{\mathbb{D},0}(W) = \mathbb{D}[1, \text{occ}(W, 1) - 1]。
\end{cases}
\tag{4.40}
$$

因此，

$$
R_{\mathbb{D},0}(\omega) = R_{\mathbb{D},0}(W) \cdot R_{\mathbb{D},1}(W)[1, j] = R_{\mathbb{D},0}(W)u。
\tag{4.41}
$$

定理 4.20 的证明　根据式 (4.38) 和式 (4.41)，可知：

$$
\begin{aligned}
\mathbb{D} &= R_{\mathbb{D},0}(W) * R_{\mathbb{D},1}(W) * R_{\mathbb{D},2}(W) \cdots R_{\mathbb{D},p}(W) \cdots \\
&= R_{\mathbb{D},0}(W)u * u^{-1}R_{\mathbb{D},1}(W)u * u^{-1}R_{\mathbb{D},2}(W)u \cdots u^{-1}R_{\mathbb{D},p}(W)u \cdots \\
&= R_{\mathbb{D},0}(\omega) * R_{\mathbb{D},1}(\omega) * R_{\mathbb{D},2}(\omega) \cdots R_{\mathbb{D},p}(\omega) \cdots。
\end{aligned}
\tag{4.42}
$$

由于有限词 u 的表达式仅与因子 ω 有关，故对于任意 $p \neq q$ 有

$$
R_{\mathbb{D},p}(\omega) \overset{\text{表达式}}{\equiv} R_{\mathbb{D},q}(\omega) \iff R_{\mathbb{D},p}(W) \overset{\text{表达式}}{\equiv} R_{\mathbb{D},q}(W)。
\tag{4.43}
$$

根据诱导序列的定义以及映射 $\Lambda_{\mathbb{D},\omega}$ 的定义，有 $\mathcal{D}_\omega(\mathbb{D}) = \mathcal{D}_W(\mathbb{D})$。由此，我们证明了本定理的结论。即，我们成功地将 Period-doubling 序列的诱导序列的结论从包络词（定理 4.6）推广到任意因子（定理 4.20）。　□

与定理 4.6 类似，定理 4.20 也存在详细版本。

定理 4.22（定理 4.20 的等价且详细版本）

对于任意因子 $\omega \prec \mathbb{D}$，若它的表达式符合式 (4.18)，则有如下结论。

(1) 若存在整数 $m \geqslant 1$ 使得 $\mathrm{Env}(\omega) = E_m^1$，则 $\mathrm{Env}(\omega) = u * \omega * \nu$。其中：

$$u = \mathbb{D}[1, \mathrm{occ}(\omega, 1) - 1];\tag{4.44}$$

因子 ω 的诱导序列为

$$\mathcal{D}_\omega(\mathbb{D}) = \mathbb{D}(\alpha, \beta\beta)。\tag{4.45}$$

具体而言，

$$\begin{cases} \alpha = \Lambda_{\mathbb{D},\omega}(R_{\mathbb{D},1}(\omega)), & R_{\mathbb{D},1}(\omega) = u^{-1}A_m u, & |R_{\mathbb{D},1}(\omega)| = 2^m; \\ \beta = \Lambda_{\mathbb{D},\omega}(R_{\mathbb{D},2}(\omega)), & R_{\mathbb{D},2}(\omega) = u^{-1}A_{m-1}u, & |R_{\mathbb{D},2}(\omega)| = 2^{m-1}。 \end{cases}\tag{4.46}$$

此外，$R_{\mathbb{D},0}(\omega) = u$，$|R_{\mathbb{D},0}(\omega)| = |u| = j$。

(2) 若存在整数 $m \geqslant 1$ 使得 $\mathrm{Env}(\omega) = E_m^2$，则 $\mathrm{Env}(\omega) = u * \omega * \nu$。其中：

$$u = \mathbb{D}[2^m + 1, \mathrm{occ}(\omega, 1) - 1];\tag{4.47}$$

因子 ω 的诱导序列为

$$\mathcal{D}_\omega(\mathbb{D}) = \mathbb{D}(\alpha\beta, \alpha\gamma\alpha\gamma)。\tag{4.48}$$

具体而言，

$$\begin{cases} \alpha = \Lambda_{\mathbb{D},\omega}(R_{\mathbb{D},1}(\omega)), & R_{\mathbb{D},1}(\omega) = u^{-1}A_{m-1}u, & |R_{\mathbb{D},1}(\omega)| = 2^{m-1}; \\ \beta = \Lambda_{\mathbb{D},\omega}(R_{\mathbb{D},2}(\omega)), & R_{\mathbb{D},2}(\omega) = u^{-1}A_{m-1}A_m B_{m+1}u, & |R_{\mathbb{D},2}(\omega)| = 7 \times 2^{m-1}; \\ \gamma = \Lambda_{\mathbb{D},\omega}(R_{\mathbb{D},4}(\omega)), & R_{\mathbb{D},4}(\omega) = u^{-1}B_m B_{m-1}u, & |R_{\mathbb{D},4}(\omega)| = 3 \times 2^{m-1}。 \end{cases}\tag{4.49}$$

此外，$R_{\mathbb{D},0}(\omega) = \mathbb{D}[1, (\omega)_1 - 1] = A_m * u$，$|R_{\mathbb{D},0}(\omega)| = 2^m + j$。

运用上述定理，我们可以很容易地得到在 Period-doubling 序列 $\mathbb{D}$ 中，因子 ω 每一次出现的位置 $\mathrm{occ}(\omega, p)$。

性质 4.23（因子 ω 每一次出现的位置）

(1) 若存在整数 $m \geqslant 1$ 使得 $\mathrm{Env}(\omega) = E_m^1$，

$$\mathrm{occ}(\omega, p) = |\mathbb{D}(\alpha, \beta\beta)[1, p-1]|_\alpha \times 2^{m-1}$$

$$+ (p-1) \times 2^{m-1} + j + 1。\tag{4.50}$$

(2) 若存在整数 $m \geqslant 1$ 使得 $\operatorname{Env}(\omega) = E_m^2$，

$$\operatorname{occ}(\omega, p) = |\mathbb{D}(\alpha\beta, \alpha\gamma\alpha\gamma)[1, p-1]|_\beta \times 2^{m+1}$$

$$+ \left(3p - 2\left\lfloor \frac{p}{2} \right\rfloor - 1\right) \times 2^{m-1} + j + 1。 \tag{4.51}$$

证明　(1) 若存在整数 $m \geqslant 1$ 使得 $\operatorname{Env}(\omega) = E_m^1$，则

$$\operatorname{occ}(\omega, p) = |R_{\mathbb{D},0}(\omega)| + |\mathbb{D}(\alpha, \beta\beta)[1, p-1]|_\alpha \times |R_{\mathbb{D},1}(\omega)|$$

$$+ |\mathbb{D}(\alpha, \beta\beta)[1, p-1]|_\beta \times |R_{\mathbb{D},2}(\omega)| + 1$$

$$= j + |\mathbb{D}(\alpha, \beta\beta)[1, p-1]|_\alpha \times 2^m + |\mathbb{D}(\alpha, \beta\beta)[1, p-1]|_\beta \times 2^{m-1} + 1$$

$$= |\mathbb{D}(\alpha, \beta\beta)[1, p-1]|_\alpha \times 2^{m-1} + (p-1) \times 2^{m-1} + j + 1。$$

其中：(i) $\mathbb{D}(\alpha, \beta\beta)[1, p-1]$ 是序列 $\mathbb{D}(\alpha, \beta\beta)$ 中长度为 $p-1$ 的前缀；(ii) $|\mathbb{D}(\alpha, \beta\beta)$ $[1, p-1]|_\alpha$ 是有限词 $\mathbb{D}(\alpha, \beta\beta)[1, p-1]$ 中字符 α 的个数；(iii) 第二个等式成立的依据是前面证明的定理；(iv) 第三个等式成立的依据是

$$|\mathbb{D}(\alpha, \beta\beta)[1, p-1]|_\alpha + |\mathbb{D}(\alpha, \beta\beta)[1, p-1]|_\beta = p - 1。 \tag{4.52}$$

(2) 运用类似的方法，我们可以得到 $\operatorname{Env}(\omega) = E_m^2$ 情况下的结论。　□

实例 4.24

取 $\omega = b$、$\operatorname{Env}(b) = E_2^1$ 为例。由上述 $\operatorname{occ}(\omega, p)$ 表达式可知：

$$\{\operatorname{occ}(b, p) \mid p \geqslant 1\} = \{2, 6, 8, 10, 14, 18, 22, 24, \cdots\}。 \tag{4.53}$$

我们可以用下面的序列表达式来验证上述结论：

$$\mathbb{D} = \underset{2}{\underline{a\ b}}\ \underset{6}{\underline{aaa}}\ \underset{8}{\underline{b\ a}}\ \underset{10}{\underline{b\ a}}\ \underset{14}{\underline{b\ \ aaa}}\ \underset{18}{\underline{b\ \ aaa}}\ \underset{22}{\underline{b\ \ aaa}}\ \underset{24}{\underline{b\ a}}\ b\ a \cdots \tag{4.54}$$

4.2　Period-doubling 序列诱导序列的自反性

在第 3 章中，我们研究了 Fibonacci 序列 $\mathbb{F}$ 和 Tribonacci 序列 $\mathbb{T}$ 的诱导序列。简单地说：

(1) Fibonacci 序列 $\mathbb{F}$ 中任意因子 ω 的诱导序列都是 Fibonacci 序列；

(2) Tribonacci 序列 $\mathbb{T}$ 中任意因子 ω 的诱导序列都是 Tribonacci 序列。

如果我们把"**提取诱导序列**"视为一种运算的话，Fibonacci 序列和 Tribonacci 序列都是这种运算下的**不动点**。

在本章前面部分，我们研究了 Period-doubling 序列 $\mathbb{D}$ 的诱导序列。粗略地讲，Period-doubling 序列的所有因子根据其包络词的类型分为两类，分别对应如下两种不同的诱导序列之一：

$$\mathcal{D}_\omega(\mathbb{D}) = \mathbb{D}(\alpha, \beta\beta) \text{ 和 } \mathcal{D}_\omega(\mathbb{D}) = \mathbb{D}(\alpha\beta, \alpha\gamma\alpha\gamma)。 \tag{4.55}$$

从这个角度看，Period-doubling 序列不是"提取诱导序列"运算下的不动点。

不过，我们还是尝试将"提取诱导序列"运算作用在 Period-doubling 序列的诱导序列上。继而得到另一个有趣且简洁的性质，称为**自反性**（reflexivity）。粗略地讲：将诱导序列 $\mathbb{D}(\alpha, \beta\beta)$（或 $\mathbb{D}(\alpha\beta, \alpha\gamma\alpha\gamma)$）视为新的原序列，再次针对任意因子生成诱导序列，则新的诱导序列也是 $\mathbb{D}(\alpha, \beta\beta)$ 或 $\mathbb{D}(\alpha\beta, \alpha\gamma\alpha\gamma)$ 之一。进一步地，前述 Fibonacci 序列和 Tribonacci 序列的"不动点性质"可以粗略地视为自反性的退化形式。

下面，我们首先给出诱导序列 $\mathbb{D}(\alpha, \beta\beta)$ 和 $\mathbb{D}(\alpha\beta, \alpha\gamma\alpha\gamma)$ 的等价定义；接下来给出几个简单的实例和图示，直观地展示什么是自反性；然后定义诱导序列的包络词集合；最后以性质的形式给出自反性的结论。

4.2.1　诱导序列的等价定义

定义三个字符集：$\mathcal{A} = \{a, b\}$、$\mathcal{B} = \{\alpha, \beta\}$、$\mathcal{C} = \{\alpha, \beta, \gamma\}$。

映射 $\tau_1 : \mathcal{A} \to \mathcal{B}$ 定义为：$\tau_1(a) = \alpha$、$\tau_1(b) = \beta\beta$。

映射 $\tau_2 : \mathcal{A} \to \mathcal{C}$ 定义为：$\tau_2(a) = \alpha\beta$、$\tau_2(b) = \alpha\gamma\alpha\gamma$。

显然，诱导序列 $\mathbb{D}(\alpha, \beta\beta) = \tau_1(\mathbb{D})$、诱导序列 $\mathbb{D}(\alpha\beta, \alpha\gamma\alpha\gamma) = \tau_2(\mathbb{D})$。

4.2.2　自反性的实例

首先，将诱导序列 $\mathbb{D}(\alpha, \beta\beta)$ 视为新的原序列，分别基于因子 α 和 β 生成诱导序列。

实例 4.25（诱导序列 $\mathbb{D}(\alpha, \beta\beta)$ 的两种诱导序列）

(1) 诱导序列 $\mathbb{D}(\alpha, \beta\beta)$ 中 $\omega = \alpha$ 的诱导序列

$$\mathbb{D}(\alpha, \beta\beta) = \underbrace{\alpha\beta\beta}_{A} * \underbrace{\alpha}_{B} \underbrace{\alpha}_{B} * \underbrace{\alpha\beta\beta}_{A} * \underbrace{\alpha\beta\beta}_{A}$$

$$\underbrace{\alpha\beta\beta}_{A} * \underbrace{\alpha}_{B} \underbrace{\alpha}_{B} * \underbrace{\alpha\beta\beta}_{A} * \underbrace{\alpha}_{B} \underbrace{\alpha}_{B} *$$

$$\underbrace{\alpha\beta\beta}_{A} * \underbrace{\alpha}_{B} \underbrace{\alpha}_{B} * \underbrace{\alpha\beta\beta}_{A} * \underbrace{\alpha\beta\beta}_{A} *$$

$$\underbrace{\alpha\beta\beta}_{A} * \underbrace{\alpha}_{B} \underbrace{\alpha}_{B} * \underbrace{\alpha\beta\beta}_{A} * \underbrace{\alpha\beta\beta}_{A} \cdots 。 \tag{4.56}$$

容易看出，诱导序列 $\mathbb{D}(\alpha, \beta\beta)$ 中 $\omega = \alpha$ 的诱导序列 $\{R_p(\omega)\}_{p \geqslant 1}$ 是字符集

$$\{R_1(\omega), R_2(\omega)\} = \{\alpha\beta\beta, \alpha\} := \{A, B\} \tag{4.57}$$

上的 $\mathbb{D}(A, BB)$ 序列。

(2) 诱导序列 $\mathbb{D}(\alpha, \beta\beta)$ 中 $\omega = \beta$ 的诱导序列

$$\mathbb{D}(\alpha, \beta\beta) = \alpha * \underbrace{\beta}_{A} \underbrace{\beta\alpha\alpha}_{B} * \underbrace{\beta}_{A} \underbrace{\beta\alpha}_{C} \underbrace{\beta}_{A} \underbrace{\beta\alpha}_{C} *$$

$$\underbrace{\beta}_{A} \underbrace{\beta\alpha\alpha}_{B} * \underbrace{\beta}_{A} \underbrace{\beta\alpha\alpha}_{B} *$$

$$\underbrace{\beta}_{A} \underbrace{\beta\alpha\alpha}_{B} * \underbrace{\beta}_{A} \underbrace{\beta\alpha}_{C} \underbrace{\beta}_{A} \underbrace{\beta\alpha}_{C} *$$

$$\underbrace{\beta}_{A} \underbrace{\beta\alpha\alpha}_{B} * \underbrace{\beta}_{A} \underbrace{\beta\alpha}_{C} \underbrace{\beta}_{A} \underbrace{\beta\alpha}_{C} \cdots 。 \tag{4.58}$$

容易看出，诱导序列 $\mathbb{D}(\alpha, \beta\beta)$ 中 $\omega = \beta$ 的诱导序列 $\{R_p(\omega)\}_{p \geqslant 1}$ 是字符集

$$\{R_1(\omega), R_2(\omega), R_4(\omega)\} = \{\beta, \beta\alpha\alpha, \beta\alpha\} := \{A, B, C\} \tag{4.59}$$

上的 $\mathbb{D}(AB, ACAC)$ 序列。

事实上，上述基于因子 $\omega = \alpha$ 和 $\omega = \beta$ 生成的诱导序列具有很好的代表性。具体而言，将诱导序列 $\mathbb{D}(\alpha, \beta\beta)$ 视为新的原序列，再次针对任意因子生成诱导序列，则新的诱导序列也是 $\mathbb{D}(\alpha, \beta\beta)$ 或 $\mathbb{D}(\alpha\beta, \alpha\gamma\alpha\gamma)$ 之一。

注记: 序列 $\mathbb{D}(\alpha, \beta\beta)$ 和 $\mathbb{D}(A, BB)$ 仅仅是字符集的区别，它们是相同的序列。

接下来，将诱导序列 $\mathbb{D}(\alpha\beta, \alpha\gamma\alpha\gamma)$ 视为新的原序列，分别基于因子 α 和 $\alpha\gamma\alpha$ 生成诱导序列。与前面的分析类似，基于因子 α 和 $\alpha\gamma\alpha$ 生成的诱导序列具有很好的代表性。具体而言，将诱导序列 $\mathbb{D}(\alpha\beta, \alpha\gamma\alpha\gamma)$ 视为新的原序列，再次针对任意因子生成诱导序列，则新的诱导序列也是 $\mathbb{D}(\alpha, \beta\beta)$ 或 $\mathbb{D}(\alpha\beta, \alpha\gamma\alpha\gamma)$ 之一。

实例 4.26（诱导序列 $\mathbb{D}(\alpha\beta, \alpha\gamma\alpha\gamma)$ 的两种诱导序列）

(1) 诱导序列 $\mathbb{D}(\alpha\beta, \alpha\gamma\alpha\gamma)$ 中 $\omega = \alpha$ 的诱导序列

$$\mathbb{D}(\alpha\beta, \alpha\gamma\alpha\gamma) = \underbrace{\alpha\beta}_{A} * \underbrace{\alpha\gamma}_{B} \underbrace{\alpha\gamma}_{B} * \underbrace{\alpha\beta}_{A} * \underbrace{\alpha\beta}_{A} *$$

$$\underbrace{\alpha\beta}_{A} * \underbrace{\alpha\gamma}_{B}\ \underbrace{\alpha\gamma}_{B} * \underbrace{\alpha\beta}_{A} * \underbrace{\alpha\gamma}_{B}\ \underbrace{\alpha\gamma}_{B} *$$

$$\underbrace{\alpha\beta}_{A} * \underbrace{\alpha\gamma}_{B}\ \underbrace{\alpha\gamma}_{B} * \underbrace{\alpha\beta}_{A} * \underbrace{\alpha\beta}_{A} *$$

$$\underbrace{\alpha\beta}_{A} * \underbrace{\alpha\gamma}_{B}\ \underbrace{\alpha\gamma}_{B} * \underbrace{\alpha\beta}_{A} * \underbrace{\alpha\beta}_{A} \cdots 。 \tag{4.60}$$

容易看出，诱导序列 $\mathbb{D}(\alpha\beta,\alpha\gamma\alpha\gamma)$ 中 $\omega = \alpha$ 的诱导序列 $\{R_p(\omega)\}_{p\geqslant 1}$ 是字符集

$$\{R_1(\omega), R_2(\omega)\} = \{\alpha\beta, \alpha\gamma\} := \{A, B\} \tag{4.61}$$

上的 $\mathbb{D}(A, BB)$ 序列。

(2) 诱导序列 $\mathbb{D}(\alpha\beta,\alpha\gamma\alpha\gamma)$ 中 $\omega = \alpha\gamma\alpha$ 的诱导序列

$$\mathbb{D}(\alpha\beta,\alpha\gamma\alpha\gamma) = \alpha\beta * \underbrace{\alpha\gamma}_{A}\ \underbrace{\alpha\gamma\alpha\beta\alpha\beta\alpha\beta}_{B} * \underbrace{\alpha\gamma}_{A}\ \underbrace{\alpha\gamma\alpha\beta}_{C}\ \underbrace{\alpha\gamma}_{A}\ \underbrace{\alpha\gamma\alpha\beta}_{C} *$$

$$\underbrace{\alpha\gamma}_{A}\ \underbrace{\alpha\gamma\alpha\beta\alpha\beta\alpha\beta}_{B} * \underbrace{\alpha\gamma}_{A}\ \underbrace{\alpha\gamma\alpha\beta\alpha\beta\alpha\beta}_{B} *$$

$$\underbrace{\alpha\gamma}_{A}\ \underbrace{\alpha\gamma\alpha\beta\alpha\beta\alpha\beta}_{B} * \underbrace{\alpha\gamma}_{A}\ \underbrace{\alpha\gamma\alpha\beta}_{C}\ \underbrace{\alpha\gamma}_{A}\ \underbrace{\alpha\gamma\alpha\beta}_{C} *$$

$$\underbrace{\alpha\gamma}_{A}\ \underbrace{\alpha\gamma\alpha\beta\alpha\beta\alpha\beta}_{B} * \underbrace{\alpha\gamma}_{A}\ \underbrace{\alpha\gamma\alpha\beta}_{C}\ \underbrace{\alpha\gamma}_{A}\ \underbrace{\alpha\gamma\alpha\beta}_{C} \cdots 。 \tag{4.62}$$

容易看出，诱导序列 $\mathbb{D}(\alpha\beta,\alpha\gamma\alpha\gamma)$ 中 $\omega = \alpha\gamma\alpha$ 的诱导序列 $\{R_p(\omega)\}_{p\geqslant 1}$ 是字符集

$$\{R_1(\omega), R_2(\omega), R_4(\omega)\}$$
$$= \{\alpha\gamma, \alpha\gamma\alpha\beta\alpha\beta\alpha\beta, \alpha\gamma\alpha\beta\} := \{A, B, C\} \tag{4.63}$$

上的 $\mathbb{D}(AB, ACAC)$ 序列。

4.2.3　自反性的图示

Period-doubling 序列的诱导序列的自反性可以用图 4.6 直观地展示。

(1) 图中记号 $^jE_m^i$ 表示诱导序列 $\tau_j(\mathbb{D})$ 中第 m 阶第 i 类的包络词；

(2) 图中记号 $^1\mathrm{Env}(v)$ 表示诱导序列 $\tau_j(\mathbb{D})$ 中因子 v 的包络词；

(3) 例如：图中的边

$$\mathbb{D} \xrightarrow{\mathrm{Env}(\omega)=E_m^1} \tau_1(\mathbb{D}) = \mathbb{D}(\alpha, \beta\beta) \tag{4.64}$$

表示对于任意 $\omega \prec \mathbb{D}$，若 $\mathrm{Env}(\omega) = E_m^1$，则诱导序列 $\mathcal{D}_\omega(\mathbb{D}) = \tau_1(\mathbb{D}) = \mathbb{D}(\alpha, \beta\beta)$。

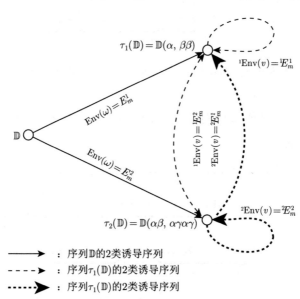

图 4.6 Period-doubling 序列的诱导序列的自反性

4.2.4 诱导序列的包络词

类比 Period-doubling 序列诱导序列的研究思路，我们首先给出诱导序列

$$\tau_1(\mathbb{D}) = \mathbb{D}(\alpha, \beta\beta) \text{ 和 } \tau_2(\mathbb{D}) = \mathbb{D}(\alpha\beta, \alpha\gamma\alpha\gamma) \tag{4.65}$$

的包络词集合的定义。

定义 4.27（诱导序列 $\tau_1(\mathbb{D}) = \mathbb{D}(\alpha, \beta\beta)$ 的包络词）

对于 $m = 0$，定义 ${}^1E_0^1 = \varepsilon$，${}^1E_0^2 = \beta$。对于 $m \geqslant 1$，定义

$$ {}^1E_m^1 = \tau_1(E_m^1) \text{ 且 } {}^1E_m^2 = \tau_1(E_m^2)。 \tag{4.66}$$

称 ${}^1E_m^i$ 为诱导序列 $\tau_1(\mathbb{D}) = \mathbb{D}(\alpha, \beta\beta)$ 的第 m 阶第 i 类的包络词，$i = 1, 2$。

实例 4.28（诱导序列 $\tau_1(\mathbb{D}) = \mathbb{D}(\alpha, \beta\beta)$ 前若干阶的包络词）

回顾映射 τ_1 的定义为

$$\tau_1(a) = \alpha, \quad \tau_1(b) = \beta\beta。 \tag{4.67}$$

根据前述诱导序列 $\tau_1(\mathbb{D}) = \mathbb{D}(\alpha, \beta\beta)$ 的包络词的定义，可以由 Period-doubling 序列前若干阶的包络词推导出诱导序列 $\tau_1(\mathbb{D}) = \mathbb{D}(\alpha, \beta\beta)$ 前若干阶的包络词。

- 当 $m = 1$ 时，

$E_m^1 = a$，故 ${}^1E_m^1 = \tau_1(E_m^1) = \tau_1(a) = \alpha$；

$E_m^2 = aa$，故 ${}^1E_m^2 = \tau_1(E_m^2) = \tau_1(aa) = \alpha\alpha$。

- 当 $m = 2$ 时，

$E_m^1 = aba$，故 ${}^1E_m^1 = \tau_1(E_m^1) = \tau_1(aba) = \alpha\beta\beta\alpha$；

$E_m^2 = ababa$，故 ${}^1E_m^2 = \tau_1(E_m^2) = \tau_1(ababa) = \alpha\beta\beta\alpha\beta\beta\alpha$。

定义 4.29（诱导序列 $\tau_2(\mathbb{D}) = \mathbb{D}(\alpha\beta, \alpha\gamma\alpha\gamma)$ 的包络词）

对于 $m = 0$，定义 ${}^2E_0^1 = \alpha$，${}^2E_0^2 = \alpha\gamma\alpha$。对于 $m \geqslant 1$，定义

$$^2E_m^1 = \tau_2(E_m^1)\alpha \text{ 且 } {}^2E_m^2 = \tau_2(E_m^2)\alpha\text{。} \tag{4.68}$$

称 ${}^2E_m^i$ 为诱导序列 $\tau_2(\mathbb{D}) = \mathbb{D}(\alpha\beta, \alpha\gamma\alpha\gamma)$ 的第 m 阶第 i 类的包络词，$i = 1, 2$。

实例 4.30（诱导序列 $\tau_2(\mathbb{D}) = \mathbb{D}(\alpha\beta, \alpha\gamma\alpha\gamma)$ 前若干阶的包络词）

回顾映射 τ_2 的定义为

$$\tau_2(a) = \alpha\beta, \quad \tau_2(b) = \alpha\gamma\alpha\gamma\text{。} \tag{4.69}$$

根据前述诱导序列 $\tau_2(\mathbb{D}) = \mathbb{D}(\alpha\beta, \alpha\gamma\alpha\gamma)$ 的包络词的定义，可以由 Period-doubling 序列前若干阶的包络词推导出诱导序列 $\tau_2(\mathbb{D}) = \mathbb{D}(\alpha\beta, \alpha\gamma\alpha\gamma)$ 前若干阶的包络词。

- 当 $m = 1$ 时，

$E_m^1 = a$，故 ${}^2E_m^1 = \tau_2(E_m^1)\alpha = \tau_2(a)\alpha = \alpha\beta\alpha$；

$E_m^2 = aa$，故 ${}^2E_m^1 = \tau_2(E_m^1)\alpha = \tau_2(aa)\alpha = \alpha\beta\alpha\beta\alpha$。

- 当 $m = 2$ 时，

$E_m^1 = aba$，故 ${}^2E_m^1 = \tau_2(E_m^1)\alpha = \tau_2(aba)\alpha = \alpha\beta\alpha\gamma\alpha\gamma\alpha\beta\alpha$；

$E_m^2 = ababa$，故 ${}^2E_m^1 = \tau_2(E_m^1)\alpha = \tau_2(ababa)\alpha = \alpha\beta\alpha\gamma\alpha\gamma\alpha\beta\alpha\gamma\alpha\gamma\alpha\beta\alpha$。

进一步地，对于诱导序列 $\tau_k(\mathbb{D})$（$k = 1, 2$）定义包络词的序关系。

定义 4.31（诱导序列 $\tau_k(\mathbb{D})$ 包络词的序关系）

对于任意 $m \geqslant 0$ 和 $k, i, j \in \{1, 2\}$，令诱导序列 $\tau_k(\mathbb{D})$ 中所有包络词满足序关系

$$\begin{cases} {}^kE_m^1 \sqsubset {}^kE_m^2; \\ {}^kE_m^i \sqsubset {}^kE_{m+1}^j\text{。} \end{cases}$$

定义 4.32（诱导序列 $\tau_k(\mathbb{D})$ 中因子 ω 的包络词）

对于任意因子 $\omega \prec \tau_k(\mathbb{D})$（$k = 1, 2$），我们将

$$^k\mathrm{Env}(\omega) = \min_{\sqsubset}\{^kE_m^i \mid \omega \prec {}^kE_m^i,\ i = 1, 2,\ m \geqslant 0\}$$

称为诱导序列 $\tau_k(\mathbb{D})$ 中因子 ω 的包络词。

根据上述定义，每个因子都存在唯一的包络词。

上述实例中因子 ω 与它的包络词 $^k\mathrm{Env}(\omega)$ 的表达式之间的关系，具有一般意义。具体而言，对于任意因子 ω，存在整数 $j \geqslant 0$、因子 u 和 ν，使得

$$\begin{cases} \omega = {}^k\mathrm{Env}(\omega)[j+1, j+|\omega|], \\ {}^k\mathrm{Env}(\omega) = u * \omega * \nu, \end{cases} \tag{4.70}$$

其中，$0 \leqslant j \leqslant |{}^k\mathrm{Env}(\omega)| - |\omega|$，$|u| = j$，$u \vartriangleleft {}^k\mathrm{Env}(\omega)$ 和 $\nu \vartriangleright {}^k\mathrm{Env}(\omega)$。

4.2.5 自反性的结论

在前文中，我们给出了诱导序列自反性的实例和图示。本部分旨在给出严谨的结论。但由于证明步骤和记号过分烦琐，而思路上与 Period-doubling 序列的诱导序列十分相似，故本书省略了证明细节。

性质 4.33（诱导序列 $\tau_k(\mathbb{D})$ 中任意因子的诱导序列）

对于任意因子 $\omega \prec \mathbb{D}$，令它的包络词为 $\mathrm{Env}(\omega) = E_m^k$（$k = 1, 2$）。

对于任意因子 $v \prec \tau_k(\mathbb{D})$，令它的包络词为 $^k\mathrm{Env}(v) = {}^kE_m^i$（$i = 1, 2$），则诱导序列 $\tau_k(\mathbb{D})$ 中基于因子 v 的诱导序列为 $\mathcal{D}_v(\mathcal{D}_\omega(\mathbb{D})) = \tau_i(\mathbb{D})$。

性质 4.34（诱导序列 $\tau_k(\mathbb{D})$ 中任意因子诱导序列的详细版本）

对于任意因子 $\omega \prec \mathbb{D}$，令它的包络词为 $\mathrm{Env}(\omega) = E_m^k$（$k = 1, 2$）。

对于任意因子 $v \prec \tau_k(\mathbb{D})$，若 v 的表达式符合式 (4.70)，则有如下结论。

(1) 若存在整数 $m \geqslant 0$ 使得 $^k\mathrm{Env}(v) = {}^kE_m^1$，则诱导序列

$$\mathcal{D}_v(\mathcal{D}_\omega(\mathbb{D})) = \tau_1(\mathbb{D}) = \mathbb{D}(\alpha, \beta\beta)。 \tag{4.71}$$

具体而言：

$$\begin{cases} \alpha = \Lambda_{\tau_k(\mathbb{D}),v}(R_{\tau_k(\mathbb{D}),1}(v)), \qquad R_{\tau_k(\mathbb{D}),1}(v) = u^{-1}\tau_k(A_m)u; \\ \beta = \Lambda_{\tau_k(\mathbb{D}),v}(R_{\tau_k(\mathbb{D}),2}(v)), \qquad R_{\tau_k(\mathbb{D}),2}(v) = u^{-1}\tau_k(A_{m-1})u。 \end{cases} \tag{4.72}$$

(2) 若存在整数 $m \geqslant 0$ 使得 $^k\mathrm{Env}(v) = {}^kE_m^2$，则诱导序列

$$\mathcal{D}_v(\mathcal{D}_\omega(\mathbb{D})) = \tau_2(\mathbb{D}) = \mathbb{D}(\alpha\beta, \alpha\gamma\alpha\gamma)。 \tag{4.73}$$

具体而言：

$$
\begin{cases}
\alpha = \Lambda_{\tau_k(\mathbb{D}),v}(R_{\tau_k(\mathbb{D}),1}(v)), & R_{\tau_k(\mathbb{D}),1}(v) = u^{-1}\tau_k(A_{m-1})u; \\
\beta = \Lambda_{\tau_k(\mathbb{D}),v}(R_{\tau_k(\mathbb{D}),2}(v)), & R_{\tau_k(\mathbb{D}),2}(v) = u^{-1}\tau_k(A_{m-1}A_mB_{m+1})u; \\
\gamma = \Lambda_{\tau_k(\mathbb{D}),v}(R_{\tau_k(\mathbb{D}),4}(v)), & R_{\tau_k(\mathbb{D}),4}(v) = u^{-1}\tau_k(B_mB_{m-1})u。
\end{cases}
\tag{4.74}
$$

4.3　Thue-Morse 序列的诱导序列

为了便于阅读，本部分首先回顾第 1 章中给出的 Thue-Morse 序列的定义，然后给出 Thue-Morse 序列的包络词和诱导序列结论，最后逐步证明这些结论。本部分的具体结论和证明细节尚未正式发表。

4.3.1　Thue-Morse 序列的定义

Thue-Morse 序列最先由 Thue[5,6] 和 Morse[7] 引入，是最早出现的自相似序列之一。1906 年，Thue 引入该序列，并研究了它的组合性质，给出了若干非重复序列的例子，这一工作成为代换序列研究历史的起点。其后，Mahler[8] 通过它给出了奇异谱测度的实例。迄今为止，人们已经从不同领域出发，发掘出这一序列的很多重要而有趣的性质，还引入了若干不同的广义 Morse 序列 [9-12]。

定义 4.35（Thue-Morse 序列）

设 $\mathcal{A} = \{a, b\}$，Thue-Morse 代换 $\sigma: \mathcal{A}^* \mapsto \mathcal{A}^*$ 定义为 $\sigma(a) = ab$, $\sigma(b) = ba$，则 Thue-Morse 序列 $\mathbb{M}$ 是 Thue-Morse 代换下以 a 为初始值的不动点：

$$
\mathbb{M} = \sigma^\infty(a) = abbabaabbaababbabaababba\cdots。
\tag{4.75}
$$

它是一个纯代换序列。

进一步地，定义 Thue-Morse 序列的第 m 阶标准词为 $A_m = \sigma^m(a)$, $m \geqslant 0$。此外，记 $B_m = \sigma^m(b)$, $m \geqslant 0$。

根据 Thue-Morse 序列的定义，A_m 和 B_m 具有以下递推性质：

$$
\begin{cases}
A_0 = a, \ B_0 = b; \\
A_m = A_{m-1}B_{m-1}, \ B_m = B_{m-1}A_{m-1}, & m \geqslant 1。
\end{cases}
\tag{4.76}
$$

实例 4.36

为了后续使用方便，这里不加证明地列出 Thue-Morse 序列的几个基本性质。前 4 个性质均要求 $m \geqslant 0$。它们都很容易运用数学归纳法等方法验证。

- 将 A_m 的最后一个字符记为 η_m，则
  当 m 为偶数时，$\eta_m = a$；当 m 为奇数时，$\eta_m = b$。
- B_m 的最后一个字符记为 $\eta_{m+1} = \overline{\eta_m}$。
- $A_m = \overline{B_m}$。
- $A_m = a \prod_{j=0}^{m-1} B_j$。
- $\mathbb{M} = a \prod_{j=0}^{\infty} B_j$。

表 4.4　前若干阶的 A_m 和 B_m

m	A_m	B_m
0	a	b
1	ab	ba
2	$abba$	$baab$
3	$abbabaab$	$baababba$
4	$abbabaabbaababba$	$baababbaabbabaab$

4.3.2　包络词

Thue-Morse 序列有 4 类包络词，它们分别对应 3 种不同的 4 字符的诱导序列。此外，因子 a 和 b 的诱导序列是 3 字符的自相似序列。

定义 4.37（Thue-Morse 序列的包络词）

对于 $m \geqslant 1$，定义

$$E_m^1 = A_m, \quad E_m^2 = B_m, \quad E_m^3 = A_m A_{m-1} \text{ 且 } E_m^4 = B_m B_{m-1}。 \tag{4.77}$$

称 E_m^i 为第 m 阶第 i 类的包络词（the m-th envelope word of type i），$1 \leqslant i \leqslant 4$。
进一步地，$|E_m^1| = |E_m^2| = 2^m$，$|E_m^3| = |E_m^4| = 3 \times 2^{m-1}$。

实例 4.38

这里仍然不加证明地列出 Thue-Morse 序列包络词的几个基本性质，它们都很容易地根据包络词的定义得到。

- $E_m^1 = \overline{E_m^2}$，$E_m^3 = \overline{E_m^4}$，$m \geqslant 1$。
- $E_m^1 = E_{m-1}^1 E_{m-1}^2$，
  $E_m^2 = E_{m-1}^2 E_{m-1}^1$，
  $E_m^3 = E_{m-1}^1 E_{m-1}^2 E_{m-1}^1$，
  $E_m^4 = E_{m-1}^2 E_{m-1}^1 E_{m-1}^2$，$m \geqslant 2$。

表 4.5　前若干阶的包络词 E_m^i，$1 \leqslant i \leqslant 4$

m	E_m^1	E_m^2
1	ab	ba
2	abba	baab
3	abbabaab	baababba
4	abbabaabbaababba	baababbaabbabaab

m	E_m^3	E_m^4
1	aba	bab
2	abbaab	baabba
3	abbabaababba	baababbabaab
4	abbabaabbaababbaabbabaab	baababbaabbabaabbaababba

4.3.3　定义诱导序列：θ_i 序列，$i = 1, 2, 3, 4$

如前所述，Thue-Morse 序列有 4 类诱导序列，记为 θ_i，$i = 1, 2, 3, 4$。我们先定义这些序列，再逐步证明它们与包络词和序列中任意因子的对应关系。

定义 4.39（诱导序列）

(1) 设 $\mathcal{A} = \{a, b, c\}$，代换 $\sigma : \mathcal{A}^* \mapsto \mathcal{A}^*$ 定义为 $\sigma_1(a) = abc$，$\sigma_1(b) = ac$，$\sigma_1(c) = b$，则 θ_1 序列是代换 σ_1 下以 a 为初始值的不动点：

$$\theta_1 = \sigma_1^{\infty}(a) = abcacbabcbacabcacbacabcbabcacba \cdots 。 \tag{4.78}$$

它是一个纯代换序列。

(2) θ_2 序列是字符集 $\{ab, c, d\}$ 上的 θ_1 序列：

$$\theta_2 = \theta_1(ab, c, d) = abcdabdcabcdcabdabcdabdcabdabcdc \cdots 。 \tag{4.79}$$

(3) θ_3 序列是字符集 $\{a, b, cd\}$ 上的 θ_1 序列：

$$\theta_3 = \theta_1(a, b, cd) = abcdacdbabcdbacdabcdacdbacdabcdb \cdots 。 \tag{4.80}$$

(4) 设 $\mathcal{A} = \{a, b, c, d\}$，代换 $\sigma : \mathcal{A}^* \mapsto \mathcal{A}^*$ 定义为 $\sigma_4(a) = abc$，$\sigma_4(b) = d$，$\sigma_4(c) = a$，$\sigma_4(d) = dcb$。则 θ_4 序列是代换 σ_4 下以 a 为初始值的不动点：

$$\theta_4 = \sigma_4^{\infty}(a) = abcdadcbabcdcbadabcdadcbadabcdcbabcdadcbabc \cdots 。 \tag{4.81}$$

它是一个纯代换序列。

除上述定义外，Thue-Morse 序列 $\mathbb{M}$ 和诱导序列 θ_i（$i = 1, 4$）之间还存在以下关系。

性质 4.40（序列 $\mathbb{M}$ 和 θ_i 的关系）

(1) $\theta_1(abb, ab, a) = \mathbb{M}$；

(2) $\theta_4(ab, b, a, ba) = \mathbb{M}$。

证明 (1) 为了避免混淆，将诱导序列 θ_1 的记号调整如下：$\theta_1 = \sigma_1^\infty(\alpha)$，其中，$\sigma_1(\alpha) = \alpha\beta\gamma$，$\sigma_1(\beta) = \alpha\gamma$，$\sigma_1(\gamma) = \beta$。进一步地，定义代换 τ_1：$\tau_1(\alpha) = abb$，$\tau_1(\beta) = ab$，$\tau_1(\gamma) = a$。因此，要证明性质 4.40(1)，我们只需要证明：

$$\tau_1 \circ \sigma_1^m(\cdot) = \sigma^m \circ \tau_1(\cdot) \tag{4.82}$$

对于任意 $m \geqslant 1$ 和字符 $\{\alpha, \beta, \gamma\}$ 都成立。

下面仅针对 $m = 1, 2$ 给出结论，对于 $m \geqslant 3$ 可以根据代换 σ 和 σ_1 都是同态自然地得到。

$$\tau_1 \circ \sigma_1(\alpha) = \tau_1(\alpha\beta\gamma) = abb \cdot ab \cdot a = \sigma(abb) = \sigma \circ \tau_1(\alpha);$$

$$\tau_1 \circ \sigma_1^2(\alpha) = \tau_1(\alpha\beta\gamma * \alpha\gamma * \beta)$$

$$= abb \cdot ab \cdot a * abb \cdot a * ab = \sigma^2(abb) = \sigma^2 \circ \tau_1(\alpha); \tag{4.83}$$

$$\tau_1 \circ \sigma_1(\beta) = \tau_1(\alpha\gamma) = abb \cdot a = \sigma(ab) = \sigma \circ \tau_1(\beta);$$

$$\tau_1 \circ \sigma_1^2(\beta) = \tau_1(\alpha\beta\gamma * \beta)$$

$$= abb \cdot ab \cdot a * ab = \sigma^2(ab) = \sigma^2 \circ \tau_1(\beta);$$

$$\tau_1 \circ \sigma_1(\gamma) = \tau_1(\beta) = ab = \sigma(a) = \sigma \circ \tau_1(\gamma);$$

$$\tau_1 \circ \sigma_1^2(\gamma) = \tau_1(\alpha\gamma)$$

$$= abb \cdot a = \sigma^2(a) = \sigma^2 \circ \tau_1(\gamma)。 \tag{4.84}$$

(2) 类似地，将诱导序列 θ_4 的记号调整如下：$\theta_4 = \sigma_4^\infty(\alpha)$。其中，$\sigma_4(\alpha) = \alpha\beta\gamma$，$\sigma_4(\beta) = \delta$，$\sigma_4(\gamma) = \alpha$，$\sigma_4(\delta) = \delta\gamma\beta$。进一步地，定义代换 τ_2：$\tau_2(\alpha) = ab$，$\tau_2(\beta) = b$，$\tau_2(\gamma) = a$，$\tau_2(\delta) = ba$。因此，要证明性质 4.40(2)，我们只需要证明：

$$\tau_2 \circ \sigma_4^m(\cdot) = \sigma^m \circ \tau_2(\cdot) \tag{4.85}$$

对于任意 $m \geqslant 1$ 和字符 $\{\alpha, \beta, \gamma, \delta\}$ 都成立。

下面仅针对 $m = 1, 2$ 给出结论，对于 $m \geqslant 3$ 可以根据代换 σ 和 σ_4 都是同

态自然地得到。

$$\begin{cases} \tau_2 \circ \sigma_4(\alpha) = \tau_2(\alpha\beta\gamma) = ab \cdot b \cdot a = \sigma(ab) = \sigma \circ \tau_2(\alpha); \\ \tau_2 \circ \sigma_4^2(\alpha) = \tau_2(\alpha\beta\gamma * \delta * \alpha) = ab \cdot b \cdot a * ba * ab = \sigma^2(ab) = \sigma^2 \circ \tau_2(\alpha); \\ \tau_2 \circ \sigma_4(\beta) = \tau_2(\delta) = ba = \sigma(b) = \sigma \circ \tau_2(\beta); \\ \tau_2 \circ \sigma_4^2(\beta) = \tau_2(\delta\gamma\beta) = ba \cdot a \cdot b = \sigma^2(b) = \sigma^2 \circ \tau_2(\beta); \\ \tau_2 \circ \sigma_4(\gamma) = \tau_2(\alpha) = ab = \sigma(a) = \sigma \circ \tau_2(\gamma); \\ \tau_2 \circ \sigma_4^2(\gamma) = \tau_2(\alpha\beta\gamma) = ab \cdot b \cdot a = \sigma^2(a) = \sigma^2 \circ \tau_2(\gamma); \\ \tau_2 \circ \sigma_4(\delta) = \tau_2(\delta\gamma\beta) = ba \cdot a \cdot b = \sigma(ba) = \sigma \circ \tau_2(\delta); \\ \tau_2 \circ \sigma_4^2(\delta) = \tau_2(\delta\gamma\beta * \alpha * \delta) = ba \cdot a \cdot b * ab * ba = \sigma^2(ba) = \sigma^2 \circ \tau_2(\delta). \end{cases}$$
$$(4.86)$$

由此可知本性质成立。 □

4.3.4　包络词的诱导序列：结论

根据第 2 章的实例，Thue-Morse 序列中因子 $\{a, b, ab, ba, aba, bab\}$ 的诱导序列如下：

$$\begin{cases} \mathcal{D}_a(\mathbb{M}) = \mathcal{D}_b(\mathbb{M}) = \theta_1; \\ \mathcal{D}_{ab}(\mathbb{M}) = \theta_2 = \theta_1(ab, c, d); \\ \mathcal{D}_{ba}(\mathbb{M}) = \theta_3 = \theta_1(a, b, cd); \\ \mathcal{D}_{aba}(\mathbb{M}) = \mathcal{D}_{bab}(\mathbb{M}) = \theta_4. \end{cases}$$
$$(4.87)$$

事实上，这个性质可以推广到所有的包络词。

定理 4.41（包络词的诱导序列）

对于任意 $m \geqslant 1$，Thue-Morse 序列中的 4 类包络词分别对应 3 种不同的诱导序列：

$$\begin{cases} \mathcal{D}_{E_m^1}(\mathbb{M}) = \theta_2 = \theta_1(ab, c, d); \\ \mathcal{D}_{E_m^2}(\mathbb{M}) = \theta_3 = \theta_1(a, b, cd); \\ \mathcal{D}_{E_m^3}(\mathbb{M}) = \mathcal{D}_{E_m^4}(\mathbb{M}) = \theta_4. \end{cases}$$
$$(4.88)$$

下面，我们把定理 4.41 改写成如下等价且更为详细的版本，并增加了因子 a 和 b 的诱导序列的结论。后面将逐步证明这个详细的版本中的每一个结论。

定理 4.42（定理 4.41 的等价且详细版本）

(1) Thue-Morse 序列中因子 a 的诱导序列为

$$\mathcal{D}_a(\mathbb{M}) = \theta_1 = \sigma_1^\infty(\alpha), \tag{4.89}$$

其中，$\sigma_1(\alpha) = \alpha\beta\gamma$，$\sigma_1(\beta) = \alpha\gamma$，$\sigma_1(\gamma) = \beta$。具体而言：

$$\begin{cases} \alpha = \Lambda_{\mathbb{M},a}(R_{\mathbb{M},1}(a)), & R_{\mathbb{M},1}(a) = abb, & |R_{\mathbb{M},1}(a)| = 3; \\ \beta = \Lambda_{\mathbb{M},a}(R_{\mathbb{M},2}(a)), & R_{\mathbb{M},2}(a) = ab, & |R_{\mathbb{M},2}(a)| = 2; \\ \gamma = \Lambda_{\mathbb{M},a}(R_{\mathbb{M},3}(a)), & R_{\mathbb{M},3}(a) = a, & |R_{\mathbb{M},3}(a)| = 1。 \end{cases} \tag{4.90}$$

此外，$R_{\mathbb{M},0}(a) = \mathbb{M}[1, \operatorname{occ}(a,1) - 1] = \varepsilon$，$|R_{\mathbb{M},0}(a)| = 0$。

(2) Thue-Morse 序列中因子 b 的诱导序列为

$$\mathcal{D}_b(\mathbb{M}) = \theta_1 = \sigma_1^\infty(\alpha), \tag{4.91}$$

其中，$\sigma_1(\alpha) = \alpha\beta\gamma$，$\sigma_1(\beta) = \alpha\gamma$，$\sigma_1(\gamma) = \beta$。具体而言：

$$\begin{cases} \alpha = \Lambda_{\mathbb{M},b}(R_{\mathbb{M},1}(b)), & R_{\mathbb{M},1}(b) = b, & |R_{\mathbb{M},1}(b)| = 1; \\ \beta = \Lambda_{\mathbb{M},b}(R_{\mathbb{M},2}(b)), & R_{\mathbb{M},2}(b) = ba, & |R_{\mathbb{M},2}(b)| = 2; \\ \gamma = \Lambda_{\mathbb{M},b}(R_{\mathbb{M},3}(b)), & R_{\mathbb{M},3}(b) = baa, & |R_{\mathbb{M},3}(b)| = 3。 \end{cases} \tag{4.92}$$

此外，$R_{\mathbb{M},0}(b) = \mathbb{M}[1, \operatorname{occ}(b,1) - 1] = a$，$|R_{\mathbb{M},0}(b)| = 1$。

(3) 对于任意 $m \geqslant 1$，Thue-Morse 序列的第 1 类包络词的诱导序列为

$$\mathcal{D}_{E_m^1}(\mathbb{M}) = \theta_2 = \theta_1(\alpha\beta, \gamma, \delta)。 \tag{4.93}$$

具体而言：

$$\begin{cases} \alpha = \Lambda_{\mathbb{M},E_m^1}(R_{\mathbb{M},1}(E_m^1)), & R_{\mathbb{M},1}(E_m^1) = A_m B_{m-1}, & |R_{\mathbb{M},1}(E_m^1)| = 3 \times 2^{m-1}; \\ \beta = \Lambda_{\mathbb{M},E_m^1}(R_{\mathbb{M},2}(E_m^1)), & R_{\mathbb{M},2}(E_m^1) = A_m A_{m-1}, & |R_{\mathbb{M},2}(E_m^1)| = 3 \times 2^{m-1}; \\ \gamma = \Lambda_{\mathbb{M},E_m^1}(R_{\mathbb{M},3}(E_m^1)), & R_{\mathbb{M},3}(E_m^1) = A_{m+1}, & |R_{\mathbb{M},3}(E_m^1)| = 2^{m+1}; \\ \delta = \Lambda_{\mathbb{M},E_m^1}(R_{\mathbb{M},4}(E_m^1)), & R_{\mathbb{M},4}(E_m^1) = A_m, & |R_{\mathbb{M},4}(E_m^1)| = 2^m。 \end{cases} \tag{4.94}$$

此外，$R_{\mathbb{M},0}(E_m^1) = \mathbb{M}[1, \operatorname{occ}(E_m^1,1) - 1] = \varepsilon$，$|R_{\mathbb{M},0}(E_m^1)| = 0$。

(4) 对于任意 $m \geqslant 1$，Thue-Morse 序列的第 2 类包络词的诱导序列为

$$\mathcal{D}_{E_m^2}(\mathbb{M}) = \theta_3 = \theta_1(\alpha, \beta, \gamma\delta)。 \tag{4.95}$$

具体而言：

$$
\begin{cases}
\alpha = \Lambda_{\mathbb{M}, E_m^2}(R_{\mathbb{M},1}(E_m^2)), & R_{\mathbb{M},1}(E_m^2) = B_m, & |R_{\mathbb{M},1}(E_m^2)| = 2^m; \\
\beta = \Lambda_{\mathbb{M}, E_m^2}(R_{\mathbb{M},2}(E_m^2)), & R_{\mathbb{M},2}(E_m^2) = B_{m+1}, & |R_{\mathbb{M},2}(E_m^2)| = 2^{m+1}; \\
\gamma = \Lambda_{\mathbb{M}, E_m^2}(R_{\mathbb{M},3}(E_m^2)), & R_{\mathbb{M},3}(E_m^2) = B_m A_{m-1}, & |R_{\mathbb{M},3}(E_m^2)| = 3 \times 2^{m-1}; \\
\delta = \Lambda_{\mathbb{M}, E_m^2}(R_{\mathbb{M},4}(E_m^2)), & R_{\mathbb{M},4}(E_m^2) = B_m B_{m-1}, & |R_{\mathbb{M},4}(E_m^2)| = 3 \times 2^{m-1}。
\end{cases}
\tag{4.96}
$$

此外，$R_{\mathbb{M},0}(E_m^2) = \mathbb{M}[1, \mathrm{occ}(E_m^2, 1) - 1] = A_m$，$|R_{\mathbb{M},0}(E_m^2)| = 2^m$。

(5) 对于任意 $m \geqslant 1$，Thue-Morse 序列的第 3 类包络词的诱导序列为

$$\mathcal{D}_{E_m^3}(\mathbb{M}) = \theta_4 = \sigma_4^\infty(\alpha), \tag{4.97}$$

其中，$\sigma_4(\alpha) = \alpha\beta\gamma$，$\sigma_4(\beta) = \delta$，$\sigma_4(\gamma) = \alpha$，$\sigma_4(\delta) = \delta\gamma\beta$。具体而言：

$$
\begin{cases}
\alpha = \Lambda_{\mathbb{M}, E_m^3}(R_{\mathbb{M},1}(E_m^3)), & \\
\quad R_{\mathbb{M},1}(E_m^3) = A_m A_{m-1} A_{m+1}, & |R_{\mathbb{M},1}(E_m^3)| = 7 \times 2^{m-1}; \\
\beta = \Lambda_{\mathbb{M}, E_m^3}(R_{\mathbb{M},2}(E_m^3)), & \\
\quad R_{\mathbb{M},2}(E_m^3) = A_m A_m B_{m-1}, & |R_{\mathbb{M},2}(E_m^3)| = 5 \times 2^{m-1}; \\
\gamma = \Lambda_{\mathbb{M}, E_m^3}(R_{\mathbb{M},3}(E_m^3)), & \\
\quad R_{\mathbb{M},3}(E_m^3) = A_m A_{m-1}, & |R_{\mathbb{M},3}(E_m^3)| = 3 \times 2^{m-1}; \\
\delta = \Lambda_{\mathbb{M}, E_m^3}(R_{\mathbb{M},4}(E_m^3)), & \\
\quad R_{\mathbb{M},4}(E_m^3) = A_m A_m B_{m+1} B_{m-1}, & |R_{\mathbb{M},4}(E_m^3)| = 9 \times 2^{m-1}。
\end{cases}
\tag{4.98}
$$

此外，$R_{\mathbb{M},0}(E_m^3) = \mathbb{M}[1, \mathrm{occ}(E_m^3, 1) - 1] = A_m B_{m-1}$，$|R_{\mathbb{M},0}(E_m^3)| = 3 \times 2^{m-1}$。

(6) 对于任意 $m \geqslant 1$，Thue-Morse 序列的第 4 类包络词的诱导序列为

$$\mathcal{D}_{E_m^4}(\mathbb{M}) = \theta_4 = \sigma_4^\infty(\alpha), \tag{4.99}$$

其中，$\sigma_4(\alpha) = \alpha\beta\gamma$，$\sigma_4(\beta) = \delta$，$\sigma_4(\gamma) = \alpha$，$\sigma_4(\delta) = \delta\gamma\beta$。具体而言：

$$\begin{cases} \alpha = \Lambda_{\mathrm{M},E_m^4}(R_{\mathrm{M},1}(E_m^4)), \\ \quad R_{\mathrm{M},1}(E_m^4) = B_m B_m A_{m+1} A_{m-1}, \qquad |R_{\mathrm{M},1}(E_m^4)| = 9 \times 2^{m-1}; \\ \beta = \Lambda_{\mathrm{M},E_m^4}(R_{\mathrm{M},2}(E_m^4)), \\ \quad R_{\mathrm{M},2}(E_m^4) = B_m B_{m-1}, \qquad\qquad |R_{\mathrm{M},2}(E_m^4)| = 3 \times 2^{m-1}; \\ \gamma = \Lambda_{\mathrm{M},E_m^4}(R_{\mathrm{M},3}(E_m^4)), \\ \quad R_{\mathrm{M},3}(E_m^4) = B_m B_m A_{m-1}, \qquad\;\; |R_{\mathrm{M},3}(E_m^4)| = 5 \times 2^{m-1}; \\ \delta = \Lambda_{\mathrm{M},E_m^4}(R_{\mathrm{M},4}(E_m^4)), \\ \quad R_{\mathrm{M},4}(E_m^4) = B_m B_{m-1} B_{m+1}, \qquad |R_{\mathrm{M},4}(E_m^4)| = 7 \times 2^{m-1}. \end{cases} \tag{4.100}$$

此外，$R_{\mathrm{M},0}(E_m^4) = \mathbb{M}[1, \mathrm{occ}(E_m^4, 1) - 1] = A_m$，$|R_{\mathrm{M},0}(E_m^4)| = 2^m$。

后面将逐步证明这个详细的版本中的每一个结论。在证明过程中，在不引起混淆的情况下，将 $\Lambda_{\mathrm{M},\cdot}(\cdot)$ 的反函数简记为 $\Lambda^{-1}(\cdot)$。

4.3.5 证明因子 a 的诱导序列

容易验证 Thue-Morse 序列中因子 a 前 4 次出现的位置为

$$\mathbb{M} = \sigma^\infty(a) = \underbrace{a}_{[1]} bb \underbrace{a}_{[2]} b \underbrace{a}_{[3]} \underbrace{a}_{[4]} bbaababbbaba \cdots. \tag{4.101}$$

因此，$R_{\mathrm{M},0}(a) = \varepsilon$，$R_{\mathrm{M},1}(a) = abb$，$R_{\mathrm{M},2}(a) = ab$，$R_{\mathrm{M},3}(a) = a$。

进一步地，由于 $\sigma_1(\alpha) = \alpha\beta\gamma$，$\sigma_1(\beta) = \alpha\gamma$，$\sigma_1(\gamma) = \beta$，

因此，

$$\begin{cases} \Lambda^{-1}(\sigma_1(\alpha)) = \quad \Lambda^{-1}(\alpha\beta\gamma) = abb \cdot ab \cdot a = A_1 B_1 B_1; \\ \Lambda^{-1}(\sigma_1(\beta)) = \quad \Lambda^{-1}(\alpha\gamma) = abb \cdot a = A_1 B_1; \\ \Lambda^{-1}(\sigma_1(\gamma)) = \quad \Lambda^{-1}(\beta) = ab = A_1. \end{cases} \tag{4.102}$$

进一步地，

$$\begin{cases} \Lambda^{-1}(\sigma_1^2(\alpha)) = \Lambda^{-1}(\sigma_1(\alpha\beta\gamma)) = \Lambda^{-1}(\alpha\beta\gamma * \alpha\gamma * \beta) \\ \qquad = abb \cdot ab \cdot a * abb \cdot a * ab = A_2 B_2 B_2 = \sigma(A_1 B_1 B_1); \\ \Lambda^{-1}(\sigma_1^2(\beta)) = \Lambda^{-1}(\sigma_1(\alpha\gamma)) = \Lambda^{-1}(\alpha\beta\gamma * \beta) \\ \qquad = abb \cdot ab \cdot a * ab = A_2 B_2 = \sigma(A_1 B_1); \\ \Lambda^{-1}(\sigma_1^2(\gamma)) = \Lambda^{-1}(\sigma_1(\beta)) = \Lambda^{-1}(\alpha\gamma) \\ \qquad = abb \cdot a = A_2 = \sigma(A_1). \end{cases} \tag{4.103}$$

考虑到代换 σ 和 σ_1 都是同态, 因此由上面的结论可知: 对于任意 $m \geqslant 1$,

$$\begin{cases} \Lambda^{-1}(\sigma_1^m(\alpha)) = \sigma^m(abb) = \sigma^m(R_{\mathbb{T},1}(a)) = \sigma^m(\Lambda^{-1}(\alpha)); \\ \Lambda^{-1}(\sigma_1^m(\beta)) = \sigma^m(ab) = \sigma^m(R_{\mathbb{T},2}(a)) = \sigma^m(\Lambda^{-1}(\beta)); \\ \Lambda^{-1}(\sigma_1^m(\gamma)) = \sigma^m(a) = \sigma^m(R_{\mathbb{T},3}(a)) = \sigma^m(\Lambda^{-1}(\gamma))。 \end{cases} \quad (4.104)$$

由此可知**定理 4.42(1)** 成立。

运用类似的方法可以证明**定理 4.42(2)** 成立, 此处从略。

4.3.6　证明包络词 E_m^1 的诱导序列

根据前述证明因子 a 的诱导序列的思路可知, 证明包络词 E_m^1 的诱导序列需要两个步骤。

步骤 1: 通过研究 Thue-Morse 序列中包络词 $E_m^1 = A_m$ 前 5 次出现的位置, 得到 $R_{\mathbb{M},p}(E_m^1)$ 的表达式, $0 \leqslant p \leqslant 4$。

步骤 2: 证明代换 $\Lambda^{-1}(\cdot)$ 和 $\sigma(\cdot)$ 是 "可交换的", 即类似式 (4.104) 的等式成立。

步骤 1: **给出 $R_{\mathbb{M},p}(E_m^1)$ 的表达式, $0 \leqslant p \leqslant 4$。**

运用数学归纳法和因子扩张法, 可以很容易地证明下述引理, 证明细节从略。

引理 4.43

当 $m \geqslant 0$ 时,

(1) $A_{m+1} = A_m B_m$ 在 $A_m B_m B_m A_m B_m$ 中恰好出现 2 次;

(2) $A_{m+1} = A_m B_m$ 在 $A_m B_m A_m A_m B_m$ 中恰好出现 2 次;

(3) $A_{m+1} = A_m B_m$ 在 $A_m B_m B_m A_m A_m B_m$ 中恰好出现 2 次;

(4) $A_{m+1} = A_m B_m$ 在 $A_m B_m A_m B_m$ 中恰好出现 2 次。

根据上述引理, $A_m = A_{m-1} B_{m-1}$ 在序列中前 5 次出现的位置为

$$A_{m+3} = \underbrace{A_{m-1} B_{m-1}}_{[1]} B_{m-1} \underbrace{A_{m-1} B_{m-1}}_{[2]} A_{m-1} \underbrace{A_{m-1} B_{m-1}}_{[3]} B_{m-1} A_{m-1}$$

$$\underbrace{A_{m-1} B_{m-1}}_{[4]} \underbrace{A_{m-1} B_{m-1}}_{[5]} B_{m-1} A_{m-1}。 \quad (4.105)$$

根据 $R_{\mathbb{M},0}(E_m^1)$ 和回归词 $R_{\mathbb{M},p}(E_m^1)$ 的定义可知:

$$
\begin{cases}
R_{\mathrm{M},0}(E_m^1) = \varepsilon, & |R_{\mathrm{M},0}(E_m^1)| = 0; \\
R_{\mathrm{M},1}(E_m^1) = A_m B_{m-1}, & |R_{\mathrm{M},1}(E_m^1)| = 3 \times 2^{m-1}; \\
R_{\mathrm{M},2}(E_m^1) = A_m A_{m-1}, & |R_{\mathrm{M},2}(E_m^1)| = 3 \times 2^{m-1}; \\
R_{\mathrm{M},3}(E_m^1) = A_{m+1}, & |R_{\mathrm{M},3}(E_m^1)| = 2^{m+1}; \\
R_{\mathrm{M},4}(E_m^1) = A_m, & |R_{\mathrm{M},4}(E_m^1)| = 2^m.
\end{cases}
\tag{4.106}
$$

步骤 2：证明两类代换的"可交换性"。

由于 $\sigma_1(\alpha) = \alpha\beta\gamma$，$\sigma_1(\beta) = \alpha\gamma$，$\sigma_1(\gamma) = \beta$，且 $\theta_2 = \theta_1(\alpha\beta, \gamma, \delta)$。这意味着，序列 θ_2 是代换 σ_1 下以 $\hat{\alpha} = \alpha\beta$ 为初始值的不动点，且

$$
\begin{cases}
\sigma_1(\alpha\beta) = \sigma_1(\hat{\alpha}) = \hat{\alpha}\hat{\beta}\hat{\gamma} = \alpha\beta\gamma\delta; \\
\sigma_1(\gamma) = \sigma_1(\hat{\beta}) = \hat{\alpha}\hat{\gamma} = \alpha\beta\delta; \\
\sigma_1(\delta) = \sigma_1(\hat{\gamma}) = \hat{\beta} = \gamma.
\end{cases}
$$

因此，

$$
\begin{cases}
\Lambda^{-1}(\sigma_1(\alpha\beta)) = \Lambda^{-1}(\alpha\beta\gamma\delta) \\
= A_m B_{m-1} \cdot A_m A_{m-1} \cdot A_{m+1} \cdot A_m = A_{m+1} B_{m+1} B_{m+1} \\
= \sigma(A_m B_m B_m); \\
\Lambda^{-1}(\sigma_1(\gamma)) = \Lambda^{-1}(\alpha\beta\delta) \\
= A_m B_{m-1} \cdot A_m A_{m-1} \cdot A_m = A_{m+1} B_{m+1} \\
= \sigma(A_m B_m); \\
\Lambda^{-1}(\sigma_1(\delta)) = \Lambda^{-1}(\gamma) = A_{m+1} = \sigma(A_m).
\end{cases}
\tag{4.107}
$$

进一步地，

$$
\begin{cases}
\sigma_1^2(\alpha\beta) = \sigma_1^2(\hat{\alpha}) = \sigma_1(\hat{\alpha}\hat{\beta}\hat{\gamma}) = \hat{\alpha}\hat{\beta}\hat{\gamma}\hat{\alpha}\hat{\gamma}\hat{\beta} = \alpha\beta\gamma\delta\alpha\beta\delta\gamma; \\
\sigma_1^2(\gamma) = \sigma_1^2(\hat{\beta}) = \sigma_1(\hat{\alpha}\hat{\gamma}) = \hat{\alpha}\hat{\beta}\hat{\gamma}\hat{\beta} = \alpha\beta\gamma\delta\gamma; \\
\sigma_1^2(\delta) = \sigma_1^2(\hat{\gamma}) = \sigma_1(\hat{\beta}) = \hat{\alpha}\hat{\gamma} = \alpha\beta\delta.
\end{cases}
$$

因此，

$$
\begin{cases}
\Lambda^{-1}(\sigma_1^2(\alpha\beta)) = \Lambda^{-1}(\alpha\beta\gamma\delta\alpha\beta\delta\gamma) \\
= A_m B_{m-1} \cdot A_m A_{m-1} \cdot A_{m+1} \cdot A_m \cdot A_m B_{m-1} \cdot A_m A_{m-1} \cdot A_m \cdot A_{m+1} \\
= A_{m+1} B_{m+1} B_{m+1} = \sigma^2(A_m B_m B_m); \\
\Lambda^{-1}(\sigma_1^2(\gamma)) = \Lambda^{-1}(\alpha\beta\gamma\delta\gamma) \\
= A_m B_{m-1} \cdot A_m A_{m-1} \cdot A_{m+1} \cdot A_m \cdot A_{m+1} \\
= A_{m+2} B_{m+2} = \sigma^2(A_m B_m); \\
\Lambda^{-1}(\sigma_1^2(\delta)) = \Lambda^{-1}(\alpha\beta\delta) \\
= A_m B_{m-1} \cdot A_m A_{m-1} \cdot A_m = A_{m+2} = \sigma^2(A_m)_\circ
\end{cases}
\tag{4.108}
$$

考虑到代换 σ 和 σ_1 都是同态，因此由上面的结论可知：对于任意 $m \geqslant 1$，

$$
\begin{cases}
\Lambda^{-1}(\sigma_1^m(\alpha\beta)) = \sigma^m(\Lambda^{-1}(\alpha\beta)); \\
\Lambda^{-1}(\sigma_1^m(\gamma)) = \sigma^m(\Lambda^{-1}(\gamma)); \\
\Lambda^{-1}(\sigma_1^m(\delta)) = \sigma^m(\Lambda^{-1}(\delta))_\circ
\end{cases}
\tag{4.109}
$$

由此可知**定理 4.42(3)** 成立。

运用类似的方法可以证明**定理 4.42(4)~(6) 成立**，此处从略。

4.3.7　任意因子的包络词

本节的前面几部分已经构造出了 Thue-Morse 序列 $\mathbb{T}$ 的包络词集合，并研究了包络词的诱导序列。本部分旨在给出因子 ω 的包络词 $\mathrm{Env}(\omega)$ 的定义，即给出序列的因子集 $\Omega_{\mathbb{M}}$ 到包络词集合的多对一映射，并给出包络词 $\mathrm{Env}(\omega)$ 的基本性质。这些性质将用于将包络词的诱导序列结论推广到任意因子。

定义 4.44（包络词的序关系）

对于任意 $m \geqslant 1$ 和 $i,j \in \{1,2,3,4\}$，令 Thue-Morse 序列中的所有包络词满足序关系

$$
\begin{cases}
\text{当 } i < j \text{ 时，} E_m^i \sqsubset E_m^j; \\
E_m^i \sqsubset E_{m+1}^j_\circ
\end{cases}
\tag{4.110}
$$

定义 4.45（因子 ω 的包络词）

对于任意因子 $\omega \prec \mathbb{M}$，我们将

$$\mathrm{Env}(\omega) = \min_{\sqsubset}\{E_m^i \mid \omega \prec E_m^i,\ 1 \leqslant i \leqslant 4,\ m \geqslant 1\} \tag{4.111}$$

称为因子 ω 的包络词。

根据上述定义，每个因子都存在唯一的包络词。

与 Period-doubling 序列的因子和它的包络词的关系类似，在 Thue-Morse 序列中，对于任意因子 ω，存在唯一的整数 $j \geqslant 0$、因子 u 和 ν，使得

$$\begin{cases} \omega = \mathrm{Env}(\omega)[j+1, j+|\omega|], \\ \mathrm{Env}(\omega) = u * \omega * \nu, \end{cases} \tag{4.112}$$

其中，$0 \leqslant j \leqslant |\mathrm{Env}(\omega)| - |\omega|$，$|u| = j$，$u \vartriangleleft \mathrm{Env}(\omega)$ 和 $\nu \vartriangleright \mathrm{Env}(\omega)$。

事实上，尽管因子 ω 会在序列中多次出现，但上述 ω 和 $\mathrm{Env}(\omega)$ 的位置关系是唯一确定的。也就是说，式 (4.112) 中的 j 仅与因子 ω 有关，与因子第 p 次出现中的位置参数 p 无关。要严谨地表述这一性质，需要先补充 ω_p 的包络词的概念。

如第 3 章所述，对于 $p, q \geqslant 1$，记号 $\omega_p \prec W_q$ 意味着：

$$\begin{cases} \omega \prec W; \\ \mathrm{occ}(W, q) \leqslant \mathrm{occ}(\omega, p) < \mathrm{occ}(\omega, p) + |\omega| - 1 \leqslant \mathrm{occ}(W, q) + |W| - 1。 \end{cases} \tag{4.113}$$

定义 4.46（包络词的序关系）

对于任意 $m, n \geqslant 1$、$i, j \in \{1, 2, 3, 4\}$ 和 $p, q \geqslant 1$，若 E_m^i 和 E_n^j 满足序关系 $E_m^i \sqsubset E_n^j$，则 $E_{m,p}^i$ 和 $E_{n,q}^j$ 满足序关系 $E_{m,p}^i \sqsubset E_{n,q}^j$。

定义 4.47（因子 ω_p 的包络词）

对于任意因子 ω_p 满足 $(\omega, p) \in \Omega_{\mathbb{D}} \times \mathbb{N}$，我们将

$$\mathrm{Env}(\omega_p) = \min_{\sqsubset}\{E_{m,q}^i \mid \omega_p \prec E_{m,q}^i,\ 1 \leqslant i \leqslant 4,\ m, q \geqslant 1\} \tag{4.114}$$

称为因子 ω_p 的包络词。

注记：根据包络词集合 $\{E_m^i \mid 1 \leqslant i \leqslant 4,\ m \geqslant 1\}$ 的定义，对于任意 $m \geqslant 1$，

(1) E_m^1 是序列 $\mathbb{M}$ 的前缀；

(2) $|E_m^1| = 2^m$。

因此,对于任意 ω_p,存在足够大的整数 m' 使得 $\omega_p \prec E_{m',1}^1$。可见上述 $\mathrm{Env}(\omega_p)$ 的概念是定义良好的。

4.3.8　Env(ω_p) 和 Env(ω)$_p$ 的关系:结论

在前文中,我们讨论了 Period-doubling 序列的 $\mathrm{Env}(\omega_p)$ 和 $\mathrm{Env}(\omega)_p$ 的关系。在本部分中,我们将证明 Thue-Morse 序列也有非常类似的关系。

定理 4.48(Env(ω_p) 和 Env(ω)$_p$ 的关系)

对于任意 $(\omega, p) \in \Omega_{\mathbb{M}} \times \mathbb{N}$,有 $\mathrm{Env}(\omega_p) = \mathrm{Env}(\omega)_p$。

定理 4.48 在诱导序列的研究中扮演着非常重要的作用。运用 $\mathrm{Env}(\omega_p)$ 和 $\mathrm{Env}(\omega)_p$ 的关系(定理 4.48),我们可以将 Thue-Morse 序列的诱导序列的结论从包络词(定理 4.42)推广到任意因子(定理 4.52)。

要证明定理 4.48 等价于证明以下差值与参数 p 无关:

$$\mathrm{occ}(\omega, p) - \mathrm{occ}(\mathrm{Env}(\omega), p) = \mathrm{occ}(\omega, 1) - \mathrm{occ}(\mathrm{Env}(\omega), 1) = j。 \tag{4.115}$$

这里的参数 j 与式 (4.112) 中给出的参数 j 一致。

根据式 (4.112),对于任意 $p \geqslant 1$,存在整数 $q \geqslant p$ 使得 $\mathrm{occ}(\omega, q) - \mathrm{occ}(\mathrm{Env}(\omega), p) = j$。事实上,如果有一个 $\mathrm{Env}(\omega)$ 出现在位置 L,则必然有一个 ω 出现在位置 $L + j$。为了证明定理 4.48,即证明 $q = p$,我们只需要证明如下的性质 4.49。

性质 4.49

在 Thue-Morse 序列中,每一次出现的因子 ω 都满足:它的前面是 u 且后面是 ν。这里 u 和 ν 的定义由式 (4.112) 给出。这意味着,每一次出现的因子 ω 都可以扩张为 $\mathrm{Env}(\omega)$。

4.3.9　Env(ω_p) 和 Env(ω)$_p$ 的关系:证明

为了对于任意 $m \geqslant 3$ 证明性质 4.49,我们首先给出两个引理。

引理 4.50

令 ω 是 Thue-Morse 序列 $\mathbb{T}$ 的一个因子,则

(1) 若存在整数 $m \geqslant 2$ 使得 $\mathrm{Env}(\omega) = E_m^1$,则 ω 必然包含以下有限词之一(作为因子):

$$\{\eta_m B_{m-2} b, \eta_{m-1} B_{m-2} a, \eta_m A_{m-2} a\}。 \tag{4.116}$$

(2) 若存在整数 $m \geqslant 2$ 使得 $\mathrm{Env}(\omega) = E_m^2$,则 ω 必然包含以下有限词之一(作为因子):

$$\{\eta_{m-1}A_{m-2}a, \eta_m A_{m-2}b, \eta_{m-1}B_{m-2}b\}。 \tag{4.117}$$

(3) 若存在整数 $m \geqslant 2$ 使得 $\mathrm{Env}(\omega) = E_m^3$，则有 $\eta_{m-1}B_{m-1}a \prec \omega$。

(4) 若存在整数 $m \geqslant 2$ 使得 $\mathrm{Env}(\omega) = E_m^4$，则有 $\eta_m A_{m-1}b \prec \omega$。

根据前文定义的记号可知：A_m 的首字符是 a、尾字符是 η_m；B_m 的首字符是 b、尾字符是 η_{m-1}。引理 4.50 的证明思路与引理 4.17 的证明完全一致。这里仅给出证明的关键：包络词 E_m^i（$i = 1, 2, 3, 4$）的精细结构图。

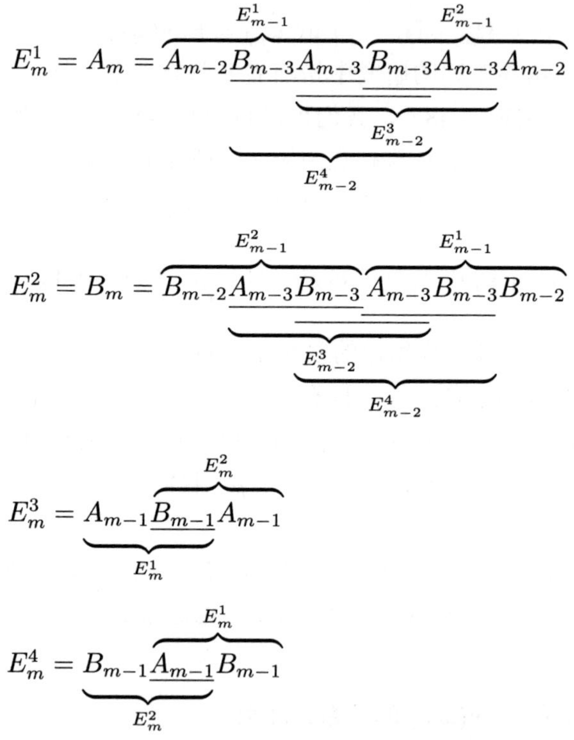

图 4.7　Thue-Morse 序列的包络词 E_m^i 的精细结构，$i = 1, 2, 3, 4$

引理 4.51　对于任意 $m \geqslant 2$，在 Thue-Morse 序列中，

(1) 每一次出现的有限词 $\eta_m B_{m-2}b$ 都可以扩张为 E_m^1；

(2) 每一次出现的有限词 $\eta_{m-1}B_{m-2}a$ 都可以扩张为 E_m^1；

(3) 每一次出现的有限词 $\eta_m A_{m-2}a$ 都可以扩张为 E_m^1；

(4) 每一次出现的有限词 $\eta_{m-1}A_{m-2}a$ 都可以扩张为 E_m^2；

(5) 每一次出现的有限词 $\eta_m A_{m-2}b$ 都可以扩张为 E_m^2；

(6) 每一次出现的有限词 $\eta_{m-1}B_{m-2}b$ 都可以扩张为 E_m^2；

(7) 每一次出现的有限词 $\eta_{m-1}B_{m-1}a \prec \omega$ 都可以扩张为 E_m^3；

(8) 每一次出现的有限词 $\eta_m A_{m-1}b \prec \omega$ 都可以扩张为 E_m^4。

证明　(1) 注意到 $B_{m-2} = E_{m-2}^2$，它的诱导序列为

$$\mathcal{D}_{E_{m-2}^2}(\mathbb{M}) = \theta_3 = \theta_1(\alpha,\beta,\gamma\delta)。 \tag{4.118}$$

表 4.6 给出了字符 $\{\alpha,\beta,\gamma,\delta\}$ 的基本信息。

表 4.6　字符 $\{\alpha,\beta,\gamma,\delta\}$ 的基本信息

回归词	$\Lambda^{-1}(\cdot)$ 的首字符	$\Lambda^{-1}(\cdot)$ 尾字符	B_{m-2} 的后续字符
$R_{\mathbb{M},0}(B_{m-2}) = A_{m-2}$		η_m	
$\Lambda^{-1}(\alpha) = B_{m-2}$	b	η_{m-1}	ε
$\Lambda^{-1}(\beta) = B_{m-2}A_{m-2}$	b	η_m	a
$\Lambda^{-1}(\gamma) = B_{m-2}A_{m-3}$	b	η_{m-1}	a
$\Lambda^{-1}(\delta) = B_{m-2}B_{m-3}$	b	η_m	b

根据上述表格可知：在 Thue-Morse 序列中每一次出现的有限词 $\eta_m B_{m-2}b$ 都将对应诱导序列 $\theta_3 = \theta_1(\alpha,\beta,\gamma\delta)$ 中的下述有限词之一：

$$\begin{cases} \underline{\alpha}\alpha, \underline{\alpha}\beta, \underline{\alpha}\gamma, \underline{\alpha}\delta, \\ \beta\underline{\alpha}\alpha, \beta\underline{\alpha}\beta, \beta\underline{\alpha}\gamma, \beta\underline{\alpha}\delta, \quad \delta\underline{\alpha}\alpha, \delta\underline{\alpha}\beta, \delta\underline{\alpha}\gamma, \delta\underline{\alpha}\delta, \\ \beta\underline{\delta}\alpha, \beta\underline{\delta}\beta, \beta\underline{\delta}\gamma, \beta\underline{\delta}\delta, \quad \delta\underline{\delta}\alpha, \delta\underline{\delta}\beta, \delta\underline{\delta}\gamma, \delta\underline{\delta}\delta \end{cases} \tag{4.119}$$

为了避免混淆，用下画线标注 $\eta_m B_{m-2}b$ 中的 B_{m-2} 对应的诱导序列中的字符。第一行中的 α 是诱导序列的第一个字符，因此它前面的 η_m 是 $R_{\mathbb{M},0}(B_{m-2}) = A_{m-2}$ 的最后一个字符。

进一步地，根据 θ_3 的定义可知，$\{\alpha\alpha,\alpha\delta,\beta\delta,\delta\delta\}$ 都不是 θ_3 的因子。因此式 (4.119) 中给出的 20 个有限词中，只有以下 6 个可能是 θ_3 的因子：

$$\{\underline{\alpha}\beta, \underline{\alpha}\gamma, \beta\underline{\alpha}\beta, \beta\underline{\alpha}\gamma, \delta\underline{\alpha}\beta, \delta\underline{\alpha}\gamma\}。 \tag{4.120}$$

根据表格 4.6 可以将上述 6 个因子展开为包含 $\eta_m \underline{B_{m-2}}b$ 的形式：

$$\begin{cases} R_{\mathrm{M},0}(B_{m-2})\Lambda^{-1}(\underline{\alpha}\beta) = A_{m-2}\underline{B_{m-2}}B_{m-2}A_{m-2} \\ = A_{m-2}\eta_m^{-1} * \eta_m\underline{B_{m-2}}b * b^{-1}B_{m-2}A_{m-2}, \\ R_{\mathrm{T},0}(B_{m-2})\Lambda^{-1}(\underline{\alpha}\gamma) = A_{m-2}\underline{B_{m-2}}B_{m-2}A_{m-3} \\ = A_{m-2}\eta_m^{-1} * \eta_m\underline{B_{m-2}}b * b^{-1}B_{m-2}A_{m-3}, \\ \Lambda^{-1}(\beta\underline{\alpha}\beta) = B_{m-2}A_{m-2}\underline{B_{m-2}}B_{m-2}A_{m-2} \\ = B_{m-2}A_{m-2}\eta_m^{-1} * \eta_m\underline{B_{m-2}}b * b^{-1}B_{m-2}A_{m-2}, \\ \Lambda^{-1}(\beta\underline{\alpha}\gamma) = B_{m-2}A_{m-2}\underline{B_{m-2}}B_{m-2}A_{m-3} \\ = B_{m-2}A_{m-2}\eta_m^{-1} * \eta_m\underline{B_{m-2}}b * b^{-1}B_{m-2}A_{m-3}, \\ \Lambda^{-1}(\delta\underline{\alpha}\beta) = B_{m-2}B_{m-3}\underline{B_{m-2}}B_{m-2}A_{m-2} \\ = B_{m-2}B_{m-3}\eta_m^{-1} * \eta_m\underline{B_{m-2}}b * b^{-1}B_{m-2}A_{m-2}, \\ \Lambda^{-1}(\delta\underline{\alpha}\gamma) = B_{m-2}B_{m-3}\underline{B_{m-2}}B_{m-2}A_{m-3} \\ = B_{m-2}B_{m-3}\eta_m^{-1} * \eta_m\underline{B_{m-2}}b * b^{-1}B_{m-2}A_{m-3}。 \end{cases} \tag{4.121}$$

其中，$\{R_{\mathrm{M},0}(B_{m-2})\Lambda^{-1}(\underline{\alpha}\beta), \Lambda^{-1}(\beta\underline{\alpha}\beta), \Lambda^{-1}(\delta\underline{\alpha}\beta)\}$ 显然包含包络词

$$E_m^1 = A_m = A_{m-2}\underline{B_{m-2}}B_{m-2}A_{m-2}。 \tag{4.122}$$

而且扩展的方式与图 4.7 完全一致。又由于每个回归词的前缀都是 B_{m-2}，因此

$$\{R_{\mathrm{M},0}(B_{m-2})\Lambda^{-1}(\underline{\alpha}\gamma), \Lambda^{-1}(\beta\underline{\alpha}\gamma), \Lambda^{-1}(\delta\underline{\alpha}\gamma)\} \tag{4.123}$$

的后续因子都是 B_{m-2}。显然它们也都包含包络词，而且扩展方式与图 4.7 完全一致。

由此，我们证明了结论 (1)。

(2) 运用类似的分析方法可知，本引理中的其他几个结论也成立。 □

综上，运用上述两个引理我们证明了性质 4.49。这意味着我们证明了**定理 4.48**：对于任意 $(\omega, p) \in \Omega_{\mathbb{M}} \times \mathbb{N}$，有 $\mathrm{Env}(\omega_p) = \mathrm{Env}(\omega)_p$。

4.3.10 任意因子的诱导序列

下面，我们运用定理 4.48 将 Thue-Morse 序列的诱导序列的结论从包络词（定理 4.42）推广到任意因子（定理 4.52）。本部分与 Period-doubling 序列的相

应内容非常相似。因此，这里仅给出关键定理，其他细节从略。

定理 4.52（任意因子的诱导序列）

对于 Thue-Morse 序列的任意因子 $\omega \neq a, b$，有：

(1) 若存在整数 $m \geqslant 1$ 使得 $\text{Env}(\omega) = E_m^1$，则诱导序列 $\mathcal{D}_\omega(\mathbb{M}) = \theta_2 = \theta_1(\alpha\beta, \gamma, \delta)$，其中，$\sigma_1(\alpha) = \alpha\beta\gamma$，$\sigma_1(\beta) = \alpha\gamma$，$\sigma_1(\gamma) = \beta$。

(2) 若存在整数 $m \geqslant 1$ 使得 $\text{Env}(\omega) = E_m^2$，则诱导序列 $\mathcal{D}_\omega(\mathbb{M}) = \theta_3 = \theta_1(\alpha, \beta, \gamma\delta)$。

(3) 若存在整数 $m \geqslant 1$ 使得 $\text{Env}(\omega) = E_m^3$ 或 E_m^4，则诱导序列 $\mathcal{D}_\omega(\mathbb{M}) = \theta_4 = \sigma_4^\infty(\alpha)$，其中，$\sigma_4(\alpha) = \alpha\beta\gamma$，$\sigma_4(\beta) = \delta$，$\sigma_4(\gamma) = \alpha$，$\sigma_4(\delta) = \delta\gamma\beta$。

4.4　Thue-Morse 序列诱导序列的自反性

在前文中，我们讨论了 Period-doubling 序列的**自反性**（reflexivity）。粗略地讲：将诱导序列 $\mathbb{D}(\alpha, \beta\beta)$（或 $\mathbb{D}(\alpha\beta, \alpha\gamma\alpha\gamma)$）视为新的原序列，再次针对任意因子生成诱导序列，则新的诱导序列也是 $\mathbb{D}(\alpha, \beta\beta)$ 或 $\mathbb{D}(\alpha\beta, \alpha\gamma\alpha\gamma)$ 之一。这个有趣且简洁的性质在 Thue-Morse 序列中依然存在。本部分旨在给出几个简单的图示和实例，直观地展示 Thue-Morse 序列诱导序列的自反性是什么样的，具体的证明细节从略。

实例 4.53（序列 $\mathbb{M}$ 和 θ_i 的前若干项）

为了便于研究，下面给出序列 $\mathbb{M}$ 和 θ_i（$1 \leqslant i \leqslant 4$）的前若干项。注意到，我们将字符集从 $\{\alpha, \beta, \gamma\}$ 或 $\{\alpha, \beta, \gamma, \delta\}$ 调整为 $\{a, b, c\}$ 或 $\{a, b, c, d\}$，显然本质不变。

$\mathbb{M} = abbabaabbaababbabaabbbaabbabaabbaababbaabbab\cdots$

$\theta_1 = abcacbabcbacabcacbacabcbabcacbabcbacabcbabcacb\cdots$

$\theta_2 = abcdabdcabcdcabdabcdabdcabdabcdcabcdabdcabcd\cdots$，特别地，$\theta_2[5, 8] = abdc$

$\theta_3 = abcdacdbabcdbacdabcdacdbacdabcdcbabcdacdbabcd\cdots$，特别地，$\theta_3[5, 8] = acdb$

$\theta_4 = abcdadcbabcdcbadabcdadcbadabcdcbabcdadcbabcd\cdots$，特别地，$\theta_4[5, 8] = adcb$

事实上，我们很容易通过 $\theta_i[5, 8]$ 区别序列 θ_i，$i = 2, 3, 4$。

4.4.1　自反性的图示

Thue-Morse 序列的诱导序列的自反性可以用图 4.8 直观地展示。

(1) 序列定义为:

$\mathbb{M} = \sigma^\infty(a)$, $\sigma(a) = ab$, $\sigma(b) = ba$。

$\theta_1 = \sigma_1^\infty(a)$, $\sigma_1(a) = abc$, $\sigma_1(b) = ac$, $\sigma_1(c) = b$。

$\theta_4 = \sigma_4^\infty(a)$, $\sigma_4(a) = abc$, $\sigma_4(b) = d$, $\sigma_4(c) = a$, $\sigma_4(d) = dcb$。

(2) 这些序列之间的关系为:

$\theta_1(abb, ab, a) = \mathbb{M}$;

$\theta_4(ab, b, a, ba) = \mathbb{M}$。

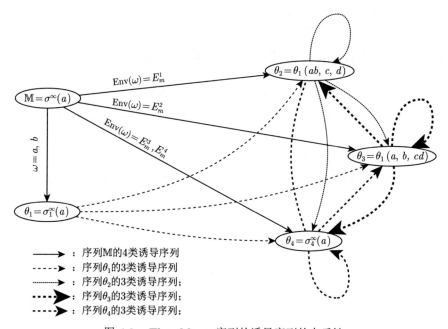

图 4.8　Thue-Morse 序列的诱导序列的自反性

4.4.2　自反性的实例: 序列 θ_1 中部分因子的诱导序列

诱导序列 $\mathcal{D}_a(\mathbb{M}) = \theta_1 = \sigma_1^\infty(a)$, 其中, $\sigma_1(a) = abc$, $\sigma_1(b) = ac$, $\sigma_1(c) = b$。

(1) 诱导序列 θ_1 中 $\omega = a$ 的诱导序列

$$\theta_1 = \underbrace{abc}_{A}\ \underbrace{acb}_{B}\ \underbrace{abcb}_{C}\ \underbrace{ac}_{D}\ \underbrace{abc}_{A}\ \underbrace{acb}_{B}\ \underbrace{ac}_{D}\ \underbrace{abcb}_{C}\ \underbrace{abc}_{A}\ \underbrace{acb}_{B}\ \underbrace{abcb}_{C}\ \underbrace{ac}_{D}$$

$$\underbrace{abcb}_{C}\ \underbrace{abc}_{A}\ \underbrace{acb}_{B}\ \underbrace{ac}_{D}\ \underbrace{abc}_{A}\ \underbrace{acb}_{B}\ \underbrace{abcb}_{C}\ \underbrace{ac}_{D}\ \cdots 。 \tag{4.124}$$

容易看出，诱导序列 θ_1 中 $\omega = a$ 的诱导序列 $\{R_p(\omega)\}_{p \geqslant 1}$ 是字符集

$$\{R_1(\omega), R_2(\omega), R_3(\omega), R_4(\omega)\} = \{abc, acb, abcb, ac\} := \{A, B, C, D\} \quad (4.125)$$

上的 $\theta_2 = \theta_1(ab, c, d)$ 序列。

(2) 诱导序列 θ_1 中 $\omega = b$ 的诱导序列

$$\theta_1 = a \underbrace{bcac}_{A} \underbrace{ba}_{B} \underbrace{bc}_{C} \underbrace{baca}_{D} \underbrace{bcac}_{A} \underbrace{baca}_{D} \underbrace{bc}_{C} \underbrace{ba}_{B} \underbrace{bcac}_{A} \underbrace{ba}_{B} \underbrace{bc}_{C} \underbrace{baca}_{D}$$

$$\underbrace{bc}_{C} \underbrace{ba}_{B} \underbrace{bcac}_{A} \underbrace{baca}_{D} \underbrace{bcac}_{A} \underbrace{ba}_{B} \underbrace{bc}_{C} \underbrace{baca}_{D} \cdots。 \quad (4.126)$$

容易看出，诱导序列 θ_1 中 $\omega = b$ 的诱导序列 $\{R_p(\omega)\}_{p \geqslant 1}$ 是字符集

$$\{R_1(\omega), R_2(\omega), R_3(\omega), R_4(\omega)\} = \{bcac, ba, bc, baca\} := \{A, B, C, D\} \quad (4.127)$$

上的 θ_4 序列。

(3) 诱导序列 θ_1 中 $\omega = c$ 的诱导序列

$$\theta_1 = ab \underbrace{ca}_{A} \underbrace{cbab}_{B} \underbrace{cba}_{C} \underbrace{cab}_{D} \underbrace{ca}_{A} \underbrace{cba}_{C} \underbrace{cab}_{D} \underbrace{cbab}_{B} \underbrace{ca}_{A} \underbrace{cbab}_{B} \underbrace{cba}_{C} \underbrace{cab}_{D}$$

$$\underbrace{cbab}_{B} \underbrace{ca}_{A} \underbrace{cba}_{C} \underbrace{cab}_{D} \underbrace{ca}_{A} \underbrace{cbab}_{B} \underbrace{cba}_{C} \underbrace{cab}_{D} \cdots。 \quad (4.128)$$

容易看出，诱导序列 θ_1 中 $\omega = c$ 的诱导序列 $\{R_p(\omega)\}_{p \geqslant 1}$ 是字符集

$$\{R_1(\omega), R_2(\omega), R_3(\omega), R_4(\omega)\} = \{ca, cbab, cba, cab\} := \{A, B, C, D\} \quad (4.129)$$

上的 $\theta_3 = \theta_1(a, b, cd)$ 序列。

性质 4.54（序列 θ_1 的诱导序列）

序列 θ_1 的因子有 3 种可能的诱导序列：θ_2，θ_3，θ_4。特别地，

$$\begin{cases} \mathcal{D}_a(\theta_1) = \theta_2; \\ \mathcal{D}_b(\theta_1) = \theta_4; \\ \mathcal{D}_c(\theta_1) = \theta_3。 \end{cases} \quad (4.130)$$

4.4.3 自反性的实例：序列 θ_2 中部分因子的诱导序列

诱导序列 $\mathcal{D}_{E_m^1}(\mathbb{M}) = \theta_2 = \theta_1(ab, c, d)$。容易看出，诱导序列 θ_2 和 θ_1 本质上是一样的。

仍然以字符 $\{a, b, c, d\}$ 为例, 具体而言:

(1) 序列 θ_2 中因子 a 和 b 的诱导序列与序列 θ_1 中因子 a 的诱导序列相同, 即

$$\mathcal{D}_a(\theta_2) = \mathcal{D}_b(\theta_2) = \mathcal{D}_a(\theta_1) = \theta_2 \text{。} \tag{4.131}$$

(2) 序列 θ_2 中因子 c 的诱导序列与序列 θ_1 中因子 b 的诱导序列相同, 即

$$\mathcal{D}_c(\theta_2) = \mathcal{D}_b(\theta_1) = \theta_4 \text{。} \tag{4.132}$$

(3) 序列 θ_2 中因子 d 的诱导序列与序列 θ_1 中因子 c 的诱导序列相同, 即

$$\mathcal{D}_d(\theta_2) = \mathcal{D}_c(\theta_1) = \theta_3 \text{。} \tag{4.133}$$

4.4.4 自反性的实例: 序列 θ_3 中部分因子的诱导序列

诱导序列 $\mathcal{D}_{E_m^2}(\mathbb{M}) = \theta_3 = \theta_1(a, b, cd)$。容易看出, 诱导序列 θ_3 和 θ_1 本质上是一样的。

仍然以字符 $\{a, b, c, d\}$ 为例, 具体而言:

(1) 序列 θ_3 中因子 a 的诱导序列与序列 θ_1 中因子 a 的诱导序列相同, 即

$$\mathcal{D}_a(\theta_3) = \mathcal{D}_a(\theta_1) = \theta_2 \text{。} \tag{4.134}$$

(2) 序列 θ_3 中因子 b 的诱导序列与序列 θ_1 中因子 b 的诱导序列相同, 即

$$\mathcal{D}_b(\theta_3) = \mathcal{D}_b(\theta_1) = \theta_4 \text{。} \tag{4.135}$$

(3) 序列 θ_3 中因子 c 和 d 的诱导序列与序列 θ_1 中因子 c 的诱导序列相同, 即

$$\mathcal{D}_c(\theta_3) = \mathcal{D}_d(\theta_3) = \mathcal{D}_c(\theta_1) = \theta_3 \text{。} \tag{4.136}$$

4.4.5 自反性的实例: 序列 θ_4 中部分因子的诱导序列

诱导序列 $\mathcal{D}_{E_m^3}(\mathbb{M}) = \mathcal{D}_{E_m^4}(\mathbb{M}) = \theta_4 = \sigma_4^{\infty}(a)$, 其中, $\sigma_4(a) = abc$, $\sigma_4(b) = d$, $\sigma_4(c) = a$, $\sigma_4(d) = dcb$。

(1) 诱导序列 θ_4 中 $\omega = a$ 的诱导序列

$$\theta_4 = \underbrace{abcd}_{A}\underbrace{adcb}_{B}\underbrace{abcdcb}_{C}\underbrace{ad}_{D}\underbrace{abcd}_{A}\underbrace{adcb}_{B}\underbrace{ad}_{D}\underbrace{abcdcb}_{C}\underbrace{abcd}_{A}\underbrace{adcb}_{B}\underbrace{abcdcb}_{C}\underbrace{ad}_{D}$$

$$\underbrace{abcdcb}_{C}\underbrace{abcd}_{A}\underbrace{adcb}_{B}\underbrace{ad}_{D}\underbrace{abcd}_{A}\underbrace{adcb}_{B}\underbrace{abcdcb}_{C}\underbrace{ad}_{D} \cdots \text{。} \tag{4.137}$$

容易看出，诱导序列 θ_4 中 $\omega = a$ 的诱导序列 $\{R_p(\omega)\}_{p \geqslant 1}$ 是字符集

$$\{R_1(\omega), R_2(\omega), R_3(\omega), R_4(\omega)\}$$

$$= \{abcd, adcb, abcdcb, ad\} := \{A, B, C, D\} \tag{4.138}$$

上的 $\theta_2 = \theta_1(ab, c, d)$ 序列。

(2) 诱导序列 θ_4 中 $\omega = b$ 的诱导序列

$$\theta_4 = a \underbrace{bcdadc}_{A} \underbrace{ba}_{B} \underbrace{bcdc}_{C} \underbrace{bada}_{D} \underbrace{bcdadc}_{A} \underbrace{bada}_{D} \underbrace{bcdc}_{C} \underbrace{ba}_{B} \underbrace{bcdadc}_{A} \underbrace{ba}_{B} \underbrace{bcdc}_{C} \underbrace{bada}_{D}$$

$$\underbrace{bcdc}_{C} \underbrace{ba}_{B} \underbrace{bcdadc}_{A} \underbrace{bada}_{D} \underbrace{bcdadc}_{A} \underbrace{ba}_{B} \underbrace{bcdc}_{C} \underbrace{bada}_{D} \cdots 。 \tag{4.139}$$

容易看出，诱导序列 θ_4 中 $\omega = b$ 的诱导序列 $\{R_p(\omega)\}_{p \geqslant 1}$ 是字符集

$$\{R_1(\omega), R_2(\omega), R_3(\omega), R_4(\omega)\}$$

$$= \{bcdadc, ba, bcdc, bada\} := \{A, B, C, D\} \tag{4.140}$$

上的 θ_4 序列。

(3) 诱导序列 θ_4 中 $\omega = c$ 的诱导序列

$$\theta_4 = ab \underbrace{cdad}_{A} \underbrace{cbab}_{B} \underbrace{cd}_{C} \underbrace{cbadab}_{D} \underbrace{cdad}_{A} \underbrace{cbadab}_{D} \underbrace{cd}_{C} \underbrace{cbab}_{B} \underbrace{cdad}_{A} \underbrace{cbab}_{B} \underbrace{cd}_{C} \underbrace{cbadab}_{D}$$

$$\underbrace{cd}_{C} \underbrace{cbab}_{B} \underbrace{cdad}_{A} \underbrace{cbadab}_{D} \underbrace{cdad}_{A} \underbrace{cbab}_{B} \underbrace{cd}_{C} \underbrace{cbadab}_{D} \cdots 。 \tag{4.141}$$

容易看出，诱导序列 θ_4 中 $\omega = c$ 的诱导序列 $\{R_p(\omega)\}_{p \geqslant 1}$ 是字符集

$$\{R_1(\omega), R_2(\omega), R_3(\omega), R_4(\omega)\}$$

$$= \{cdad, cbab, cd, cbadab\} := \{A, B, C, D\} \tag{4.142}$$

上的 θ_4 序列。

(4) 诱导序列 θ_4 中 $\omega = d$ 的诱导序列

$$\theta_4 = abc \underbrace{da}_{A} \underbrace{dcbabc}_{B} \underbrace{dcba}_{C} \underbrace{dabc}_{D} \underbrace{da}_{A} \underbrace{dcba}_{C} \underbrace{dabc}_{D} \underbrace{dcbabc}_{B} \underbrace{da}_{A} \underbrace{dcbabc}_{B} \underbrace{dcba}_{C} \underbrace{dabc}_{D}$$

$$\underbrace{dcbabc}_{B} \underbrace{da}_{A} \underbrace{dcba}_{C} \underbrace{dabc}_{D} \underbrace{da}_{A} \underbrace{dcbabc}_{B} \underbrace{dcba}_{C} \underbrace{dabc}_{D} \cdots 。 \tag{4.143}$$

容易看出，诱导序列 θ_4 中 $\omega = d$ 的诱导序列 $\{R_p(\omega)\}_{p \geqslant 1}$ 是字符集

$$\{R_1(\omega), R_2(\omega), R_3(\omega), R_4(\omega)\}$$

$$= \{da, dcbabc, dcba, dabc\} := \{A, B, C, D\} \tag{4.144}$$

上的 $\theta_3 = \theta_1(a, b, cd)$ 序列。

第 5 章 因 子 谱

我们将同时考虑因子变量 ω 和位置变量 p（或位置变量 n）的联合影响的词上组合性质称为因子谱（the factor spectrum）性质，它是一个二元函数。因子谱是一项全新的研究工作，参考文献 [15] 首先定义并研究了它，参考文献 [16] 和 [17] 从不同角度对它做出了进一步解读。因子谱性质是经典词上组合性质的序列性质。它是全新的研究视角和有力的研究工具，可以解决很多传统研究方法无法解决的问题，具有重要的研究价值。

在第 2 章中，我们已经通过实例展示了因子谱的研究意义。尽管已经取得了不少成果，但因子谱的研究还远未成体系。如前所述，我们陷入了在两类因子谱之间难以抉择的困境。

第一类因子谱：基于因子变量 ω 和位置变量 p 的因子谱。

第二类因子谱：基于因子变量 ω 和位置变量 n 的因子谱。

在本章中，我们将介绍这两类因子谱的现有成果。

5.1 第一类因子谱

在参考文献 [16] 中**因子谱**正式成为研究的主角，我们提出了基于因子变量 $\omega \in \Omega_\rho$ 和位置变量 $p \in \mathbb{N}$ 的因子谱：

$$\mathrm{Spt}(\rho, \mathcal{P}) := \{\omega_p \mid 第 p 次出现的因子 \omega 满足性质 \mathcal{P}\}, \tag{5.1}$$

并综述了若干有趣的结论。本书将其称为**第一类因子谱**。

5.1.1 Fibonacci 序列的因子谱

参考文献 [16] 综述了 Fibonacci 序列中若干常见组合性质的**第一类因子谱**。当然，这些结论都是作为 Fibonacci 序列的诱导序列性质得到的，见参考文献 [15]。我们首先定义了 $(\Omega_{\mathbb{F}}, \mathbb{N})$ 的若干子集，它们是 $(\Omega_{\mathbb{F}}, \mathbb{N})$ 的划分，见式 (5.2) 和图 5.1。

$$\begin{cases} S_1 = \bigcup_{m=-1}\{\omega_p \mid \mathrm{Ker}(\omega)=K_m, |\omega|=f_m\}, \\ S_{2.1} = \bigcup_{m=-1}\{\omega_p \mid \mathrm{Ker}(\omega)=K_m, |\omega|=f_{m+1}, \mathbb{F}[p]=a\}, \\ S_{2.2} = \bigcup_{m=-1}\{\omega_p \mid \mathrm{Ker}(\omega)=K_m, |\omega|=f_{m+1}, \mathbb{F}[p]=b\}, \\ S_{3.1} = \bigcup_{m=-1}\{\omega_p \mid \mathrm{Ker}(\omega)=K_m, |\omega|=f_{m+2}, \mathbb{F}[p]=a\}, \\ S_{3.2} = \bigcup_{m=-1}\{\omega_p \mid \mathrm{Ker}(\omega)=K_m, |\omega|=f_{m+2}, \mathbb{F}[p]=b\}, \\ S_4 = \bigcup_{m=-1}\{\omega_p \mid \mathrm{Ker}(\omega)=K_m, f_m<|\omega|<f_{m+1}\}, \\ S_{5.1} = \bigcup_{m=-1}\{\omega_p \mid \mathrm{Ker}(\omega)=K_m, f_{m+1}<|\omega|<f_{m+2}, \mathbb{F}[p]=a\}, \\ S_{5.2} = \bigcup_{m=-1}\{\omega_p \mid \mathrm{Ker}(\omega)=K_m, f_{m+1}<|\omega|<f_{m+2}, \mathbb{F}[p]=b\}, \\ S_6 = \bigcup_{m=-1}\{\omega_p \mid \mathrm{Ker}(\omega)=K_m, f_{m+2}<|\omega|<f_{m+3}\}。 \end{cases} \tag{5.2}$$

显然，$S_{2.1}$ 和 $S_{2.2}$ 的不交并为 $\bigcup_{m=-1}\{\omega_p \mid \mathrm{Ker}(\omega)=K_m, |\omega|=f_{m+1}\}$。

	$\mathbb{F}[p]=a$	$\mathbb{F}[p]=b$
$|\omega|=f_m$	S_1	
$|\omega|=f_{m+1}$	$S_{2.1}$	$S_{2.2}$
$|\omega|=f_{m+2}$	$S_{3.1}$	$S_{3.2}$
$f_m<|\omega|<f_{m+1}$	S_4	
$f_{m+1}<|\omega|<f_{m+2}$	$S_{5.1}$	$S_{5.2}$
$f_{m+2}<|\omega|<f_{m+3}$	S_6	

图 5.1　式 (5.2) 中给出的 $(\Omega_\mathbb{F}, \mathbb{N})$ 的若干子集

如前所述，本书中将词上组合中的几个常见性质记为：**正分离**（separated，记为 $\mathcal{P}_1$）、**相邻**（adjacent，记为 $\mathcal{P}_2$）、**重叠**（overlapped，记为 $\mathcal{P}_3$）。具体而言，

$$\begin{cases} \omega_p \in \mathcal{P}_1 \iff \mathrm{occ}(\omega, p+1) - \mathrm{occ}(\omega, p) > |\omega|; \\ \omega_p \in \mathcal{P}_2 \iff \mathrm{occ}(\omega, p+1) - \mathrm{occ}(\omega, p) = |\omega|; \\ \omega_p \in \mathcal{P}_3 \iff \mathrm{occ}(\omega, p+1) - \mathrm{occ}(\omega, p) < |\omega|。 \end{cases} \tag{5.3}$$

性质 5.1（Fibonacci 序列的因子谱）

(1) $\mathrm{Spt}(\mathbb{F}, \mathcal{P}_1) = S_1 \cup S_{2.1} \cup S_4 \cup S_{5.1}$；

(2) $\mathrm{Spt}(\mathbb{F}, \mathcal{P}_2) = S_{2.2} \cup S_{3.1}$；

(3) $\mathrm{Spt}(\mathbb{F}, \mathcal{P}_3) = S_{3.2} \cup S_{5.2} \cup S_6$。

根据上述因子谱 $\mathrm{Spt}(\mathbb{F}, \mathcal{P}_2)$ 的结论，我们可以重新证明一个词上组合领域的经典结论：Fibonacci 序列中平方词的长度为 $2f_m$。进一步地，我们可以找出属于因子谱 $\mathrm{Spt}(\mathbb{F}, \mathcal{P}_2)$ 的所有长度为 f_m 的因子。

5.1.2 Period-doubling 序列的因子谱

参考文献 [16] 还采用类似的思路给出了 Period-doubling 序列中若干常见组合性质的**第一类因子谱**。我们首先定义了 $(\Omega_{\mathbb{D}}, \mathbb{N})$ 的若干子集，它们是 $(\Omega_{\mathbb{D}}, \mathbb{N})$ 的划分，见式 (5.4) 和图 5.2。

$$
\begin{cases}
S_1 & = \bigcup_{m=1}\{\omega_p \mid \mathrm{Env}(\omega) = E_m^1, \mathbb{D}(\alpha, \beta\beta)[p] = \alpha\}, \\
S_{2.1} & = \bigcup_{m=1}\{\omega_p \mid \mathrm{Env}(\omega) = E_m^1, |\omega| < 2^{m-1}, \mathbb{D}(\alpha, \beta\beta)[p] = \beta\}, \\
S_{2.2} & = \bigcup_{m=1}\{\omega_p \mid \mathrm{Env}(\omega) = E_m^1, |\omega| = 2^{m-1}, \mathbb{D}(\alpha, \beta\beta)[p] = \beta\}, \\
S_{2.3} & = \bigcup_{m=1}\{\omega_p \mid \mathrm{Env}(\omega) = E_m^1, |\omega| > 2^{m-1}, \mathbb{D}(\alpha, \beta\beta)[p] = \beta\}, \\
S_3 & = \bigcup_{m=1}\{\omega_p \mid \mathrm{Env}(\omega) = E_m^2, \mathbb{D}(\alpha\beta, \alpha\gamma\alpha\gamma)[p] = \alpha\}, \\
S_4 & = \bigcup_{m=1}\{\omega_p \mid \mathrm{Env}(\omega) = E_m^2, \mathbb{D}(\alpha\beta, \alpha\gamma\alpha\gamma)[p] \neq \alpha\}_\circ
\end{cases}
\tag{5.4}
$$

显然，$S_{2.1}$、$S_{2.2}$ 和 $S_{2.3}$ 的不交并为 $\bigcup_{m=1}\{\omega_p \mid \mathrm{Env}(\omega) = E_m^1, \mathbb{D}(\alpha, \beta\beta)[p] = \beta\}$。

	$\mathbb{D}(\alpha, \beta\beta)[p] = \alpha$	$\mathbb{D}(\alpha, \beta\beta)[p] = \beta$
$\mathrm{Env}(\omega) = E_m^1$	S_1	$S_{2.1}$
		$S_{2.2}$
		$S_{2.3}$
$\mathrm{Env}(\omega) = E_m^2$	S_3	S_4
	$\mathbb{D}(\alpha\beta, \alpha\gamma\alpha\gamma)[p] = \alpha$	$\mathbb{D}(\alpha\beta, \alpha\gamma\alpha\gamma)[p] \neq \alpha$

图 5.2 式 (5.4) 中给出的 $(\Omega_{\mathbb{D}}, \mathbb{N})$ 的若干子集

性质 5.2（Period-doubling 序列的因子谱）

(1) $\mathrm{Spt}(\mathbb{D}, \mathcal{P}_1) = S_1 \cup S_4 \cup S_{2.1}$；

(2) $\mathrm{Spt}(\mathbb{D}, \mathcal{P}_2) = S_{2.2}$；

(3) $\mathrm{Spt}(\mathbb{D}, \mathcal{P}_3) = S_3 \cup S_{2.3}$。

这里，我们只考虑 ω_p 和 ω_{p+1} 之间的位置关系。这是因为对于任意 $q - p \geqslant 2$，ω_p 和 ω_q 之间一定是正分离的。事实上，根据回归词 $R_{\mathbb{D},p}(\omega)$ 的定义和结论，对于任意 $p \geqslant 1$

$$
(\omega)_{p+2} - (\omega)_p = |R_{\mathbb{D},p}(\omega) R_{\mathbb{D},p+1}(\omega)|_\circ
\tag{5.5}
$$

以 $\mathrm{Env}(\omega) = E_m^1$ 为例。由于 $\mathbb{D}(\alpha, \beta\beta)$ 中所有长度为 2 的因子为

$$\{\alpha\beta, \beta\alpha, \alpha\alpha, \beta\beta\}, \tag{5.6}$$

故 $|R_{\mathbb{D},p}(\omega)R_{\mathbb{D},p+1}(\omega)|$ 的长度一定属于以下集合

$$\{|R_{\mathbb{D},1}(\omega)R_{\mathbb{D},1}(\omega)|, |R_{\mathbb{D},1}(\omega)R_{\mathbb{D},2}(\omega)|, |R_{\mathbb{D},2}(\omega)R_{\mathbb{D},2}(\omega)|\}$$
$$= \{2^{m+1}, 3 \times 2^m, 2^m\}。 \tag{5.7}$$

以上所有的长度都大于 $|\omega|$,因为 $|\omega| \leqslant 2^m - 1$。可见它们一定是正分离的。

证明 以 $\mathrm{Env}(\omega) = E_m^1$($m \geqslant 3$)为例。一方面,所有具有包络词 E_m^1 的因子 ω 必然满足 $|\omega| \leqslant |E_m^1| = 2^m - 1$。另一方面,根据第 4 章中的结论(引理 4.17)ω 必然包含以下有限词之一:

$$\{\delta_m E_{m-2}^1 \delta_{m-1}, \delta_{m-1} E_{m-2}^1 \delta_{m-1}, \delta_{m-1} E_{m-2}^1 \delta_m\}。 \tag{5.8}$$

因此 $|\omega| \geqslant |E_{m-2}^1| + 2 = 2^{m-2} + 1$,即 $2^{m-2} + 1 \leqslant |\omega| \leqslant 2^m - 1$。

根据第 4 章中的结论(定理 4.20),$\mathcal{D}_\omega(\mathbb{D}) = \mathbb{D}(\alpha, \beta\beta)$。

(1) 当 $\mathbb{D}(\alpha, \beta\beta)[p] = \alpha$ 时,$|R_{\mathbb{D},p}(\omega)| = |R_{\mathbb{D},1}(\omega)| = 2^m$。在这种情况下,始终有

$$|R_{\mathbb{D},p}(\omega)| > |\omega|。 \tag{5.9}$$

因此,对于任意 $p \geqslant 1$,ω_p 和 ω_{p+1} 之间都是正分离的。这意味着 $\omega_p \in \mathcal{P}_1$。

(2) 当 $\mathbb{D}(\alpha, \beta\beta)[p] = \beta$ 时,$|R_{\mathbb{D},p}(\omega)| = |R_{\mathbb{D},2}(\omega)| = 2^{m-1}$。在这种情况下,针对不同的因子长度 $|\omega|$,因子 ω_p 具有不同的性质。具体而言:

$$\begin{cases} 2^{m-2} + 1 \leqslant |\omega| < 2^{m-1} & \implies \omega_p \in \mathcal{P}_1, \\ |\omega| = 2^{m-1} & \implies \omega_p \in \mathcal{P}_2, \\ 2^{m-1} < \omega \leqslant 2^m - 1 & \implies \omega_p \in \mathcal{P}_3。 \end{cases} \tag{5.10}$$

类似地,我们可以证明对于具有其他包络词的因子,本性质中的结论依然成立。□

根据上述因子谱 $\mathrm{Spt}(\mathbb{D}, \mathcal{P}_2)$ 的结论,我们可以重新证明两个在文章 Damanik[37] 中给出的词上组合领域的经典结论:

(1) 序列 $\mathbb{D}$ 中的所有平方词是

$$\bigcup_{m \geqslant 1} \{A_{m-1}[j+1, 2^{m-1}]A_{m-1}A_{m-1}[1, j] \mid 0 \leqslant j < 2^{m-1}\}; \tag{5.11}$$

(2) 对于任意 $m \geqslant 1$，序列中有 2^{m-1} 个不同的、长度为 2^m 的平方词。

进一步地，我们还得到了一个该文中没有提到的新结论：

(3) 序列 $\mathbb{D}$ 中的所有立方词是

$$\bigcup_{m \geqslant 0} \{A_m[j+1, 2^m]A_m A_m A_m[1,j] \mid 0 \leqslant j < 2^m\}。 \tag{5.12}$$

5.2 第二类因子谱

根据具体的研究需要，我们在参考文献 [17] 中定义了另一种形式的因子谱：

$$\widetilde{\mathrm{Spt}}(\rho, \mathcal{P}) := \{(\omega, n) \mid \text{因子}\omega\text{出现在位置}n，\text{并且它满足性质}\mathcal{P}\}。 \tag{5.13}$$

简单地说，它是基于因子变量 $\omega \in \Omega_\rho$ 和位置变量 $n \in \mathbb{N}$ 的因子谱，称为**第二类因子谱**。

5.2.1 对比：重新表述第 2 章的实例

在第 2 章中，我们用因子 $\omega = ab$ 在 Period-doubling 序列 $\mathbb{D}$ 中前 5 次出现的位置关系阐述了研究因子谱的重要性。当时采用了第一类因子谱的表述方法。作为对比，这里给出采用第二类因子谱的表述方法。

实例 5.3（用第二类因子谱重新表述第 2 章的实例）

式 (5.14) 给出了因子 $\omega = ab$ 在 Period-doubling 序列 $\mathbb{D}$ 中前 5 次出现的位置，

$$\mathbb{D} = \underbrace{ab}_{[1]} aa \underbrace{ab}_{[2]} \underbrace{ab}_{[3]} \underbrace{ab}_{[4]} aa \underbrace{ab}_{[5]} aa \cdots。 \tag{5.14}$$

可见，前 5 次出现的位置分别是 $\mathbb{D}[1,2]$、$\mathbb{D}[5,6]$、$\mathbb{D}[7,8]$、$\mathbb{D}[9,10]$ 和 $\mathbb{D}[13,14]$。

$$\begin{cases} \text{第 1、4、5 次出现的}\omega\text{后续没有接着因子}\omega = ab， \\ \quad \Longrightarrow (\omega, 1) \notin \mathcal{P}_2、(\omega, 9) \notin \mathcal{P}_2、(\omega, 13) \notin \mathcal{P}_2， \\ \quad \Longrightarrow \text{平方词}\omega\omega = abab\text{不出现在这 3 个位置}； \\ \text{第 2、3 次出现的}\omega\text{后续接着因子}\omega = ab， \\ \quad \Longrightarrow (\omega, 5) \in \mathcal{P}_2、(\omega, 7) \in \mathcal{P}_2， \\ \quad \Longrightarrow \text{平方词}\omega\omega = abab\text{出现在这 3 个位置}。 \end{cases} \tag{5.15}$$

如前所述，两类因子谱的主要区别在于第二个变量，也就是位置变量的选取。对比两个实例，看起来好像没有太大区别。然而，在我们近年来的研究中，始终纠结于两种因子谱之间的抉择。作为新的研究工具，它们各有优劣，难以取舍。简单地说，第一类因子谱与诱导序列的联系更加直接，在构建因子位置的分形结构方面更加自然；第二类因子谱与位置 n 的联系更加直接，可以方便地研究在某个位置上有哪些因子满足某个特定的性质，从而更清晰地展示因子谱是二元函数的思想。

5.2.2 第二类因子谱的可视化

如前所述，本书中将词上组合中的几个常见性质记为：**出现**（记为 $\mathcal{P}_0$）、**相邻**（又称为**平方词**，记为 $\mathcal{P}_2$）、**立方词**（记为 $\mathcal{P}_4$）。具体而言，

$$\begin{cases} \widetilde{\mathrm{Spt}}(\mathbb{D}, \mathcal{P}_0) = \{(\omega, n) \mid \mathbb{D}[n; |\omega|] = \omega\}; \\ \widetilde{\mathrm{Spt}}(\mathbb{D}, \mathcal{P}_2) = \{(\omega, n) \mid \mathbb{D}[n; 2|\omega|] = \omega\omega\}; \\ \widetilde{\mathrm{Spt}}(\mathbb{D}, \mathcal{P}_4) = \{(\omega, n) \mid \mathbb{D}[n; 3|\omega|] = \omega\omega\omega\}. \end{cases} \tag{5.16}$$

图 5.3 对因子 $\omega = ab$ 和性质 $\mathcal{P}_i$（$i = 0, 2, 4$）给出了可视化结果，这里分别用浅灰色、深灰色和黑色表示。例如，图中第 1 行的第 1 个格子是浅灰色的，这意味着因子 $\omega = ab$ 出现在位置 $n = 1$，即满足性质 $\mathcal{P}_0$。进一步地，图中第 2 行的第 1 个格子是白色的，这意味着出现在位置 $n = 1$ 的因子 $\omega = ab$ 后续没有接着因子 $\omega = ab$，即不满足性质 $\mathcal{P}_2$。

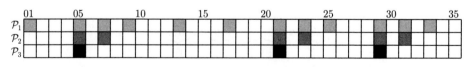

图 5.3　针对一个确定的因子和若干性质建立因子谱的可视化方案

容易看出，上述 3 个性质具有"递进关系"。具体而言，对于任意 $i = 2, 4$，若 $(\omega, n) \in \widetilde{\mathrm{Spt}}(\mathbb{D}, \mathcal{P}_i)$，则 $(\omega, n) \in \widetilde{\mathrm{Spt}}(\mathbb{D}, \mathcal{P}_{i-1})$。因此，我们可以把图 5.3 中的 3 行压缩成 1 行。图 5.4 展示了这种更加简洁的第二类因子谱的可视化方案。

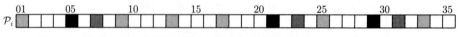

图 5.4　针对一个确定的因子和一系列递进的性质建立因子谱的可视化方案

前面的两个方案都是针对一个确定的因子和若干有一定关联的性质建立的因子谱。类似地，可以针对一个确定的性质和若干有一定关联的因子建立因子谱。图

5.5 对 Period-doubling 序列 $\mathbb{D}$ 中的若干前缀和性质 $\mathcal{P}_0$ 给出了可视化结果。显然，这些前缀因子出现的位置 n 之间存在联系。特别地，集合

$$\{n \mid (\omega, n) \in \widetilde{\mathrm{Spt}}(\mathbb{D}, \mathcal{P}_1),\ \omega = abaaaba[1, h]\} \tag{5.17}$$

对于任意 $4 \leqslant h \leqslant 7$ 是相同的。

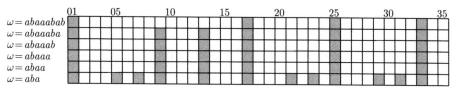

图 5.5　针对一个确定的性质和若干有一定关联的因子建立因子谱的可视化方案

进一步地，图 5.6 对所有长度为 2^m $(m = 0, 1, 2)$ 的因子和性质 $\mathcal{P}_i$ $(i = 0, 2, 4)$ 给出了可视化结果，同样分别用浅灰色、深灰色和黑色表示。

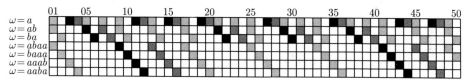

图 5.6　针对所有长度为 2^m $(m = 0, 1, 2)$ 的因子和性质 $\mathcal{P}_i$ $(i = 0, 2, 4)$ 建立因子谱的可视化方案

第 6 章 因子位置的分形结构与计数问题

自相似序列与**分形几何**（fractal geometry）[39-44] 有着紧密的联系。本书讨论的分形问题主要是自相似序列中因子出现位置形成的分形结构（自相似结构）。我们希望通过建立因子位置与分形的联系，利用分形几何的工具来研究自相似序列的因子性质。例如，我们利用因子位置的三种常见的分形结构：**树结构**（trees structure）、**柱结构**（cylinder structure）和**链结构**（chain structure），可以解决一类非常重要而有趣的问题：因子的计数问题。具体而言，我们可以计算某类特殊的因子在序列的某一片段中出现的次数（重复或不重复计数）。在第 2 章中，我们已经初步介绍了因子位置的分形结构和计数问题的若干结论。在本章中，我们将详细介绍其中一部分工作的具体结论和证明细节。

6.1 Fibonacci 序列中回文的树结构

在接下来的两小节中，我们将具体讨论 Fibonacci 和 Tribonacci 序列中的重复回文计数问题，特别是 $\mathbb{F}[1,n]$ 和 $\mathbb{T}[1,n]$ 中**重复回文的计数**问题。本部分的具体结论和证明细节主要来源于参考文献 [19]。

回文（palindrome），顾名思义，是正向读与反向读结果一样的有限词，如 *aabaa*。如果考虑汉字组成的字符集，那么像"假似真时真似假""天中水映水中天"这样有趣的诗句，也是回文。为什么我们只讨论"重复回文计数问题"呢？这是因为有一个相关的概念"rich word"，它是研究**不重复回文计数问题**的重要概念，并且已经获得了非常广泛的性质。例如，Droubay-Justin-Pirillo 证明了：所有 episturmian 序列都是 rich 的 [45]，当然也包括 Fibonacci 和 Tribonacci 序列。因此 $\mathbb{F}[1,n]$ 和 $\mathbb{T}[1,n]$ 中均有 n 个不同（不重复计数）的非空回文。

我们将 Fibonacci 和 Tribonacci 序列中的全体回文分别记为 $\mathcal{P}_F$ 和 $\mathcal{P}_T$，并用函数 $A(n)$ 和 $B(n)$ 分别表示 $\mathbb{F}[1,n]$ 和 $\mathbb{T}[1,n]$ 中重复计数的回文个数。具体而言，

$$\begin{cases} A(n) = \#\{(\omega,p) \mid \omega \in \mathcal{P}_F, \omega_p \prec \mathbb{F}[1,n]\}, \\ B(n) = \#\{(\omega,p) \mid \omega \in \mathcal{P}_T, \omega_p \prec \mathbb{T}[1,n]\}. \end{cases} \tag{6.1}$$

重复回文计数问题的研究成果并不丰富。从我们现有所知的文献看，我们是最初考虑这个问题的研究人员。近年来，在相关领域中，各种特殊类型因子的计数问题（重复或不重复的）也取得了一些研究成果，包括平方词（squares）、立方词（cubes）、高次方词（r-powers）、回文（palindromes）、runs、Lyndon factors等。有兴趣的读者可以阅读参考文献 [20, 21, 23, 34, 45-50]。

6.1.1　研究难点分析

这个问题的难点主要有两个方面。

(1) 序列中有哪些回文、这些回文每次出现在什么位置并不容易确定。在本章中，我们使用第 3 章中给出的 Fibonacci 和 Tribonacci 序列的诱导序列的性质来克服这个困难。

(2) 以 Fibonacci 序列 $\mathbb{F}$ 为例。利用 Fibonacci 序列的诱导序列性质，我们可以确定前缀 $\mathbb{F}[1, n]$ 中所有不同的回文；也可以确定每个回文在序列中出现的位置，由此可以知道这个回文在 $\mathbb{F}[1, n]$ 中重复的次数。显然，遍历所有不同的回文、将其重复次数求和，就可以得到前缀 $\mathbb{F}[1, n]$ 中重复回文的个数。但这种算法非常复杂。我们使用**因子位置的分形结构**来克服这个困难。

6.1.2　研究思路概述

回文计数问题的研究主要依赖于如下三个方面。

(1) 回文位置 $P(\omega, p)$ 的计算

这里 $P(\omega, p)$ 表示回文 ω 第 p 次出现的序列中的末字符位置。作为诱导序列性质的简单应用，我们在第 3 章和第 4 章中已经计算了因子每次出现的位置 $\mathrm{occ}(\omega, p)$（首字符位置），而显然有 $P(\omega, p) = \mathrm{occ}(\omega, p) + |\omega| - 1$。

(2) 具有相同核词的一组回文的位置关系

这依赖于因子 ω 与它的核词 $\mathrm{Ker}(\omega)$ 的表达式之间的关系，即式 (3.36)。

(3) 回文位置的**树结构**（trees structures）

以序列 $\mathbb{F}$ 为例，通过上述性质 (1) 和性质 (2) 我们可以计算出 $\mathbb{F}[1, n]$ 中包含的所有回文（不重复计数），再计算出其中每个回文出现的次数。这两组数据加总起来就能得到 $\mathbb{F}[1, n]$ 中包含的所有重复计数回文的个数。然而这种方法非常复杂，一种简单的计算方法是利用回文位置的树结构，具体如下。

(3.a) 树中的每一个节点（若干连续出现的正整数）表示以某个核词 K_m 为核的所有回文第 p 次出现的末字符位置，记为 $\langle K_m, p \rangle$。

(3.b) 不同节点之间通过关系式

$$\langle K_m, p \rangle = \langle K_{m-2}, P(b, p) + 1 \rangle \cup \langle K_{m-1}, P(a, p) + 1 \rangle \tag{6.2}$$

建立树结构，其中 $m, p \geqslant 1$。

通过树结构可以大大简化计数问题，并得到 $\mathbb{F}[1, f_m]$ 等特定长度前缀中计数结果的解析表达式。更好的是，树结构广泛的存在于各种自相似序列的多种特殊类型因子的计数问题中，是一种很有力的研究工具。

6.1.3 主要研究结论

在接下来的两个小节中，我们将运用诱导序列性质和因子位置的分形结构，给出 $\mathbb{F}[1, n]$ 和 $\mathbb{T}[1, n]$ 中重复计数的回文个数的算法。对于一些特殊的长度 n，我们还可以给出函数 $A(n)$ 和 $B(n)$ 的解析表达式。例如，对于任意 $m \geqslant 0$，

$$\begin{cases} A(f_m) = \dfrac{m-3}{5} f_{m+2} + \dfrac{m-1}{5} f_m + m + 3, \\ B(t_m) = \dfrac{m}{22} \big(10 t_m + 5 t_{m-1} + 3 t_{m-2} \big) \\ \qquad\qquad + \dfrac{1}{22} \big(-23 t_m + 12 t_{m-1} - 5 t_{m-2} \big) + m + \dfrac{3}{2}. \end{cases} \tag{6.3}$$

进一步地，我们给出了回文位置的另外两种分形结构——**柱结构**（cylinder structures）和**链结构**（chain structures），并由此给出一些现有结论的全新证明。

注记：我们认为上述计算重复回文个数的算法也适用于 n-bonacci 序列、斜率为 $\theta = [0; \dot{j}]$ 的二维切序列、(n, j)-bonacci 序列，甚至适用于 sturmian 序列、episturmian 序列等其他的自相似序列。但现阶段我们只获得了 Fibonacci 和 Tribonacci 等少量序列的诱导序列性质。更多序列是我们后续努力的研究方向之一。

6.1.4 Fibonacci 序列的基本性质回顾

为了便于阅读，我们首先回顾 Fibonacci 序列的一些基本性质。

对于任意 $m \geqslant -1$，记 δ_m 为有限词 F_m 的最后一个字符。则 $\delta_m = a$ 当且仅当 m 为偶数。进一步地，Fibonacci 序列第 m 阶的核词定义为

$$K_m = \delta_{m+1} F_m \delta_m^{-1}, \qquad m \geqslant -1。 \tag{6.4}$$

在参考文献 [14] 中，它也被称为奇异词。

实例 6.1

表 6.1　前若干阶的 F_m 和 K_m

m	-2	-1	0	1	2	3	4	5
F_m	ε	b	a	ab	aba	$abaab$	$abaababa$	$abaababaabaab$
K_m	ε	a	b	aa	bab	$aabaa$	$babaabab$	$aabaababaabaa$

参考文献 [14] 指出：

(1) 所有核词都是回文；

(2) 对于任意 $m \geqslant 2$，$K_m = K_{m-2}K_{m-3}K_{m-2}$。

记 $\mathrm{Ker}(\omega)$ 为因子 ω 的核词，即包含在因子 ω 中的最大核词。我们在第 3 章中给出了 Fibonacci 序列核词和诱导序列的若干性质。

(1) 对于任意因子 $\omega \prec \mathbb{F}$，存在唯一的整数 $m \geqslant -1$ 使得 $\mathrm{Ker}(\omega) = K_m$；

(2) 核词 $\mathrm{Ker}(\omega) = K_m$ 在因子 ω 中仅出现一次。

下面的性质 6.2 和性质 6.3 在后续的证明中非常重要，我们重新整理如下，以便引用。

性质 6.2（$\mathrm{Ker}(\omega_p)$ 和 $\mathrm{Ker}(\omega)_p$ 的关系，本书定理 3.19）

对于任意 $(\omega, p) \in \Omega_{\mathbb{F}} \times \mathbb{N}$，有 $\mathrm{Ker}(\omega_p) = \mathrm{Ker}(\omega)_p$。

这个性质意味着：令 $\mathrm{Ker}(\omega) = K_m$，则出现在 ω_p 中的最大的核词正好是第 p 次出现的 K_m，记为 $K_{m,p}$。

性质 6.3（Fibonacci 序列核词的诱导序列，本书定理 3.9）

对于任意 $m \geqslant -1$，Fibonacci 序列中核词 K_m 的诱导序列

$$\mathcal{D}_{K_m}(\mathbb{F}) = \mathbb{F}(\alpha, \beta) \tag{6.5}$$

为 Fibonacci 序列本身。具体而言，

$$\begin{cases} \alpha = \Lambda_{\mathbb{F},K_m}(R_{\mathbb{F},1}(K_m)), & R_{\mathbb{F},1}(K_m) = K_m K_{m+1}, & |R_{\mathbb{F},1}(K_m)| = f_{m+2}; \\ \beta = \Lambda_{\mathbb{F},K_m}(R_{\mathbb{F},2}(K_m)), & R_{\mathbb{F},2}(K_m) = K_m K_{m-1}, & |R_{\mathbb{F},2}(K_m)| = f_{m+1}. \end{cases} \tag{6.6}$$

此外，$R_{\mathbb{F},0}(K_m) = \mathbb{F}[1, \mathrm{occ}(K_m, 1) - 1] = \prod_{j=-1}^{m-1} K_j = \delta_m^{-1} K_{m+1}$，$|R_{\mathbb{F},0}(K_m)| = f_{m+1} - 1$。

第 3 章中给出了 Fibonacci 序列中因子 ω 每一次出现的位置（性质 3.26）。作为一个特例，对于任意 $m \geqslant -1$ 和 $p \geqslant 1$，核词 K_m 第 p 次出现的位置为

$$\mathrm{occ}(K_m, p) = p f_{m+1} + \lfloor \phi p \rfloor \times f_m. \tag{6.7}$$

其中，$\phi = \dfrac{\sqrt{5}-1}{2}$，而 $\lfloor \alpha \rfloor$ 是不大于实数 α 的最大整数。

又由于因子 ω 每一次出现时末字符的位置 $P(\omega, p)$ 满足：

$$P(\omega, p) = \mathrm{occ}(\omega, p) + |\omega| - 1, \tag{6.8}$$

且 $|K_m| = f_m$，故可以得到核词 K_m 第 p 次出现时末字符的位置。

性质 6.4（核词 K_m 每一次出现时末字符的位置）

对于任意 $m \geqslant -1$ 和 $p \geqslant 1$，核词 K_m 第 p 次出现时末字符的位置为

$$P(K_m, p) = pf_{m+1} + (\lfloor \phi p \rfloor + 1)f_m - 1。 \tag{6.9}$$

其中，$\phi = \dfrac{\sqrt{5} - 1}{2}$，而 $\lfloor \alpha \rfloor$ 是不大于实数 α 的最大整数。

实例 6.5 特别地，

(1) $P(a, p) = p + \lfloor \phi p \rfloor$；

(2) $P(b, p) = 2p + \lfloor \phi p \rfloor$；

(3) $P(aa, p) = 3p + 2\lfloor \phi p \rfloor + 1$。

6.1.5 Fibonacci 序列中全体回文 $\mathcal{P}_F$ 的递归结构

对于任意回文 $\omega \in \mathcal{P}_F$，记它的核词为 $\mathrm{Ker}(\omega) = K_m$。由于

(1) 因子 ω 和它的核词 $\mathrm{Ker}(\omega)$ 都是回文，

(2) 核词 $\mathrm{Ker}(\omega) = K_m$ 在因子 ω 中仅出现一次，

故 $\mathrm{Ker}(\omega) = K_m$ 必然出现在 ω 的中心位置。进一步地，由于

$$K_{m+3} = K_{m+1}K_m K_{m+1}, \tag{6.10}$$

故对于任意 $m \geqslant -1$，以 K_m 为核词的回文都可以唯一地表示为

$$K_{m+1}[i+1, f_{m+1}]K_m K_{m+1}[1, f_{m+1} - i]$$

$$= K_{m+3}[i+1, f_{m+3} - i], \tag{6.11}$$

其中，$1 \leqslant i \leqslant f_{m+1}$。

性质 6.6（回文的位置）

对于任意回文 $\omega \in \mathcal{P}_F$，记 ω 的核词为 $\mathrm{Ker}(\omega) = K_m$ $(m \geqslant -1)$，且 ω 具有式 (6.11) 的表达式。则对于 $p \geqslant 1$，

$$P(\omega, p) = P(K_m, p) + f_{m+1} - i$$

$$= (p+1)f_{m+1} + (\lfloor \phi p \rfloor + 1)f_m - i - 1, \tag{6.12}$$

其中，$1 \leqslant i \leqslant f_{m+1}$。

作为上述性质的直接应用，我们可以很容易地给出下述经典结论的新证明。

性质 6.7（参考文献 [50] 中的定理 14）

前缀 $\mathbb{F}[1, n]$ 是一个回文当且仅当 $n = f_{m+3} - 2$，$m \geqslant -1$。

证明　显然，

$$\{n \mid \mathbb{F}[1, n] \in \mathcal{P}_F\}$$
$$= \{n \mid \omega \in \mathcal{P}_F, |\omega| = P(\omega, 1) = n\}。 \tag{6.13}$$

进一步地，表达式为式 (6.11) 的因子 ω 满足 $|\omega| = f_{m+3} - 2i$。又根据式 (6.12)，

$$P(\omega, 1) = 2f_{m+1} + f_m - i - 1 = f_{m+3} - i - 1。 \tag{6.14}$$

因此，$|\omega| = P(\omega, 1)$ 当且仅当

$$f_{m+3} - 2i = f_{m+3} - i - 1 \Longleftrightarrow i = 1。 \tag{6.15}$$

此时，$P(\omega, 1) = f_{m+3} - 2$，命题得证。　　　　　　　　□

定义树结构的节点：

$$\langle K_m, p \rangle = \{P(\omega, p) \mid \omega \in \mathcal{P}_F, \mathrm{Ker}(\omega) = K_m\} \tag{6.16}$$

其中，$m \geqslant -1$，$p \geqslant 1$。显然，每个**节点**（node）都包含了若干连续出现的正整数。

根据 ω 和 $P(\omega, p)$ 的表达式，我们可以得到节点的表达式

$$\langle K_m, p \rangle = \{P(K_m, p) + f_{m+1} - i, 1 \leqslant i \leqslant f_{m+1}\}$$
$$= \{P(K_m, p), \cdots, P(K_m, p) + f_{m+1} - 1\}$$
$$= \{pf_{m+1} + (\lfloor \phi p \rfloor + 1)f_m - 1, \cdots, (p+1)f_{m+1} + (\lfloor \phi p \rfloor + 1)f_m - 2\}。 \tag{6.17}$$

显然节点 $\langle K_m, p \rangle$ 包含的正整数个数为 $\#\langle K_m, p \rangle = \#\{1 \leqslant i \leqslant f_{m+1}\} = f_{m+1}$。

实例 6.8

由上述节点的表达式计算可得 $\langle K_2, 3 \rangle = \{20, \cdots, 24\}$。这意味着：以 $K_2 = bab$ 为核词的所有回文第 3 次出现时末字符的位置为 $\{20, \cdots, 24\}$。

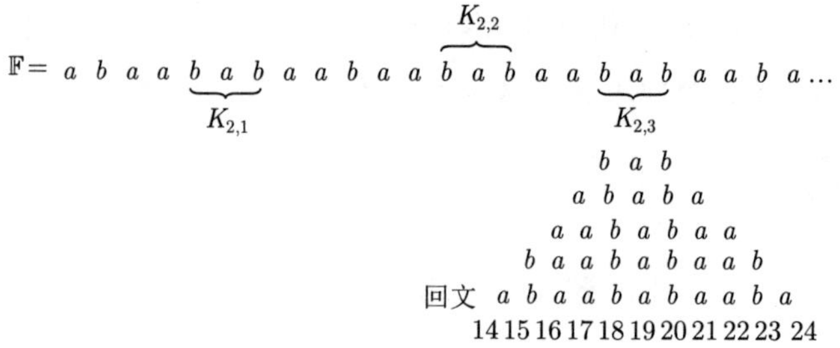

$$\mathbb{F} = a \ b \ a \ a \ \underbrace{b \ a \ b}_{K_{2,1}} \ a \ a \ b \ a \ a \ \overbrace{b \ a \ b}^{K_{2,2}} \ a \ a \ \underbrace{b \ a \ b}_{K_{2,3}} \ a \ a \ b \ a \ldots$$

$$
\begin{array}{c}
b \ a \ b \\
a \ b \ a \ b \ a \\
a \ a \ b \ a \ b \ a \ a \\
b \ a \ a \ b \ a \ b \ a \ a \ b \\
\text{回文} \ \ a \ b \ a \ a \ b \ a \ b \ a \ a \ b \ a \\
 14 \ 15 \ 16 \ 17 \ 18 \ 19 \ 20 \ 21 \ 22 \ 23 \ 24
\end{array}
$$

图 6.1 以 $K_2 = bab$ 为核词的所有回文第 3 次出现

类似地，容易算得 $\langle K_3, 2 \rangle = \{25, \cdots, 32\}$ 和 $\langle K_4, 1 \rangle = \{20, \cdots, 32\}$。

下面给出关于 $\phi = \dfrac{\sqrt{5}-1}{2}$ 的几个基本性质，这些性质都可以用诱导序列的结论方便地证明。其中的性质 (1) 和性质 (2) 将用于证明回文位置的树结构。

引理 6.9

对于 $p \geqslant 1$，下述性质均成立：

(1) $\lfloor \phi(p + \lfloor \phi p \rfloor + 1) \rfloor = p$；

(2) $\lfloor \phi(2p + \lfloor \phi p \rfloor + 1) \rfloor = p + \lfloor \phi p \rfloor$；

(3) $\lfloor \phi(p + \lfloor \phi p \rfloor) \rfloor = p - 1$；

(4) $\lfloor \phi(2p + \lfloor \phi p \rfloor) \rfloor = p + \lfloor \phi p \rfloor$。

证明 (1) 根据 Fibonacci 序列诱导序列的性质（性质 6.3）可知：Fibonacci 序列中核词 $K_{-1} = a$ 的诱导序列是字符集

$$\{\alpha, \beta\} = \{R_1(a), R_2(a)\} = \{ab, a\} \tag{6.18}$$

上的 Fibonacci 序列本身。这意味着，

$$\text{因子} aba = R_1(a) \text{的第} p \text{次出现} \iff \text{因子} a \text{的第} P(a, p) \text{次出现}。 \tag{6.19}$$

进一步地，字符 a 第 $P(a, p) + 1$ 次出现的位置是 $P(aba, p)$，即

$$P(aba, p) = P(a, P(a, p) + 1)。 \tag{6.20}$$

等式左边，由于 $\text{Ker}(aba) = b$，故

$$P(aba, p) = P(b, p) + 1 = 2p + \lfloor \phi p \rfloor + 1。 \tag{6.21}$$

等式右边，由于 $P(a, p) = p + \lfloor \phi p \rfloor$，故

$$P(a, P(a, p) + 1) = P(a, p + \lfloor \phi p \rfloor + 1)$$

$$= p + \lfloor \phi p \rfloor + 1 + \lfloor \phi(p + \lfloor \phi p \rfloor + 1) \rfloor。 \tag{6.22}$$

比较左右两端的表达式可知，$\lfloor \phi(p + \lfloor \phi p \rfloor + 1) \rfloor = p$。

使用类似的方法可以得到其他三个性质，证明的关键是：

(2) $P(aa, p) = P(a, P(b, p) + 1)$，

(3) $P(aba, p) - 2 = P(a, P(a, p))$，

(4) $P(aa, p) - 1 = P(a, P(b, p))$。　　　　□

性质 6.10（树结构的各节点间的关系）

对于任意 $m, p \geqslant 1$，有

$$\langle K_m, p \rangle = \langle K_{m-2}, P(b, p) + 1 \rangle \cup \langle K_{m-1}, P(a, p) + 1 \rangle。 \tag{6.23}$$

证明　　注意到：树结构的每一个节点都是一个集合，它包含若干连续的正整数。因此，我们可以通过比较上述集合中相应的最大元素和最小元素来证明本命题。

例如，我们证明

$$\min\langle K_{m-2}, P(b, p) + 1 \rangle = \min\langle K_m, p \rangle。 \tag{6.24}$$

等式左边，

$$\min\langle K_m, p \rangle = p f_{m+1} + (\lfloor \phi p \rfloor + 1) f_m - 1。 \tag{6.25}$$

等式右边，由引理 6.9可得

$$\min\langle K_{m-2}, P(b, p) + 1 \rangle$$
$$=(P(b, p) + 1) f_{m-1} + (\lfloor \phi(P(b, p) + 1) \rfloor + 1) f_{m-2} - 1$$
$$=(2p + \lfloor \phi p \rfloor + 1) f_{m-1} + (\lfloor \phi(2p + \lfloor \phi p \rfloor + 1) \rfloor + 1) f_{m-2} - 1$$
$$=(2p + \lfloor \phi p \rfloor + 1) f_{m-1} + (p + \lfloor \phi p \rfloor + 1) f_{m-2} - 1$$
$$= \min\langle K_m, p \rangle。 \tag{6.26}$$

故式 (6.24) 成立。

类似地，我们还可以证明下面两个等式成立：

(1) $\max\langle K_{m-2}, P(b, p) + 1 \rangle + 1 = \min\langle K_{m-1}, P(a, p) + 1 \rangle$；

(2) $\max\langle K_m, p \rangle = \max\langle K_{m-1}, P(a, p) + 1 \rangle$。

故命题成立。　　　　□

实例 6.11

考虑 $m = 4$ 和 $p = 1$，则 $P(b,p) + 1 = 3$ 和 $P(a,p) + 1 = 2$。因此集合 $\langle K_4, 1 \rangle = \{20, \cdots, 32\}$ 是 $\langle K_2, 3 \rangle = \{20, \cdots, 24\}$ 与 $\langle K_3, 2 \rangle = \{25, \cdots, 32\}$ 的不交并。

上述性质对于任意 $m \geqslant 1$ 成立，对于 $m = 0$ 也有类似性质。从后面的树结构可以看出，当 $m = 0$ 时的树结构的节点 $\max\langle K_0, p \rangle$ 是**叶节点**（leaf node）。

性质 6.12（树结构的叶节点）

对于任意 $p \geqslant 1$，有

$$\max\langle K_0, p \rangle = \max\langle b, p \rangle = \langle a, P(a, p) + 1 \rangle \text{。} \tag{6.27}$$

根据前述两个性质："树结构的各节点间的关系"和"树结构的叶节点"，我们可以定义 Fibonacci 序列全体回文 $\mathcal{P}_F$ 上的树结构 $\mathcal{G} = (V, E)$。其中，V 为**全体节点**（nodes）集合，E 为**全体边**（edges）集合，这与经典的图论记号一致。具体而言：

$$V = \{\text{节点}\} = \{\langle K_m, p \rangle \mid m \geqslant -1, p \geqslant 1\};$$

$$E = \{\text{边}\} = \begin{cases} \langle K_{m+1}, p \rangle \to \langle K_m, a_p + 1 \rangle; \\ \langle K_{m+2}, p \rangle \to \langle K_m, b_p + 1 \rangle \text{。} \end{cases} \quad (m \geqslant -1, p \geqslant 1) \tag{6.28}$$

其中，记号 "$x \to y$" 表示节点 x 到节点 y 的**有向边**（directed edge）。

性质 6.13（树结构）

树结构 $\mathcal{G}$ 是一族节点为

$$V = \{\langle K_m, p \rangle \mid m \geqslant -1, p \geqslant 1\} \tag{6.29}$$

的有限有根的二叉树（finite rooted binary trees），满足以下条件：

（条件 1）　**根节点**（root nodes）是 $\langle K_m, 1 \rangle$，$m \geqslant -1$；

（条件 2）　**叶节点**（leaf nodes）是 $\langle K_{-1}, p \rangle$，$p \geqslant 1$。

证明　由于 $\mathbb{N} = \{1\} \cup \{a_p + 1\} \cup \{b_p + 1\}$，全体节点 $\{\langle K_m, p \rangle \mid m \geqslant -1, p \geqslant 1\}$ 可以分为如下三类：

$$\begin{cases} \langle K_m, 1 \rangle \text{是根节点;} \\ \langle K_m, a_p + 1 \rangle \text{具有唯一的父节点} \langle K_{m+1}, p \rangle; \\ \langle K_m, b_p + 1 \rangle \text{具有唯一的父节点} \langle K_{m+2}, p \rangle \text{。} \end{cases} \tag{6.30}$$

因此，任意节点 $\langle K_m, p\rangle$（$p \geqslant 2$）具有唯一的父节点，这是指向它的有向边的起点。

所以，树结构 $\mathcal{G}$ 是一族树，且

(1) 只有 $\langle K_m, 1\rangle$ 可以作为这些树的根节点；

(2) 只有 $\langle K_{-1}, p\rangle$ 可以作为这些树的叶节点。　　　　　　　　　$\square$

注记：为什么可以用树结构研究回文计数问题呢？

显然，树结构 $\mathcal{G}$ 包含了所有 $\langle K_m, p\rangle$ 作为节点，考虑到这些节点中的元素是回文的末字符位置，故树结构 $\mathcal{G}$ 包含了 $\mathbb{F}$ 中全体回文（重复计数）的末字符位置。因此，树结构 $\mathcal{G}$ 中正整数 n 的个数（作为若干节点中的元素）等于 $\mathbb{F}$ 中末字符位置在 n 的回文（重复计数）个数。

我们将根节点（简称：根）为 $\langle K_m, 1\rangle$ 的树记为 Tree-$\langle K_m, 1\rangle$。对于任意 $p \geqslant 2$，将根节点为 $\langle K_m, p\rangle$ 的**子树**（subtree）记为 Subtree-$\langle K_m, p\rangle$。定义 Tree-$\langle K_m, 1\rangle$ 的值域为介于树中最小元素和最大元素之间的全体正整数。事实上，由树的结构可知，值域也等于树结构中出现的全体正整数。

由前述两个性质可知，Tree-$\langle K_m, 1\rangle$ 的值域是集合 $\langle K_m, 1\rangle$。再由 $\langle K_m, 1\rangle$ 的定义可知，树结构 $\mathcal{G}$ 中所以树的值域是不交的，且不交并正好是 N。这也意味着，任意正整数属于且只属于 $\mathcal{G}$ 中的某一棵树。

图 6.2 展示了以 $\langle K_4, 1\rangle$ 为根的树结构及其分形嵌入性质，更一般的情况详见图 6.3。细心的读者可能已经注意到，这两幅图与第 2 章中的图 2.6 和图 2.7 完全一致。在此回顾它们，以便阅读和引用。

具体而言，图 6.2 左半部分展示了以节点 $\langle K_4, 1\rangle$ 为根的树结构包含的三个部分：

(1) 节点 $\langle K_4, 1\rangle$，它是由一系列回文的末位置组成的集合；

(2) 以节点 $\langle K_2, 3\rangle$ 为根的子树；

(3) 以节点 $\langle K_3, 2\rangle$ 为根的子树。

图 6.2 右半部分展示了分形嵌入性质：

(1) 以节点 $\langle K_2, 3\rangle$ 为根的子树与以节点 $\langle K_2, 1\rangle$ 为根的树结构同构；

(2) 以节点 $\langle K_3, 2\rangle$ 为根的子树与以节点 $\langle K_3, 1\rangle$ 为根的树结构同构。

一般地，如图 6.3 所示，以节点 $\langle K_{m-2}, 1\rangle$ 为根的树结构包含了三个部分：

(1) 节点 $\langle K_{m-2}, 1\rangle$；

(2) 以节点 $\langle K_{m-4}, 3\rangle$ 为根的子树，同构于以节点 $\langle K_{m-4}, 1\rangle$ 为根的树；

(3) 以节点 $\langle K_{m-3}, 2\rangle$ 为根的子树，同构于以节点 $\langle K_{m-3}, 1\rangle$ 为根的树。

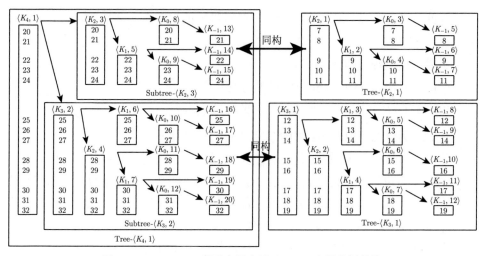

图 6.2   Fibonacci 序列中回文以 $\langle K_4, 1\rangle$ 为根的树结构

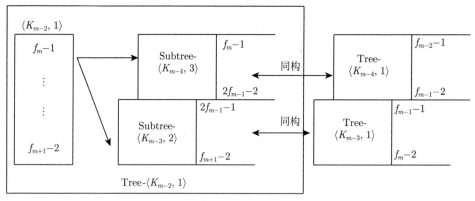

图 6.3   Fibonacci 序列中回文以 $\langle K_{m-2}, 1\rangle$ 为根的树结构的分形性质

6.1.6   Fibonacci 序列中重复回文的计数

由 Fibonacci 序列中的全体回文 $\mathcal{P}_F$ 上的树结构 $\mathcal{G}$，我们可以计算序列 $\mathbb{F}$ 中末字符位置是 n 的回文个数，记为 $a(n)$。具体而言，

$$a(n) = \#\{(\omega, p) \mid \omega \in \mathcal{P}_F, \omega_p \triangleright \mathbb{F}[1, n]\}。 \tag{6.31}$$

显然 $\mathbb{F}[1, n]$ 中重复计数的回文个数为 $A(n) = \sum_{i=1}^{n} a(i)$。

定理 6.14（函数 $a(n)$ 的递归算法）

向量 $[a(1)] = [1]$，$[a(2), a(3)] = [1, 2]$，且当 $m \geqslant 3$ 时有

$$[a(f_m - 1), \cdots, a(f_{m+1} - 2)]$$

$$= [a(f_{m-2} - 1), \cdots, a(f_m - 2)] + \underbrace{[1, \cdots, 1]}_{f_{m-1}} \text{。} \tag{6.32}$$

实例 6.15

根据定理计算出的 $a(n)$ 的前几项为：

$[a(1)] = [1]$，

$[a(2), a(3)] = [1, 2]$，

$[a(4), a(5), a(6)] = [a(1), a(2), a(3)] + [1, 1, 1] = [2, 2, 3]$，

$[a(7), \cdots, a(11)] = [a(2), \cdots, a(6)] + [1, 1, 1, 1, 1] = [2, 3, 3, 3, 4]$，

$[a(12), \cdots, a(19)] = [a(4), \cdots, a(11)] + \underbrace{[1, \cdots, 1]}_{8} = [3, 3, 4, 3, 4, 4, 4, 5]$。

我们可以利用下述表格验证：对于任意 $1 \leqslant n \leqslant 8$，根据定理计算的 $a(n)$ 是正确的。

表 6.2　Fibonacci 序列中所有末字符位置为 n 的回文，$1 \leqslant n \leqslant 8$

末字符位置	1	2	3	4	5	6	7	8
回文	a	b	a, aba	a, aa	b, baab	a, aba, abaaba	b, bab	a, aba, ababa

证明定理 6.14　根据函数 $a(n)$ 的定义及 $\mathcal{P}_F$ 上的树结构，$a(n)$ 等于正整数 n 在树结构 $\mathcal{G}$ 中出现的次数，且任意整数 n 属于且仅属于一棵树。

例如，由图 6.2 可知 $a(24) = 5$、$a(28) = 4$。

由图 6.3 可知（以图 6.2 作为例子）Tree-$\langle K_{m-2}, 1 \rangle$ 包含以下三个部分。

(1) Subtree-$\langle K_{m-4}, 3 \rangle$：同构于 Tree-$\langle K_{m-4}, 1 \rangle$。

因此，当 $f_m - 1 \leqslant n \leqslant 2f_{m-1} - 2$ 时，Subtree-$\langle K_{m-4}, 3 \rangle$ 中整数 n 出现的次数等于 Tree-$\langle K_{m-4}, 1 \rangle$ 中整数 $n - f_{m-1}$ 出现的次数。

(2) Subtree-$\langle K_{m-3}, 2 \rangle$：同构于 Tree-$\langle K_{m-3}, 1 \rangle$。

因此，当 $2f_{m-1} - 1 \leqslant n \leqslant f_{m+1} - 2$ 时，Subtree-$\langle K_{m-3}, 2 \rangle$ 中整数 n 出现的次数等于 Tree-$\langle K_{m-3}, 1 \rangle$ 中整数 $n - f_{m-1}$ 出现的次数。

(3) 节点 $\langle K_{m-2}, 1 \rangle$：集合 $\{f_m - 1, \cdots, f_{m+1} - 2\}$。

因此，当 $f_m - 1 \leqslant n \leqslant f_{m+1} - 2$ 时，有 $a(n) = a(n - f_{m-1}) + 1$，命题成立。　□

算法 A. 计算 $\mathbb{F}[1, n]$ 中重复计数的回文个数 $A(n)$。

(1) 若 $n \leqslant 3$，$[a(1), a(2), a(3)] = [1, 1, 2]$。

(2) 若 $n \geqslant 4$，确定满足 $f_m - 1 \leqslant n \leqslant f_{m+1} - 2$ 的整数 m，显然有 $m \geqslant 3$。根据定理 6.14 的递推关系计算向量

$$[a(f_h - 1), \cdots, a(f_{h+1} - 2)], \tag{6.33}$$

其中，$3 \leqslant h \leqslant m$。

由此得到向量 $[a(1), a(2), \cdots, a(f_{m+1} - 2)]$ 和函数值 $A(n) = \sum_{i=1}^{n} a(i)$。

下面我们尝试给出 $A(f_m)$ 的表达式。

令 $C(m) = A(f_{m+1} - 2) - A(f_m - 2)$，$m \geqslant 1$。定理 6.14 的一个直接推论是

$$C(m) = \sum_{n=f_m-1}^{f_{m+1}-2} a(n) = \sum_{n=f_{m-2}-1}^{f_{m-1}-2} a(n) + \sum_{n=f_{m-1}-1}^{f_m-2} a(n) + f_{m-1}。 \tag{6.34}$$

这意味着

$$C(m) = C(m-2) + C(m-1) + f_{m-1}。 \tag{6.35}$$

其中，函数 $C(m)$ 表示出现在 Tree-$\langle K_{m-2}, 1 \rangle$ 中的整数个数（重复计数），它又等价于在 $\langle K_{m-2}, 1 \rangle$ 中某元素位置结尾的重复计数回文个数。例如，Tree-$\langle K_2, 1 \rangle$ 包含 15 个整数，如图 6.2 所示。

性质 6.16

对于任意 $m \geqslant 1$，

$$C(m) = \frac{m+1}{5} f_{m+1} + \frac{m-2}{5} f_{m-1}。 \tag{6.36}$$

证明　这个性质可以由数学归纳法证明，下面仅给出归纳步骤。

假设这个性质对于 $n = m - 1$ 和 m 均成立，则

$$C(m-1) = \frac{m}{5} f_m + \frac{m-3}{5} f_{m-2}。 \tag{6.37}$$

对于 $n = m + 1$，由 $C(m+1) = C(m-1) + C(m) + f_m$ 可知：

$$C(m+1) = C(m-1) + C(m) + f_m$$

$$= \frac{m}{5} f_m + \frac{m-3}{5} f_{m-2} + \frac{m+1}{5} f_{m+1} + \frac{m-2}{5} f_{m-1} + f_m$$

$$= \frac{m}{5}(f_m + f_{m-2} + f_{m+1} + f_{m-1}) + \frac{1}{5}(-3f_{m-2} + f_{m+1} - 2f_{m-1} + 5f_m)$$

$$= \frac{m}{5}(f_{m+2} + f_m) + \frac{1}{5}(2f_{m+2} - f_m)$$

$$= \frac{m+2}{5}f_{m+2} + \frac{m-1}{5}f_m \circ \tag{6.38}$$

故命题成立。 □

再由 $A(f_m - 2) = \sum_{n=1}^{m-1} C(n)$，可以得到 $A(f_m - 2)$ 的解析表达式。

性质 6.17

对于任意 $m \geqslant 2$,

$$A(f_m - 2) = \frac{m-3}{5}f_{m+2} + \frac{m-1}{5}f_m + 2 \circ \tag{6.39}$$

证明　这个性质可以由数学归纳法证明，下面仅给出归纳步骤。

假设这个性质对于 $n = m$ 成立，则对于 $n = m+1$,

$$A(f_{m+1} - 2) - 2 = A(f_m - 2) - 2 + C(m)$$

$$= \frac{m-3}{5}f_{m+2} + \frac{m-1}{5}f_m + \frac{m+1}{5}f_{m+1} + \frac{m-2}{5}f_{m-1}$$

$$= \frac{m}{5}(f_{m+2} + f_m + f_{m+1} + f_{m-1}) + \frac{1}{5}(-3f_{m+2} - f_m + f_{m+1} - 2f_{m-1})$$

$$= \frac{m}{5}(f_{m+3} + f_{m+1}) + \frac{1}{5}(-2f_{m+3})$$

$$= \frac{m-2}{5}f_{m+3} + \frac{m}{5}f_{m+1} \circ \tag{6.40}$$

故命题成立。 □

进一步地，要得到 $A(f_m)$ 的解析表达式，需要计算 $a(f_m - 1)$ 和 $a(f_m)$。幸运的是，它们都可以由函数 $a(n)$ 的递归算法（定理 6.14）和数学归纳法得到。具体而言，

(1) $a(f_m - 2) = m - 1$;

(2) $a(f_m - 1) = \left\lfloor \dfrac{m+1}{2} \right\rfloor$;

(3) $a(f_m) = \left\lfloor \dfrac{m+2}{2} \right\rfloor$;

(4) $a(f_m - 1) + a(f_m) = m + 1 \circ$

根据这些结论和

$$A(f_m) = A(f_m - 2) + a(f_m - 1) + a(f_m), \tag{6.41}$$

我们可以得到 $A(f_m)$ 的解析表达式。

定理 6.18（函数 $A(f_m)$ 的解析表达式）

对于任意 $m \geqslant 0$，

$$A(f_m) = \frac{m-3}{5}f_{m+2} + \frac{m-1}{5}f_m + m + 3 \text{。} \tag{6.42}$$

实例 6.19

$$A(f_5) = A(13) = \frac{2}{5} \times f_7 + \frac{4}{5} \times f_5 + 8 = 32 \text{。}$$

6.2 Tribonacci 序列中的回文的树结构

如前所述，我们将 Tribonacci 序列中的全体回文分别记为 $\mathcal{P}_T$，并用函数 $B(n)$ 表示 $\mathbb{T}[1, n]$ 中重复计数的回文个数。具体而言，

$$B(n) = \#\{(\omega, p) \mid \omega \in \mathcal{P}_T, \omega_p \prec \mathbb{T}[1, n]\} \text{。} \tag{6.43}$$

本部分旨在给出函数 $B(n)$ 的递归算法，及其在某些特殊值处的解析表达式。

6.2.1 Tribonacci 序列的基本性质回顾

为了便于阅读，我们首先回顾 Tribonacci 序列的一些基本性质。由于我们在不同的章节讨论不同序列的相应性质，因此很多记号是完全一致的，这并不会引起混淆，反而有利于简化全书的记号。

我们记 T_m 的最后一个字母为 δ_m，则对于任意 $m \geqslant 0$，有

$$\delta_m = \begin{cases} a, & \text{如果 } m \equiv 0 \mod 3; \\ b, & \text{如果 } m \equiv 1 \mod 3; \\ c, & \text{如果 } m \equiv 2 \mod 3 \text{。} \end{cases} \tag{6.44}$$

我们定义 Tribonacci 序列第 m 阶**核数**（the m-th kernel number）为 $k_0 = 0$，$k_1 = k_2 = 1$，$k_m = k_{m-1} + k_{m-2} + k_{m-3} - 1$，$m \geqslant 3$。注意，这里拓展了 $m = 0$ 时的定义。进一步地，Tribonacci 序列第 m 阶**核词**（the m-th kernel word）定义为

$$K_m = \delta_{m-1} T_{m-3}[1, k_m - 1], \ m \geqslant 1 \text{。} \tag{6.45}$$

由数学归纳法可知：$k_m = k_{m-3} + t_{m-4} = k_{m-1} + t_{m-5} = \dfrac{t_{m-3} + t_{m-5} + 1}{2}, \ m \geqslant 3$。

第 3 章的性质 3.36 指出：Tribonacci 序列的所有核词 K_m 都是**回文**（palindrome），$m \geqslant 1$。对于任意因子 $\omega \prec \mathbb{T}$，我们将

$$\mathrm{Ker}(\omega) = \max_{\sqsubset}\{K_m \mid K_m \prec \omega,\ m \geqslant 1\} \tag{6.46}$$

称为因子 ω 的核词，它是包含在因子 ω 中的最大核词。

第 3 章的性质 3.51(3) 指出：核词 $\mathrm{Ker}(\omega) = K_m$ 在因子 ω 中仅出现一次。

性质 6.20（定理 3.55，$\mathrm{Ker}(\omega_p)$ 和 $\mathrm{Ker}(\omega)_p$ 的关系）

对于任意 $(\omega, p) \in \Omega_{\mathbb{F}} \times \mathbb{N}$，有 $\mathrm{Ker}(\omega_p) = \mathrm{Ker}(\omega)_p$。

性质 6.21（定理 3.57，任意因子的诱导序列）

对于任意因子 $\omega \prec \mathbb{T}$，诱导序列

$$\mathcal{D}_\omega(\mathbb{T}) = \mathbb{T}(\alpha, \beta, \gamma) \tag{6.47}$$

为 Tribonacci 序列本身。

由第 3 章中给出了 Tribonacci 序列中因子 ω 每一次出现的位置（性质 3.59）。作为一个自然的推论，对于任意 $m \geqslant 1$ 和 $p \geqslant 1$，核词 K_m 第 p 次出现的位置为

$$\mathrm{occ}(K_m, p)$$
$$= pt_{m-1} + |\mathbb{T}[1, p-1]|_a \times (t_{m-2} + t_{m-3}) + |\mathbb{T}[1, p-1]|_b \times t_{m-2}。 \tag{6.48}$$

又由于因子 ω 每一次出现时末字符的位置 $P(\omega, p)$ 满足：

$$P(\omega, p) = \mathrm{occ}(\omega, p) + |\omega| - 1, \tag{6.49}$$

且 $|K_m| = k_m$，故可以得到核词 K_m 第 p 次出现时末字符的位置。

性质 6.22（核词 K_m 每一次出现时末字符的位置）

对于任意 $m \geqslant 1$ 和 $p \geqslant 1$，核词 K_m 第 p 次出现时末字符的位置

$$P(K_m, p)$$
$$= pt_{m-1} + |\mathbb{T}[1, p-1]|_a(t_{m-2} + t_{m-3}) + |\mathbb{T}[1, p-1]|_b t_{m-2} + k_m - 1。 \tag{6.50}$$

其中，$|\omega|_\alpha$ 表示因子 ω 中字符 α 出现的次数。

实例 6.23　特别地，

(1) $P(K_m, 1) = t_{m-1} + k_m - 1 = k_{m+3} - 1$，$m \geqslant 1$；

(2) $P(a, p) = p + |\mathbb{T}[1, p-1]|_a + |\mathbb{T}[1, p-1]|_b$，

　　　$P(b, p) = 2p + 2|\mathbb{T}[1, p-1]|_a + |\mathbb{T}[1, p-1]|_b$，

　　　$P(c, p) = 4p + 3|\mathbb{T}[1, p-1]|_a + 2|\mathbb{T}[1, p-1]|_b$，$p \geqslant 1$。

6.2.2 Tribonacci 序列中全体回文 $\mathcal{P}_T$ 的递归结构

运用与第 6.1 节类似的思想，我们可以建立 Tribonacci 序列中全体回文 $\mathcal{P}_T$ 的递归结构。

引理 6.24（公共前缀长度）

对于任意 $m \geqslant 0$，有限词 $T_{m-1}T_m$ 和 T_{m+1} 的公共前缀长度为 $k_{m+4} - 2$。

证明 这个性质可以由数学归纳法证明，下面仅给出归纳步骤。

假设这个性质对于 $n = m$ 和 $m - 1$ 均成立，则

$$\begin{cases} T_{m+1}[1, k_{m+4} - 2] = T_{m-1}T_m[1, k_{m+3} - 2], \\ T_m[1, k_{m+3} - 2] = T_{m-2}T_{m-1}[1, k_{m+2} - 2]。 \end{cases} \tag{6.51}$$

对于 $n = m + 1$，

$$(T_mT_{m+1})[1, k_{m+5} - 2] = T_mT_{m+1}[1, k_{m+4} - 2]$$

$$= T_mT_{m-1}T_m[1, k_{m+3} - 2] = T_mT_{m-1}T_{m-2}T_{m-1}[1, k_{m+2} - 2]$$

$$= T_{m+1}T_{m-1}[1, k_{m+2} - 2] = T_{m+2}[1, k_{m+5} - 2]。 \tag{6.52}$$

其中：第 1 个等式成立的依据是 $k_{m+5} - t_m = k_{m+4}$；第 2 个和第 3 个等式成立的依据是数学归纳法的假设；第 5 个等式成立的依据是 $T_{m+2} = T_{m+1}T_mT_{m-1}$ 和 $k_{m+2} + t_{m+1} = k_{m+5}$。

因此，命题成立。 □

运用与第 6.1 节类似的方法，可以得到 $\mathbb{T}$ 中所有核词为 K_m 的回文表达式。

性质 6.25（回文表达式）

对于任意 $m \geqslant 1$，以 K_m 为核词的回文都可以唯一地表示为

$$T_{m-1}[i, t_{m-1} - 1]K_mT_m[k_m, k_{m+3} - i - 1]$$

$$= K_{m+4}[i + 1, k_{m+4} - i]。 \tag{6.53}$$

其中，$1 \leqslant i \leqslant t_{m-1}$。

证明 根据本书第 3 章关于 Tribonacci 序列诱导序列的性质的结论（定理 3.38），对于任意 $m \geqslant 1$，以 K_m 为核词的因子 ω 都具有唯一的表达式

$$\omega = (K_mG_4(K_m))[i, t_{m-1}] * K_m * (G_4(K_m)K_m)[1, j]。 \tag{6.54}$$

其中，$2 \leqslant i \leqslant t_{m-1} + 1$，$0 \leqslant j \leqslant t_{m-1} - 1$，间隔 $G_4(K_m) = T_{m-1}[k_m, t_{m-1} - 1]$。

由于 ω 和 $\mathrm{Ker}(\omega)$ 都是回文，且 $\mathrm{Ker}(\omega) = K_m$ 在因子 ω 中仅出现一次，故 $\mathrm{Ker}(\omega) = K_m$ 必然出现在 ω 的中心位置。

因此，ω 是回文当且仅当

$$|(K_m G_4(K_m))[i, t_{m-1}]| = |(G_4(K_m)K_m)[1, j]|。 \tag{6.55}$$

这意味着 $t_{m-1} - i + 1 = j$。进一步地，由于

$$\begin{cases} 2 \leqslant i \leqslant t_{m-1} + 1, \\ 0 \leqslant j = t_{m-1} - i + 1 \leqslant t_{m-1} - 1。 \end{cases} \tag{6.56}$$

故参数 i 的值域为 $2 \leqslant i \leqslant t_{m-1} + 1$。

此外，由于 $K_m = \delta_{m-1} T_{m-3}[1, k_m - 1]$ 对于任意 $m \geqslant 1$ 均成立，故

$$(K_m G_4(K_m))[i, t_{m-1}]$$
$$= (\delta_{m-1} T_{m-3}[1, k_m - 1] T_{m-1}[k_m, t_{m-1} - 1])[i, t_{m-1}]$$
$$= (\delta_{m-1} T_{m-1}[1, t_{m-1} - 1])[i, t_{m-1}]$$
$$= T_{m-1}[i - 1, t_{m-1} - 1];$$
$$(G_4(K_m)K_m)[1, t_{m-1} - i + 1]$$
$$= (T_{m-1}[k_m, t_{m-1} - 1]\delta_{m-1} T_{m-3}[1, k_m - 1])[1, t_{m-1} - i + 1]$$
$$= (T_{m-1}[k_m, t_{m-1}]T_{m-3}[1, k_m - 1])[1, t_{m-1} - i + 1]$$
$$= ((T_{m-1}T_{m-2}T_{m-3})[k_m, t_{m-1} + k_m - 1])[1, t_{m-1} - i + 1]$$
$$= T_m[k_m, k_{m+3} - i]。$$

其中：第 6 个等式成立的依据是 $T_{m-3}[1, k_m - 1] = T_{m-2}[1, k_m - 1]$；第 7 个等式成立的依据是 $t_{m-1} + k_m = k_{m+3}$。

因此，对于任意 i 满足 $2 \leqslant i \leqslant t_{m-1} + 1$ 都有

$$\omega = T_{m-1}[i - 1, t_{m-1} - 1]K_m T_m[k_m, k_{m+3} - i]。 \tag{6.57}$$

进一步地，

$$\omega = T_{m-1}[i-1, t_{m-1}-1]K_m T_m[k_m, k_{m+3}-i]$$
$$= T_{m-1}[i-1, t_{m-1}-1]\delta_{m-1}T_{m-3}[1, k_m-1]T_m[k_m, k_{m+3}-i]$$
$$= T_{m-1}[i-1, t_{m-1}]T_m[1, k_{m+3}-i]$$
$$= (T_{m-1}T_m)[i-1, k_{m+4}-i]$$
$$= T_{m+1}[i-1, k_{m+4}-i] = K_{m+4}[i, k_{m+4}-i+1]。$$

其中：第 4 个等式成立的依据是 $t_{m-1} + k_{m+3} = k_{m+4}$；第 5 个等式成立的依据是引理 6.24 和参数 $i \geqslant 2$。

最后，令 $i' = i-1$，故 $1 \leqslant i' \leqslant t_{m-1}$；并且有本命题对于任意 $m \geqslant 1$ 都成立。 □

性质 6.26（回文的位置）

对于任意回文 $\omega \in \mathcal{P}_T$，记 ω 的核词为 $\mathrm{Ker}(\omega) = K_m$ （$m \geqslant 1$），且 ω 具有式 (6.53) 表达式。则对于 $p \geqslant 1$，

$$P(\omega, p) = P(K_m, p) + t_{m-1} - i$$
$$= (p+1)t_{m-1} + |\mathbb{T}[1, p-1]|_a(t_{m-2} + t_{m-3})$$
$$+ |\mathbb{T}[1, p-1]|_b t_{m-2} + k_m - i - 1, \tag{6.58}$$

其中，$1 \leqslant i \leqslant t_{m-1}$。

作为上述性质的直接应用，我们可以很容易地给出下述经典结论的新证明。

性质 6.27（参考文献 [23] 中的定理 11）

前缀 $\mathbb{T}[1, n]$ 是一个回文当且仅当 $n = k_{m+4} - 2$, $m \geqslant 1$。

证明 显然，

$$\{n \mid \mathbb{T}[1, n] \in \mathcal{P}_T\} = \{n \mid \omega \in \mathcal{P}_T, |\omega| = P(\omega, 1) = n\}。 \tag{6.59}$$

进一步地，表达式为式 (6.53) 的因子 ω 满足 $|\omega| = k_{m+4} - 2i$。又根据式 (6.58)，

$$P(\omega, 1) = k_{m+4} - i - 1。 \tag{6.60}$$

因此，$|\omega| = P(\omega, 1)$ 当且仅当

$$k_{m+4} - 2i = k_{m+4} - i - 1 \Longleftrightarrow i = 1。 \tag{6.61}$$

此时，$P(\omega, 1) = k_{m+4} - 2$，命题得证。 □

定义树结构的节点：

$$\langle K_m, p \rangle = \{P(\omega, p) \mid \omega \in \mathcal{P}_T, \mathrm{Ker}(\omega) = K_m\} \tag{6.62}$$

其中，$m \geqslant 1$，$p \geqslant 1$。显然，每个**节点**都包含了若干连续出现的正整数。

根据 ω 和 $P(\omega, p)$ 的表达式，我们可以得到节点的表达式

$$\langle K_m, p \rangle = \{P(K_m, p) + t_{m-1} - i, 1 \leqslant i \leqslant t_{m-1}\}$$

$$= \{P(K_m, p), \cdots, P(K_m, p) + t_{m-1} - 1\}。\tag{6.63}$$

显然节点 $\langle K_m, p \rangle$ 包含的正整数个数为 $\#\langle K_m, p \rangle = \#\{1 \leqslant i \leqslant t_{m-1}\} = t_{m-1}$。

引理 6.28

对于 $p \geqslant 1$，下述性质均成立：

(1) $|\mathbb{T}[1, P(a, p)]|_a = |\mathbb{T}[1, P(b, p)]|_b = |\mathbb{T}[1, P(c, p)]|_c = p$；

(2) $|\mathbb{T}[1, P(b, p)]|_a = P(a, p)$，$|\mathbb{T}[1, P(a, p)]|_b = |\mathbb{T}[1, p-1]|_a$；

(3) $|\mathbb{T}[1, P(c, p)]|_a = P(b, p)$，$|\mathbb{T}[1, P(c, p)]|_b = P(a, p)$。

证明　(1) 由 $|\mathbb{T}[1, p]|_\alpha$ 和 $P(\alpha, p)$ 的定义可得，其中 $\alpha \in \{a, b, c\}$。

(2) 使用与引理 6.9类似的方法可证。以 $|\mathbb{T}[1, P(b, p)]|_a = P(a, p)$ 为例，根据 Tribonacci 序列诱导序列的性质（性质 6.21）可知：Tribonacci 序列中核词 $K_{-1} = a$ 的诱导序列是字符集

$$\{\alpha, \beta, \gamma\} = \{R_1(a), R_2(a), R_4(a)\} = \{ab, ac, a\} \tag{6.64}$$

上的 Tribonacci 序列本身。这意味着，

$$\text{因子} aca = R_2(a)a\text{的第}p\text{次出现} \iff \text{因子}a\text{的第}P(b, p)\text{次出现。} \tag{6.65}$$

进一步地，字符 a 第 $P(b, p) + 1$ 次出现在位置是 $P(aca, p)$，即

$$P(aca, p) = P(a, P(b, p) + 1)。 \tag{6.66}$$

等式左边，由于 $\mathrm{Ker}(aca) = c$，故根据式 (6.58)

$$P(aca, p) = P(c, p) + 1$$

$$= 4p + 3|\mathbb{T}[1, p-1]|_a + 2|\mathbb{T}[1, p-1]|_b + 1。 \tag{6.67}$$

等式右边，由于 $P(b, p) = 2p + 2|\mathbb{T}[1, p-1]|_a + |\mathbb{T}[1, p-1]|_b$，故

$$P(a, P(b, p) + 1)$$

$$= P(b,p) + 1 + |\mathbb{T}[1, P(b,p)]|_a + |\mathbb{T}[1, P(b,p)]|_b$$

$$= 3p + 2|\mathbb{T}[1, p-1]|_a + |\mathbb{T}[1, p-1]|_b + |\mathbb{T}[1, P(b,p)]|_a + 1。 \tag{6.68}$$

比较左右两端的表达式可知：

$$|\mathbb{T}[1, P(b,p)]|_a$$

$$= p + |\mathbb{T}[1, p-1]|_a + |\mathbb{T}[1, p-1]|_b = P(a,p)。 \tag{6.69}$$

同理，由于 $aba = R_1(a)a$，字符 a 第 $P(a,p)+1$ 次出现的位置时 $P(aba,p)$。这意味着

$$P(aba,p) = P(a, P(a,p)+1)。 \tag{6.70}$$

故根据式 (6.58) 和性质 6.22，$|\mathbb{T}[1, P(a,p)]|_b = |\mathbb{T}[1, p-1]|_a$ 也成立。

(3) 类似地，根据 Tribonacci 序列诱导序列的性质可知：

$$\begin{cases} P(aa,p) = P(a, P(c,p)+1), \\ P(bab,p) = P(b, P(c,p)+1)。 \end{cases}$$

由于 $aa = K_4$ 和 $bab = K_5$，根据性质 6.22，我们可以得到以下两个等式：

$$\begin{cases} |\mathbb{T}[1, P(c,p)]|_a + |\mathbb{T}[1, P(c,p)]|_b = 3p + 3|\mathbb{T}[1, p-1]|_a + 2|\mathbb{T}[1, p-1]|_b, \\ 2|\mathbb{T}[1, P(c,p)]|_a + |\mathbb{T}[1, P(c,p)]|_b = 5p + 5|\mathbb{T}[1, p-1]|_a + 3|\mathbb{T}[1, p-1]|_b。 \end{cases}$$

因此，$|\mathbb{T}[1, P(c,p)]|_a = P(b,p)$ 且 $|\mathbb{T}[1, P(c,p)]|_b = P(a,p)$。

命题得证。 □

利用上述引理，比较集合中相应的最大和最小元素可以证明"树结构的各节点间的关系"和"树结构的叶节点"，详见下述两个性质。

性质 6.29（树结构的各节点间的关系）

对于任意 $m \geqslant 4$ 和 $p \geqslant 1$，有

$$\langle K_m, p \rangle$$

$$= \langle K_{m-3}, P(c,p)+1 \rangle \cup \langle K_{m-2}, P(b,p)+1 \rangle \cup \langle K_{m-1}, P(a,p)+1 \rangle。 \tag{6.71}$$

证明　我们只需要证明：对于任意 $m \geqslant 4$ 有

$$
\begin{cases}
\min\langle K_m, p\rangle = \min\langle K_{m-3}, P(c,p)+1\rangle, \\
\max\langle K_{m-3}, P(c,p)+1\rangle + 1 = \min\langle K_{m-2}, P(b,p)+1\rangle, \\
\max\langle K_{m-2}, P(b,p)+1\rangle + 1 = \min\langle K_{m-1}, P(a,p)+1\rangle, \\
\max\langle K_m, p\rangle = \max\langle K_{m-1}, P(a,p)+1\rangle。
\end{cases}
\tag{6.72}
$$

下面以第 2 个等式 $\max\langle K_{m-3}, P(c,p)+1\rangle + 1 = \min\langle K_{m-2}, P(b,p)+1\rangle$ 为例给出证明，其他 3 个等式的证明方法是类似的。

等式左边

$$
\max\langle K_{m-3}, P(c,p)+1\rangle + 1 = P(K_{m-3}, P(c,p)+1) + t_{m-4}
$$

$$
= P(c,p)t_{m-4} + |\mathbb{T}[1, P(c,p)]|_a(t_{m-5} + t_{m-6}) + |\mathbb{T}[1, P(c,p)]|_b t_{m-5} + k_{m+1} - 1
$$

$$
= P(c,p)t_{m-4} + P(b,p)(t_{m-5} + t_{m-6}) + P(a,p)t_{m-5} + k_{m+1} - 1
$$

$$
= (4t_{m-4} + 3t_{m-5} + 2t_{m-6})p + (3t_{m-4} + 3t_{m-5} + 2t_{m-6})|\mathbb{T}[1, p-1]|_a
$$

$$
\quad + (2t_{m-4} + 2t_{m-5} + t_{m-6})|\mathbb{T}[1, p-1]|_b + k_{m+1} - 1
$$

$$
= t_{m-1}p + (t_{m-2} + t_{m-3})|\mathbb{T}[1, p-1]|_a + t_{m-2}|\mathbb{T}[1, p-1]|_b + k_{m+1} - 1。 \tag{6.73}
$$

其中：第 2 个等式的成立依据是性质 6.22 和 $k_{m-3} + 2t_{m-4} = k_m + t_{m-4} = k_{m+1}$；第 3 个等式的成立依据是引理 6.28；第 4 个等式的成立依据是性质 6.22。

等式右边

$$
\min\langle K_{m-2}, P(b,p)+1\rangle = P(K_{m-2}, P(b,p)+1)
$$

$$
= P(b,p)t_{m-3} + |\mathbb{T}[1, P(b,p)]|_a(t_{m-4} + t_{m-5}) + |\mathbb{T}[1, P(b,p)]|_b t_{m-4} + k_{m+1} - 1
$$

$$
= P(b,p)t_{m-3} + P(a,p)(t_{m-4} + t_{m-5}) + pt_{m-4} + k_{m+1} - 1
$$

$$
= (2t_{m-3} + 2t_{m-4} + t_{m-5})p + (2t_{m-3} + t_{m-4} + t_{m-5})|\mathbb{T}[1, p-1]|_a
$$

$$
\quad + (t_{m-3} + t_{m-4} + t_{m-5})|\mathbb{T}[1, p-1]|_b + k_{m+1} - 1
$$

$$
= t_{m-1}p + (t_{m-2} + t_{m-3})|\mathbb{T}[1, p-1]|_a + t_{m-2}|\mathbb{T}[1, p-1]|_b + k_{m+1} - 1。 \tag{6.74}
$$

其中：第 2 个等式的成立依据是性质 6.22 和 $t_{m-3} + k_{m-2} = k_{m+1}$；第 3 个等式的成立依据是引理 6.28；第 4 个等式的成立依据是性质 6.22。

因此，等式 $\max\langle K_{m-3}, P(c,p)+1\rangle + 1 = \min\langle K_{m-2}, P(b,p)+1\rangle$ 成立。类似地，我们可以证明其他 3 个等式。故命题得证。 □

性质 6.30（树结构的叶节点）

对于任意 $p \geqslant 1$，有

(1) $\max\langle c, p\rangle = \max\langle b, P(a,p)+1\rangle$，

(2) $\min\langle b, P(a,p)+1\rangle = \max\langle a, P(b,p)+1\rangle + 1$，

(3) $\min\langle c, p\rangle + 1 = \min\langle a, P(b,p)+1\rangle$，

(4) $\max\langle b, p\rangle = \max\langle a, P(a,p)+1\rangle$。

证明 下面以第 2 个等式 $\min\langle b, P(a,p)+1\rangle = \max\langle a, P(b,p)+1\rangle + 1$ 为例给出证明，其他 3 个等式的证明方法是类似的。

等式左边

$$\min\langle b, P(a,p)+1\rangle = P(b, P(a,p)+1)$$
$$= 2P(a,p) + 2|\mathbb{T}[1, P(a,p)]|_a + |\mathbb{T}[1, P(a,p)]|_b + 2$$
$$= 2P(a,p) + 2p + |\mathbb{T}[1, p-1]|_a + 2$$
$$= 4p + 3|\mathbb{T}[1, p-1]|_a + 2|\mathbb{T}[1, p-1]|_b + 2。 \tag{6.75}$$

等式右边

$$\max\langle a, P(b,p)+1\rangle + 1 = P(a, P(b,p)+1) + t_0$$
$$= P(b,p) + |\mathbb{T}[1, P(b,p)]|_a + |\mathbb{T}[1, P(b,p)]|_b + 2$$
$$= P(b,p) + P(a,p) + p + 2$$
$$= 4p + 3|\mathbb{T}[1, p-1]|_a + 2|\mathbb{T}[1, p-1]|_b + 2。 \tag{6.76}$$

因此，等式 $\min\langle b, P(a,p)+1\rangle = \max\langle a, P(b,p)+1\rangle + 1$ 成立。类似地，我们可以证明其他 3 个等式。故命题得证。 □

根据前述两个性质"树结构的各节点间的关系"和"树结构的叶节点"，我们可以定义 Tribonacci 序列全体回文 $\mathcal{P}_T$ 上的树结构 $\mathcal{G}' = (V', E')$。其中，V' 为全体节点集合，E' 为全体边集合。具体而言：

$$V' = \{\text{节点}\} = \{\langle K_m, p\rangle \mid m, p \geqslant 1\};$$

$$E' = \{\text{边}\} = \begin{cases} \langle K_{m+1}, p\rangle \to \langle K_m, P(a,p)+1\rangle; \\ \langle K_{m+2}, p\rangle \to \langle K_m, P(b,p)+1\rangle; \\ \langle K_{m+3}, p\rangle \to \langle K_m, P(c,p)+1\rangle. \end{cases} \quad (m, p \geqslant 1) \tag{6.77}$$

其中，记号 "$x \to y$" 表示节点 x 到节点 y 的有向边。

性质 6.31（树结构）

树结构 $\mathcal{G}'$ 是一族节点为

$$\{\langle K_m, p\rangle \mid m, p \geqslant 1\} \tag{6.78}$$

的有限有根的三叉树（finite rooted ternary trees），满足以下条件：

（条件 1）　根节点是 $\langle K_m, 1\rangle$，$m \geqslant 1$；

（条件 2）　叶节点是 $\langle K_1, p\rangle$，$p \geqslant 1$。

证明　由于 $\mathbb{N} = \{1\} \cup \{P(a,p)+1\} \cup \{P(b,p)+1\} \cup \{P(c,p)+1\}$，全体节点 $\{\langle K_m, p\rangle \mid m, p \geqslant 1\}$ 可以分为如下三类：

$$\begin{cases} \langle K_m, 1\rangle \text{是根节点}; \\ \langle K_m, P(a,p)+1\rangle \text{具有唯一的父节点} \langle K_{m+1}, p\rangle; \\ \langle K_m, P(b,p)+1\rangle \text{具有唯一的父节点} \langle K_{m+2}, p\rangle; \\ \langle K_m, P(c,p)+1\rangle \text{具有唯一的父节点} \langle K_{m+3}, p\rangle. \end{cases} \tag{6.79}$$

因此，任意节点 $\langle K_m, p\rangle$（$p \geqslant 2$）具有唯一的父节点，这是指向它的有向边的起点。

所以，树结构 $\mathcal{G}'$ 是一族树，且

(1) 只有 $\langle K_m, 1\rangle$ 可以作为这些树的根节点；

(2) 只有 $\langle K_1, p\rangle$ 可以作为这些树的叶节点。　　　□

显然，树结构 $\mathcal{G}'$ 包含了所有的 $\langle K_m, p\rangle$ 作为节点，考虑到这些节点中的元素是回文的末字符位置，故树结构 $\mathcal{G}'$ 包含了 $\mathbb{T}$ 中全体回文（重复计数）的末字符位置。进一步地，树结构 $\mathcal{G}'$ 中正整数 n 的个数（作为若干节点中的元素）等于 $\mathbb{T}$ 中末字符位置在 n 的回文（重复计数）个数。图 6.4 展示了以 $\langle K_5, 1\rangle$ 为根的树结构及其分形嵌入性质，更一般的情况详见图 6.5。

具体而言，图 6.4 展示了以节点 $\langle K_5, 1\rangle$ 为根的树结构包含的 4 个部分：

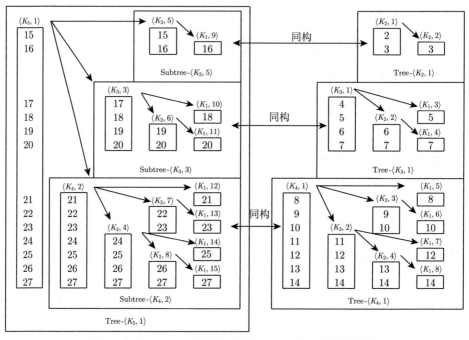

图 6.4   Tribonacci 序列中回文以 $\langle K_5, 1 \rangle$ 为根的树结构

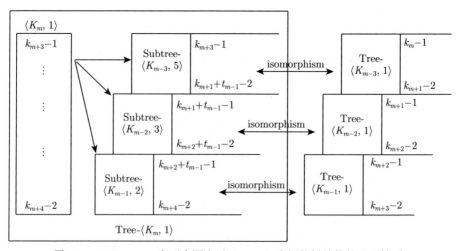

图 6.5   Tribonacci 序列中回文以 $\langle K_m, 1 \rangle$ 为根的树结构的分形性质

(1) 节点 $\langle K_5, 1 \rangle$，它是由一系列回文的末位置组成的集合；

(2) 以节点 $\langle K_2, 5 \rangle$ 为根的子树：Subtree-$\langle K_2, 5 \rangle$，

它与以节点 $\langle K_2, 1\rangle$ 为根的树结构 Tree-$\langle K_2, 1\rangle$ 同构；

(3) 以节点 $\langle K_3, 3\rangle$ 为根的子树：Subtree-$\langle K_3, 3\rangle$，

　　它与以节点 $\langle K_3, 1\rangle$ 为根的树结构 Tree-$\langle K_3, 1\rangle$ 同构；

(4) 以节点 $\langle K_4, 2\rangle$ 为根的子树：Subtree-$\langle K_4, 2\rangle$，

　　它与以节点 $\langle K_4, 1\rangle$ 为根的树结构 Tree-$\langle K_4, 1\rangle$ 同构。

一般地，如图 6.5 所示，以节点 $\langle K_m, 1\rangle$ 为根的树结构包含了 4 个部分：

(1) 节点 $\langle K_m, 1\rangle$；

(2) 以节点 $\langle K_{m-3}, 5\rangle$ 为根的子树，同构于以节点 $\langle K_{m-3}, 1\rangle$ 为根的树；

(3) 以节点 $\langle K_{m-2}, 3\rangle$ 为根的子树，同构于以节点 $\langle K_{m-2}, 1\rangle$ 为根的树；

(4) 以节点 $\langle K_{m-1}, 2\rangle$ 为根的子树，同构于以节点 $\langle K_{m-1}, 1\rangle$ 为根的树。

6.2.3　Tribonacci 序列中重复回文的计数

由 Tribonacci 序列中的全体回文 $\mathcal{P}_T$ 上的树结构 $\mathcal{G}'$，我们可以计算序列 $\mathbb{T}$ 中末字符位置是 n 的回文个数，记为 $b(n)$。具体而言，

$$b(n) = \#\{(\omega, p) \mid \omega \in \mathcal{P}_T, \omega_p \triangleright \mathbb{T}[1, n]\}。 \tag{6.80}$$

显然 $\mathbb{T}[1, n]$ 中重复计数的回文个数为 $B(n) = \sum_{i=1}^{n} b(i)$。

定理 6.32（函数 $b(n)$ 的递归算法）

向量 $[b(1)] = [1]$，$[b(2), b(3)] = [1, 2]$，$[b(4), b(5), b(6), b(7)] = [1, 2, 2, 3]$，且当 $m \geqslant 4$ 时有

$$
\begin{aligned}
&[b(k_{m+3} - 1), \cdots, b(k_{m+4} - 2)] \\
&= [b(k_m - 1), \cdots, b(k_{m+1} - 2)] \cup [b(k_{m+1} - 1), \cdots, b(k_{m+2} - 2)] \\
&\quad \cup [b(k_{m+2} - 1), \cdots, b(k_{m+3} - 2)] + \underbrace{[1, \cdots, 1]}_{t_{m-1}} \\
&= [b(k_m - 1), \cdots, b(k_{m+3} - 2)] + \underbrace{[1, \cdots, 1]}_{t_{m-1}}。
\end{aligned} \tag{6.81}
$$

实例 6.33　根据定理计算出的 $b(n)$ 的前几项为

$[b(1)] = [1]$，

$[b(2), b(3)] = [1, 2]$，

$[b(4), b(5), b(6), b(7)] = [1, 2, 2, 3]$，

$[b(8), \cdots, b(14)] = [b(1), \cdots, b(7)] + [1, 1, 1, 1, 1, 1, 1] = [2, 2, 3, 2, 3, 3, 4]$，

$$[b(15), \cdots, b(27)] = [b(2), \cdots, b(14)] + \underbrace{[1, \cdots, 1]}_{13} = [2, 3, 2, 3, 3, 4, 3, 3, 4, 3, 4, 4, 5].$$

我们可以利用下述表格验证：对于任意 $1 \leqslant n \leqslant 8$，根据定义计算的 $b(n)$ 是正确的。

表 6.3 Tribonacci 序列中所有末字符位置为 n 的回文，$1 \leqslant n \leqslant 8$

末字符位置	1	2	3	4	5	6	7	8
回文	a	b	a, aba	c	a, aca	$b, bacab$	$a, aba, abacaba$	a, aa

证明定理 6.32   根据函数 $b(n)$ 的定义及 $\mathcal{P}_T$ 上的树结构，$b(n)$ 等于正整数 n 在树结构 $\mathcal{G}'$ 中出现的次数，且任意整数 n 属于且仅属于一棵树。

例如，由图 6.4 可知 $b(24) = 3$、$b(27) = 5$。

由图 6.5 可知（以图 6.4 作为例子）Tree-$\langle K_m, 1 \rangle$ 包含以下 4 个部分。

(1) Subtree-$\langle K_{m-3}, 5 \rangle$：同构于 Tree-$\langle K_{m-3}, 1 \rangle$。

因此，当 $k_{m+3} - 1 \leqslant n \leqslant k_{m+1} + t_{m-1} - 2$ 时，Subtree-$\langle K_{m-3}, 5 \rangle$ 中整数 n 出现的次数等于 Tree-$\langle K_{m-3}, 1 \rangle$ 中整数 $n - (k_{m+3} - k_m) = n - t_{m-1}$ 出现的次数。

(2) Subtree-$\langle K_{m-2}, 3 \rangle$：同构于 Tree-$\langle K_{m-2}, 1 \rangle$。

因此，当 $k_{m+1} + t_{m-1} - 1 \leqslant n \leqslant k_{m+2} + t_{m-1} - 2$ 时，Subtree-$\langle K_{m-2}, 3 \rangle$ 中整数 n 出现的次数等于 Tree-$\langle K_{m-2}, 1 \rangle$ 中整数 $n - t_{m-1}$ 出现的次数。

(3) Subtree-$\langle K_{m-1}, 2 \rangle$：同构于 Tree-$\langle K_{m-1}, 1 \rangle$。

因此，当 $k_{m+2} + t_{m-1} - 1 \leqslant n \leqslant k_{m+4} - 2$ 时，Subtree-$\langle K_{m-1}, 2 \rangle$ 中整数 n 出现的次数等于 Tree-$\langle K_{m-1}, 1 \rangle$ 中整数 $n - t_{m-1}$ 出现的次数。

(4) 节点 $\langle K_m, 1 \rangle$：集合 $\{k_{m+3} - 1, \cdots, k_{m+4} - 2\}$。

因此，当 $k_{m+3} - 1 \leqslant n \leqslant k_{m+4} - 2$ 时，有 $b(n) = b(n - t_{m-1}) + 1$，命题成立。   □

算法 B. 计算 $\mathbb{T}[1, n]$ 中重复计数的回文个数 $B(n)$。

(1) 若 $n \leqslant 7$，$[b(1), b(2), \cdots, b(7)] = [1, 1, 2, 1, 2, 2, 3]$。

(2) 若 $n \geqslant 8$，确定满足 $k_{m+3} - 1 \leqslant n \leqslant k_{m+4} - 2$ 的整数 m，显然有 $m \geqslant 4$。根据定理 6.32 的递推关系计算向量

$$[b(k_{h+3} - 1), \cdots, b(k_{h+4} - 2)], \tag{6.82}$$

其中，$4 \leqslant h \leqslant m$。

由此得到向量 $[b(1), b(2), \cdots, b(k_{m+4} - 2)]$ 和函数值 $B(n) = \sum_{i=1}^{n} b(i)$。

下面我们尝试给出 $B(t_m)$ 的表达式。

定理 6.34

对于任意 $m \geqslant 0$,

$$B(t_m) = \frac{m}{22}(10t_m + 5t_{m-1} + 3t_{m-2})$$
$$+ \frac{1}{22}(-23t_m + 12t_{m-1} - 5t_{m-2}) + m + \frac{3}{2}。 \tag{6.83}$$

证明 当 $m = 0, 1, 2$ 时,$B(t_0) = B(1) = 1$,$B(t_1) = B(2) = 2$,$B(t_2) = B(4) = 5$。我们可以在表格 6.3 中验证这些结论的正确性。

当 $m \geqslant 3$ 时,我们通过 6 个步骤逐步证明这个定理。首先给出整体思路。

因为对于任意 $m \geqslant 3$,有 $k_{m+3} - 1 \leqslant t_m \leqslant k_{m+4} - 2$(步骤 1)。所以,

$$B(t_m) = \sum_{n=1}^{t_m} b(n) = B(k_{m+4} - 2) - \sum_{n=t_m+1}^{k_{m+4}-2} b(n)。 \tag{6.84}$$

因此,我们只需分别给出 $B(k_{m+4} - 2)$(步骤 2 和 3)和 $\sum_{n=t_m+1}^{k_{m+4}-2} b(n)$(步骤 4 和 5)的表达式。最后,汇总各个表达式(步骤 6)。

步骤 1:证明对于任意 $m \geqslant 3$,有 $k_{m+3} - 1 \leqslant t_m \leqslant k_{m+4} - 2$。

事实上,由于 $k_m = \frac{t_{m-3} + t_{m-5} + 1}{2}$,故

(1.1) 左边的不等式:

$$t_m - k_{m+3} + 1 = \frac{1}{2}(t_m - t_{m-2} + 1)$$
$$= \frac{1}{2}(t_{m-1} + t_{m-3} + 1) \geqslant 0。 \tag{6.85}$$

(1.2) 右边的不等式:

$$k_{m+4} - t_m - 2 = \frac{1}{2}(t_{m+1} - t_{m-1} - t_m - 3)$$
$$= \frac{1}{2}(t_{m-2} + t_{m-4} - 3) \geqslant 0。 \tag{6.86}$$

步骤 2:定义 $D(m) = \sum_{n=k_{m+3}-1}^{k_{m+4}-2} b(n)$,则定理 6.32 的一个直接推论是

$$D(m) = D(m-3) + D(m-2) + D(m-1) + t_{m-1}。 \tag{6.87}$$

由数学归纳法可知:

$$D(m) = \frac{m}{22}(3t_m + 7t_{m-1} + 2t_{m-2}) + \frac{1}{22}(3t_m - 3t_{m-1} + 4t_{m-2})。 \tag{6.88}$$

此处省略证明过程。根据 $\mathcal{P}_T$ 的递归结构，$D(m)$ 表示出现在 Tree-$\langle K_m,1\rangle$ 中的整数的个数。例如，Tree-$\langle K_3,1\rangle$ 中出现了 8 个整数。我们很容易在图 6.4 中验证这个结论。

步骤 3：给出 $B(k_{m+4}-2)$ 的表达式。

由于 $B(k_{m+4}-2)=D(m)+B(k_{m+3}-2)$，我们可以使用数学归纳法得到 $B(k_{m+4}-2)$ 的表达式，证明从略。

$$B(k_{m+4}-2)$$
$$=\frac{m}{22}(9t_m+10t_{m-1}+6t_{m-2})-\frac{1}{44}(15t_m+18t_{m-1}+9t_{m-2})+\frac{3}{4}。 \tag{6.89}$$

注意，上面两个表达式尽管是针对 $m\geqslant 3$ 证明的，但对于 $m=1,2$ 依然成立。

步骤 4：利用图 6.6 中刻画的关系，可以得到

$$\sum_{n=t_m+1}^{k_{m+4}-2}b(n)=2k_{m+1}-4+D(m-2)+\sum_{n=t_{m-3}+1}^{k_{m+1}-2}b(n)。 \tag{6.90}$$

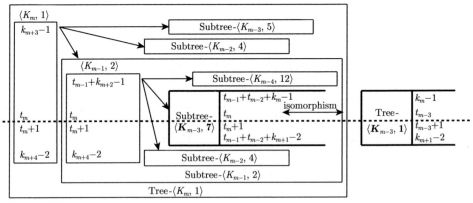

图 6.6　和式 $\sum_{n=t_m+1}^{k_{m+4}-2}b(n)$ 等于 Tree-$\langle K_m,1\rangle$ 中虚线下方的整数个数

事实上，Tree-$\langle K_m,1\rangle$ 中大于 t_m 的整数可分为 4 个部分。

(4.1) 集合 $\langle K_m,1\rangle$ 中大于 t_m 的整数个数：$k_{m+1}-2$。

(4.2) 集合 $\langle K_{m-1},2\rangle$ 中大于 t_m 的整数个数：$k_{m+1}-2$。

(4.3) 因为 Subtree-$\langle K_{m-2},4\rangle$ 与 Tree-$\langle K_{m-2},1\rangle$ 同构，所以 Subtree-$\langle K_{m-2},4\rangle$ 中的整数个数：$D(m-2)$ 个。

(4.4) 因为 Subtree-$\langle K_{m-3}, 7\rangle$ 与 Tree-$\langle K_{m-3}, 1\rangle$ 同构，所以 Subtree-$\langle K_{m-3}, 7\rangle$ 中大于 t_m 的整数个数等于 Tree-$\langle K_{m-3}, 1\rangle$ 中大于 t_{m-3} 的整数个数，即 $\sum_{n=t_{m-3}+1}^{k_{m+1}-2} b(n)$。

步骤 5：给出 $B(k_{m+4}-2)$ 的表达式。根据步骤 4 的结论及 $D(m-2)$ 的表达式，我们可以使用数学归纳法得到 $\sum_{n=t_m+1}^{k_{m+4}-2} b(n)$ 的表达式，证明从略。

$$\sum_{n=t_m+1}^{k_{m+4}-2} b(n)$$
$$= \frac{m}{22}(-t_m + 5t_{m-1} + 3t_{m-2}) + \frac{1}{44}(31t_m - 6t_{m-1} + t_{m-2}) - m - \frac{3}{4}。 \quad (6.91)$$

步骤 6：汇总各个关系式和表达式，可得：对于任意 $m \geqslant 3$ 有

$$B(t_m) = \frac{m}{22}(10t_m + 5t_{m-1} + 3t_{m-2})$$
$$+ \frac{1}{22}(-23t_m + 12t_{m-1} - 5t_{m-2}) + m + \frac{3}{2}。 \quad (6.92)$$

注意到，我们在证明的第 1 段已经给出了 $m = 0, 1, 2$ 的情况。所以，对于任意 $m \geqslant 0$，命题成立。 $\qquad\square$

实例 6.35

取 $m = 5$，则 $t_m = 24$，由 $B(t_m)$ 的表达式可知：

$$B(24) = B(t_5)$$
$$= \frac{5}{22}(10t_5 + 5t_4 + 3t_3) + \frac{1}{22}(-23t_5 + 12t_4 - 5t_3) + 5 + \frac{3}{2} = 61。 \quad (6.93)$$

6.3　Fibonacci 和 Tribonacci 序列中的回文的柱结构

在前面的两个小节中，我们研究了 $\mathcal{P}_F$ 和 $\mathcal{P}_T$ 的**树结构**（trees structure），并由此解决了重复回文的计数问题。在接下来的两个小节中，我们将分别给出 $\mathcal{P}_F$ 和 $\mathcal{P}_T$ 的**柱结构**（cylinder structure）和**链结构**（chain structure），并由此给出几个经典结论的全新证明。

6.3.1　Fibonacci 序列中全体回文的柱结构

第 6.1 节中的式 (6.11) 给出了 Fibonacci 序列中全体回文的表达式。具体而言，对于任意 $m \geqslant -1$，以 K_m 为核词的回文都可以唯一的表示为

$$K_{m+1}[i+1, f_{m+1}]K_m K_{m+1}[1, f_{m+1}-i]$$

$$= K_{m+3}[i+1, f_{m+3} - i], \tag{6.94}$$

其中，$1 \leqslant i \leqslant f_{m+1}$。

进一步地，由于

$$K_{m+3} = K_{m+1} K_m K_{m+1}, \tag{6.95}$$

故 Fibonacci 序列中全体回文 $\mathcal{P}_F$ 可以分解为 3 个柱集：$\langle a \rangle$，$\langle b \rangle$ 和 $\langle aa \rangle$。我们将它们称为 $\mathcal{P}_F$ 的**柱结构**（cylinder structure）。

表 6.4 给出了柱结构中的前若干个回文，并用下画线标注出其中所有的核词。

表 6.4　Fibonacci 序列中全体回文 $\mathcal{P}_F$ 的柱结构

柱 $\langle a \rangle$	柱 $\langle b \rangle$	柱 $\langle aa \rangle$
<u>a</u>	<u>b</u>	<u>aa</u>
<u>bab</u>	aba	baab
ababa	<u>aabaa</u>	abaaba
aababaa	baabaab	<u>babaabab</u>
baababaab	abaabaaba	ababaababa
abaababaaba	babaabaabab	aababaababaa
<u>aabaababaabaa</u>	abababaabaabab	baababaabababaab
baabaababaabaab	aababaabaababaa	abaabaabababaaba
abaabaababaabaaba	baababaabaabababaab	aababaababaabaabaa
babaabaababaabaabab	abaabaabaabababaaba	baabaababaabababaabaab
ababaabaababaabaababa	<u>babaabababaabababaabab</u>	abaabaabababaabaababa
aababaabaabababaabaabababaa	ababaabababaabaabababaababa	babaabaababaababaabaabaabab
⋮	⋮	⋮

柱结构中蕴含了以下两个事实。

(1) Fibonacci 序列中的任意回文 ω，

$$\begin{cases} \text{若}|\omega|\text{是偶数，则}\omega \in \langle aa \rangle; \\ \text{若}|\omega|\text{是奇数，且正中间的字母为}a\text{，则}\omega \in \langle a \rangle; \\ \text{若}|\omega|\text{是奇数，且正中间的字母为}b\text{，则}\omega \in \langle b \rangle。 \end{cases} \tag{6.96}$$

(2) Fibonacci 序列中的所有回文都可以由核词生成（删除相同长度的前后缀），而且核词在柱结构中非常稀疏。可见用"核词生成回文"的生成方式，具有较高的效率。

6.3.2　运用柱结构证明经典结论

根据 Fibonacci 序列中全体回文 $\mathcal{P}_F$ 的柱结构，可以快速地给出词上的组合领域中几个经典结论的全新证明。记 $\mathcal{P}_F(n)$ 为 Fibonacci 序列中全体长度为 n 的回文。对于有限词 $\omega = x_1 x_2 \cdots x_n$，它的第 i 阶**共轭词**（the i-th conjugate of ω）为

$$C_i(\omega) = x_{i+1} \cdots x_n x_1 \cdots x_i, \tag{6.97}$$

其中，$0 \leqslant i \leqslant n-1$。

(1) 对于任意 $n \geqslant 1$,

$$\#\mathcal{P}_F(n) = \begin{cases} 1, & \text{若}n\text{是偶数;} \\ 2, & \text{若}n\text{是奇数。} \end{cases} \tag{6.98}$$

这是 Droubay[46] 中给出的经典结论。

(2) 对于任意 $m \geqslant -1$,

$$\mathcal{P}_F(f_m) \cap \{C_i(F_m), 0 \leqslant i \leqslant f_m\} = \begin{cases} 0, & \text{若}m \equiv 1 \mod 3; \\ 1, & \text{其他。} \end{cases} \tag{6.99}$$

这也是 Droubay[46] 中给出的经典结论。相关的工作可进一步参见参考文献 [51-55]。

事实上，当 $m \equiv 1 \mod 3$ 时，f_m 是偶数，$\mathcal{P}_F(f_m) = 1$。在其他情况下，f_m 是奇数，$\mathcal{P}_F(f_m) = 2$。此外，对于任意 $m \geqslant -1$，核词 K_m 都是回文，且所有长度为 f_m 的因子为 $\{K_m\} \cup \{C_i(F_m)\}$。由此，结论成立。

(3) 对于任意 $m \geqslant -1$，$K_m \nprec K_{m+1}$。这是参考文献 [14] 中给出的经典结论。

事实上，由于核词 K_m 和 K_{m+1} 出现在不同的柱结构中，所以 K_m 不可能出现在 K_{m+1} 的中间位置。进一步地，K_m 和 K_{m+1} 都是回文。反证法，若 $K_m \prec K_{m+1}$，则 K_m 必然在 K_{m+1} 中出现至少两次。这意味着 $K_m G_1(K_m) K_m = K_m K_{m+1} K_m$ 或者

$$K_m G_2(K_m) K_m = K_m K_{m-1} K_m = K_{m+2} \tag{6.100}$$

出现在 K_{m+1} 中，这显然是错误的。可见 $K_m \nprec K_{m+1}$。

6.3.3　Tribonacci 序列中全体回文的柱结构

类似地，我们可以构造 Tribonacci 序列中全体回文 $\mathcal{P}_T$ 的柱结构。具体而言，Tribonacci 序列中全体回文 $\mathcal{P}_T$ 可以分解为 4 个柱集：$\langle a \rangle$、$\langle b \rangle$、$\langle c \rangle$ 和 $\langle aa \rangle$。根

据 Tribonacci 序列中全体回文 $\mathcal{P}_T$ 的柱结构，K_{m-3} 出现在 K_m 的中间位置。运用与前文第 (3) 点的类似思想可知：$K_{m-1} \not\prec K_m$，$K_{m-2} \not\prec K_m$，$m \geqslant 3$。

6.4 Fibonacci 和 Tribonacci 序列中的回文的链结构

在第 2 章中，我们展示了 Fibonacci 序列中回文的链结构（图 2.4）和 Fibonacci 序列中回文链结构的分形性质（图 2.5）。运用链结构的第一行，可以得到 "Fibonacci 和 Tribonacci 序列都是 rich 的" 这一经典结论。

6.4.1 回文的链结构

在第 6.1 节中，我们给出了节点 $\langle K_m, p \rangle$ 的表达式

$$\langle K_m, p \rangle$$
$$= \{ pf_{m+1} + (\lfloor \phi p \rfloor + 1)f_m - 1, \cdots, (p+1)f_{m+1} + (\lfloor \phi p \rfloor + 1)f_m - 2 \}。 \quad (6.101)$$

考虑 $p = 1$ 时的特殊情况，则有

$$\langle K_m, 1 \rangle = \{ f_{m+2} - 1, \cdots, f_{m+3} - 2 \}。 \quad (6.102)$$

容易验证：对于任意 $m \geqslant -1$，两个整数集合 $\langle K_m, 1 \rangle$ 和 $\langle K_{m+1}, 1 \rangle$ 是 "连续的"。由此我们得到了一个 "链"：$\{ \langle K_m, 1 \rangle \}_{m \geqslant -1}$，它满足 $\bigcup_{m=-1}^{\infty} \langle K_m, 1 \rangle = \mathbb{N}$，详见下面的表格。我们将它称为 Fibonacci 序列中全体回文 $\mathcal{P}_F$ 的**链结构**（chain structure）。

表 6.5　Fibonacci 序列中全体回文 $\mathcal{P}_F$ 的链结构

$\langle a, 1 \rangle$	$\langle b, 1 \rangle$	$\langle aa, 1 \rangle$	$\langle K_2, 1 \rangle$	$\langle K_3, 1 \rangle$	$\langle K_4, 1 \rangle$	$\langle K_5, 1 \rangle$	$\cdots$
$\{1\}$	$\{2, 3\}$	$\{4, 5, 6\}$	$\{7, \cdots, 11\}$	$\{12, \cdots, 19\}$	$\{20, \cdots, 32\}$	$\{33, \cdots, 53\}$	

类似地，我们可以构造 Tribonacci 序列中全体回文 $\mathcal{P}_T$ 的链结构，此处从略。

注记：我们在后续的研究中推广了回文的链结构，并研究了回文链结构的分形性质。上述链结构，则可以视为推广结论的特例（链结构的第一行）。

6.4.2 运用链结构证明经典结论

根据 6.4.1 小节给出的 $\mathcal{P}_T$ 的链结构的特殊情况（链结构的第一行），Fibonacci 序列的前缀 $\mathbb{F}[1, n]$ 中不重复回文的个数正好是 n，不考虑空词。这正是 "rich word" 的概念。也就是说，Fibonacci 序列是 rich 的。类似地，运用 $\mathcal{P}_T$ 的链结构，可以证明：Tribonacci 序列也是 rich 的。

参 考 文 献

[1] ALLOUCHE J P, SHALLIT J. Automatic sequences: Theory, applications, generalizations[M]. Cambridge: Cambridge University Press, 2003.

[2] FOGG N P, V BERTHÉ, FERENCZI S, et al. Substitutions in dynamics, arithmetics and combinatorics[M]. Springer Berlin Heidelberg, 2002.

[3] CHEKHOVA N, HUBERT P, MESSAOUDI A. Propriétés combinatoires, ergodiques et arithmétiques de la substitution de Tribonacci[J]. J Théor Nombres Bordeaux, 2001, 13: 371–394.

[4] ROSEMA S W, TIJDEMAN R. The Tribonacci substitution[J]. INTEGERS: Elect J of Combin Number Theory, 2005, 5(3): A13.

[5] THUE A. Uber unendliehe Zeiehenreihen[J]. Norske Vid.Selsk.Skr.I.Mat.NAt.K1. Christiana, 1906, 7: 1–22.

[6] THUE A. Uber die gegenseitige Lage gleieher Teile gewisser Zeiehenreihen[J]. Norske Vid.Selsk.Skr.I.Mat.NAt.K1.Christiana, 1912, 1: 1–67.

[7] MORSE M. Reeurrent geodesics on a surface of negative curvature[J]. Trams Amer. Math. Sec., 1921, 22: 84–100.

[8] MAHLER K. On the translation properties of a simple class of arithmetical functions[J]. J. Math. and Phys, 1927, 6: 158–163.

[9] ALLOUCHE J P. Théorie des nombres et automates[J]. Université Sciences et Technologies-Bordeaux I, 1983.

[10] ALLOUCHE J P, COSNARD M. Itérations de fonctions unimodales et suites engendrées par automates[J]. Comptes Rendus de l'Académie des Sciences, Paris, Série I, Mathématique, 1983, 296: 159–162.

[11] COBHAM A. Uniform tag sequence[J]. Math. System Theory, 1972, 6: 164–192.

[12] KEANE M. Generalized morse sequences[J]. Zeitschrift für Wahrscheinlichkeitstheorie und Verwandte Gebiete, 1968, 10(4): 335–353.

[13] DURAND F. A characterization of substitutive sequences using return words[J]. Discrete Math, 1998, 179: 89–101.

[14] WEN Z X, WEN Z Y. Some properties of the singular words of the Fibonacci word[J]. European Journal of Combinatorics, 1994, 15(6): 587–598.

[15] HUANG Y K, WEN Z Y. The sequence of return words of the Fibonacci sequence[J]. Theoretical Computer Science. 2015, 593: 106–116.

[16] HUANG Y K, WEN Z Y. The factor spectrum and derived sequence[J]. Journal of Mathematical Research with Applications, 2019, 39(6): 718–732.

[17] HUANG Y K, WEN Z Y. Derived sequences and factor spectrum of the period-doubling sequence[J]. Acta mathematica scientia, 2021, 41B(6): 1–17.

[18] ADAMCZEWSKI B, BUGEAUD Y. On the complexity of algebra Expansions in integer bases[J]. Ann. of Math, 2007, 165(2): 547–565.

[19] HUANG Y K, WEN Z Y. The numbers of repeated palindromes in the Fibonacci and Tribonacci sequences[J]. Discrete Applied Mathematics, 2017, 230: 78–90.

[20] FRAENKEL A S, SIMPSON J. The exact number of squares in Fibonacci words[J]. Theoretical Computer Science. 1999, 218: 95–106.

[21] FRAENKEL A S, SIMPSON J. Corrigendum to "The exact number of squares in Fibonacci words" [Theoret. Comput. Sci. 218 (1) (1999) 95-106][J]. Theoret. Comput. Sci., 2014, 547: 122.

[22] MOUSAVI H, SCHAEFFER L, SHALLIT J. Decision Algorithms for Fibonacci-automatic Words, I: Basic Results[J]. RAIRO-Theor. Inf. Appl., 2016, 50(1): 39–66.

[23] MOUSAVI H, SHALLIT J. Mechanical proofs of properties of the tribonacci word[C]. Springer International Publishing, 2014.

[24] HUANG Y K, WEN Z Y. The number of distinct and repeated squares and cubes in the Fibonacci sequence[J]. arXiv: 1603.04211.

[25] HUANG Y K, WEN Z Y. The Numbers of Distinct Squares and Cubes in the Tribonacci Sequence. Numeration 2016, May 23-27, 2016, Czech Technical University in Prague.

[26] HUANG Y K, WEN Z Y. The Square Trees in the Tribonacci Sequence. 4th Int. Workshop on Trends in Tree Automata and Tree Transducers (TTATT 2016), July 18, 2016, Seoul, South Korea.

[27] HUANG Y K, WEN Z Y. Envelope Words and Return Words Sequences in the Period-doubling Sequence[J]. 16th Mons Theoretical Computer Science Days, September 5th-9th, 2016, Université de Liège, Belgium.

[28] HUANG Y K, WEN Z Y. The numbers of r-powers in the Tribonacci sequence[J]. arXiv: 1609.06471.

[29] BERSTEL J. Recent results in Sturmian words, in J.Dassow, A.Salomaa (Eds.), Developments in Language Theory[C]. Singapore: World Scientific, 1966.

[30] LOTHAIRE M. Combinatorics on words, in: Encyclopedia of Mathematics and its applications[M]. New Jersey: Addison-Wesley, 1983.

[31] LOTHAIRE M. Algebraic combinatorics on words[M]. Cambridge: Cambridge Univ Press, 2002.

[32] HUANG Y K, WEN Z Y. Kernel words and gap sequence of the Tribonacci sequence[J]. Acta Mathematica Scientia, 2016, 36(1): 173–194.

[33] CAO W T, WEN Z Y. Some properties of the factors of Sturmian sequences[J]. Theoretical Computer Science, 2003, 304(1–3): 365–385.

[34] TAN B, WEN Z Y. Some properties of the Tribonacci sequence[J]. European J. Combin., 2007, 28(6): 1703–1719.

[35] CHUAN W F, HO H L. Locating factors of the infinite Fibonacci word[J]. Theoretical Computer Science, 2005, 349: 429–442.

[36] KAMAE T, TAMURA J I, WEN Z Y. Hankel determinants for the Fibonacci word and Padé approximation[J]. Acta Arithmetica, 1999, 89(2): 123–161.

[37] DAMANIK D. Local symmetries in the period–doubling sequence[J]. Discrete Appl. Math., 2000, 100(1-2): 115–121.

[38] ALLOUCHE J P, PEYRIÈRE J, WEN Z X, et al. Hankel determinants of the thue-morse sequence[J]. Ann. Inst. Fourier (Grenoble), 1998, 1(1): 1–27.

[39] Mandelbrot B B. Fractals: form, chance, and dimensions[M]. New York: W.H.Freeman and Company, 1977.

[40] Mandelbrot B B. The fractal geometry of nature[M]. New York: W.H.Freeman and Company, 1982.

[41] Mandelbrot B B. Fractals and an Art for the Sake of Science[J]. Leonardo Supplemental Issue, 1989, 2: 21–24.

[42] FALCONER K J. The geometry of fractal sets[M]. Cambridge university press, 1986.

[43] FALCONER K J. Fractal geometry: mathematical foundations and applications[M]. John Wiley & Sons, 1990.

[44] FALCONER K J. Techniques in fractal geometry[M]. Chichester (W. Sx.): Wiley, 1997.

[45] DROUBAY X, JUSTIN J, PIRILLO G. Episturmian words and some constructions of de Luca and Rauzy[J]. Theoretical Computer Science, 2001, 255: 539–553.

[46] DROUBAY X. Palindromes in the Fibonacci Word[J]. Information Processing Letters. 1995, 55: 217–221.

[47] GLEN A. Conjugates of characteristic Sturmian words generated by morphisms[J]. European Journal of Combinatorics, 2004, 25(7): 1025–1037.

[48] GLEN A. Occurrences of palindromes in characteristic Sturmian words[J]. Theoretical Computer Science, 2006, 352(1-3): 31–46.

[49] GLEN A. On Sturmian and episturmian words, and related topics[J]. Bulletin of The Australian Mathematical Society, 2006, 74(1): 155–160.

[50] MOUSAVI H, SCHAEFFER L, SHALLIT J. Decision algorithms for Fibonacci-automatic words, I: Basic results[J]. RAIRO-Theoretical Informatics and Applications, 2016, 50(1): 39–66.

[51] CHUAN W F. Alpha-words and factors of characteristic sequences[J]. Discrete Mathematics, 1997, 177(1-3): 33–50.

[52] CHUAN W F, HO H L. Locating factors of the infinite Fibonacci word[J]. Theoretical Computer Science, 2005, 349: 429–442.

[53] CHUAN W F, HO H L. Factors of characteristic words: Location and decompositions[J]. Theoretical Computer Science, 2010, 411(31-33): 31-33.

[54] CHUAN W F, HO H L. Locating factors of a characteristic word via the generalized Zeckendorf representation of numbers[J]. Theoretical Computer Science, 2012, 440: 39–51.

[55] CHUAN W F, LIAO F Y, HO H L, et al. Fibonacci word patterns in two-way infinite Fibonacci words[J]. Theoretical Computer Science, 2012, 437: 69–81.